法式焗蜗牛 (2-10-1)

煎鱼柳菠菜椰浆汁 (2-10-3)

花生汤 (2-12-2)

普罗旺斯式香草鱼柳配天使面 (2-12-3)

意面沙拉 (2-13-1)

凯撒沙拉 (2-14-1)

香菌酿鸡脯 (2-15-3)

鹅肝批 (2-17-1)

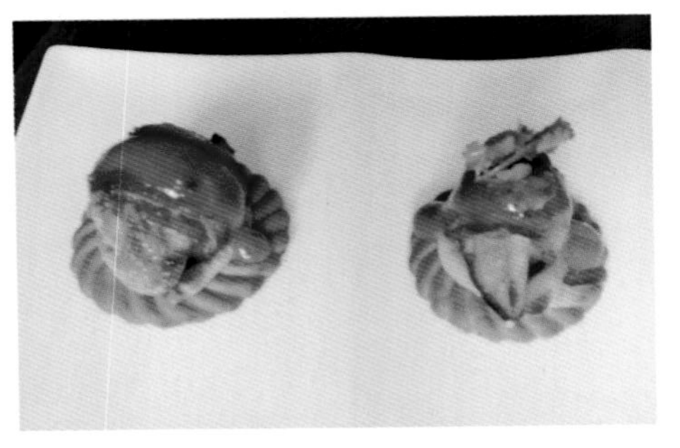

培根包鸡肉(2-18-1)

曼哈顿蛤肉汤(2-18-2)

皇后奶油汤(3-2-2)

奶酪焗猪排(3-2-4)

奶酪焗鱼(3-3-3)

意式蘑菇饭(3-4-3)

爱尔兰烩羊肉(3-4-4)

海鲜巧达汤(3-5-2)

烤鸭腿黑醋汁（3-5-4）

猪排酿西梅（3-6-4）

莳萝烩海鲜（3-8-3）

牛尾浓汤（3-11-2）

鸡肉明虾卷（3-12-4）

红酒汁焖猪肉卷（3-13-4）

香草羊排薄荷汁（3-17-4）

燕麦片煎鱼柳（3-18-2）

椰汁鱼柳（4-2-2-4-3）

日式鸡肉串（4-2-2-4-4）

马天尼酒奶油大蜗牛（4-2-2-4-5）

焗扇贝莫内沙司（4-2-2-4-6）

烩蘑菇酥合（4-2-2-5-4）

炸甜薯（4-2-2-5-8）

西班牙炒面（4-2-2-6-2）

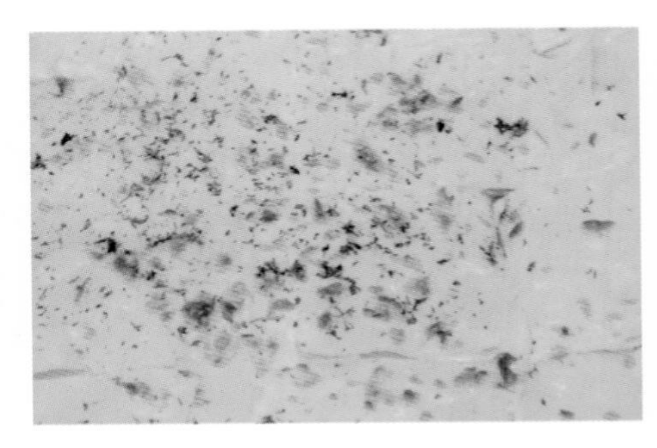

海鲜面（4-2-2-6-4）

# 序

国际化是我国改革开放后旅游业发展的显著特征。最近十来年，伴随着经济的增长，以及和西方国家饮食交流的日益密切，在各大城市甚至包括一些三四线城市，西餐消费渐渐走近寻常百姓。这直接导致了高素质高技能西餐人才的短缺，由此也直接带动了我国西餐职业教育的蓬勃发展，高职院校西餐工艺及相关专业的招生数量逐年递增，西餐工艺毕业生就业出现了供不应求的局面。

教材建设是专业建设的基础性工作，是人才培养的必备条件。目前，国内开设西餐教学的高职院校已逾 50 所，而专门针对高职层次西餐教学的教材并不完善。浙江旅游职业学院作为国内较早开设西餐工艺专业的高职院校，拥有一批知名的西餐教师，他们不但有理论，而且拥有丰富的行业经验。浙江旅游职业学院的西餐工艺专业系全国唯一一个通过世界旅游组织旅游教育质量认证的烹饪类专业，2010 年被纳入国家示范性骨干高职院校重点建设专业，2011 年获批中央财政支持“提升专业服务产业发展能力”建设项目。在浙江旅游职业学院国家骨干院校建设期间(2010—2012)，西餐工艺专业实行了系列教学改革，并取得了不俗的成绩：构建并持续推行了“师资联动、文化联动、基地联动、产学联动”的“四联动”育人模式；以国际化视野培养人才，在迪拜、阿布扎比、中国澳门等地及意大利哥诗达邮轮上实习或就业的学生占专业总人数的 20%以上。所以，西餐工艺专业教师承担系列教材的编撰任务，既是建设国家骨干项目的要求，也是骨干院校建设人才培养经验共享的体现。

本次出版的《西餐工艺实训教程》《西点工艺》《厨房情景英语》和《西餐烹饪原料》四本教材，是系列中的一部分，主要用于西餐工艺专业核心课程的教学。教材编写根据教育部颁布的《关于全面提高高等职业教育教学质量的若干意见》(〔2006〕16 号文件)精神，遵循“以就业为导向、工学结合”的人才培养指导思想。

综观本系列教材，我认为它有六个方面的特点。(1)“实用、够用”，符合高职高专教育实际。根据高职高专教育重理论更重实践的特点，坚持“实用、够用”原则，结合高职高专学生的知识层次，准确把握教材的内容体系。(2)校企合作，体现工学结合的思路。教材编写过程中与企业进行多方面的合作，教材体例突出项目化和任务型，教材内容与岗位需求做到无缝对接。(3)点面结合，信息量大又重点突出。教材在内容的取舍上，力求精选，不强调面面俱到，注重实用性与典型性的结合，力求保证学生在有限的课时内掌握必备知识，内容丰富，重点突出。教材为学生提供了对应的网络、书刊等资讯，便于学生课余查找和学习，有利于学生拓宽知识面。(4)图文并茂，便于学习认知。所有教材都注重图文并茂，便于学生较直观地认知，有助于学生较快把握各知识点，能够加深记忆，增强学习效果。(5)强化英语，紧扣西餐专业特点。关键知识点都采用中英文对照形式，使学生全方位地掌握专业英语，满足西餐从业人员的英语能力要求。(6)适应面广，满足多专业教学需求。本套教材注重西餐理论知识的普及，突出实践应用，可以满足西餐工艺、酒店管理、餐饮管理与服务、厨政管理等多个专业的教学需求。

浙江旅游职业学院副院长、教授　徐云松

2013 年 6 月

# 目 录

模块一

# 基础知识篇

## 第一节　西餐基础知识概况

### 一、菜式介绍　Introduction of National Dishes

#### (一)法国菜

法国菜在世界食坛享有盛誉。法国人以擅长烹饪而自豪,法国菜口感细腻、酱料美味、餐具摆设华美,可称为一种艺术。法国菜不仅美味可口,而且菜肴种类多,烹调方法也有独到之处。

1. 选料广泛、讲究。一般来说,西餐由于受到宗教文化的影响较大,在选料上有较大的局限性,而法国菜的选料却很广泛,用料新鲜,讲究色、香、味、形的配合,花色品种繁多,重用牛肉、蔬菜、禽类、海鲜和水果,特别是蜗牛、黑菌、蘑菇、芦笋、洋百合和龙虾,而且在选料上很精细。

2. 讲究菜的鲜嫩。法国菜要求菜肴水分充足、质地鲜嫩。法国菜比较讲究吃半熟或生食,如牛排、羊腿以半熟、鲜嫩为特点,牛排一般只要求三四成熟,烤牛肉、烤羊腿只需七八成熟,而牡蛎一类大都生吃。法国菜规定每种菜的配菜不能少于两种,且要求烹法不一。

3. 讲究原汁原味。法国菜非常重视沙司的制作,一般由专业的厨师制作,而且什么菜用什么沙司,也很讲究,如做牛肉菜肴用牛汤汁,做鱼类菜肴用鱼汤汁。有些汤汁要煮 8 个小时以上,使菜肴保持原汁原味。

4. 善用酒调味。法国盛产酒类,所以烹调中也喜欢用酒调味,做什么菜用什么酒是很讲究的,使用量也大,以至于很多法国菜都带有酒香。菜和酒的搭配有严格规定,如清汤用葡萄酒、火鸡用香槟等。

5. 讲究使用香料。法国菜使用各种香料,以增加菜肴、点心的香味,如大蒜头、百里香、迷迭香、香叶、欧芹、他拉根、肉豆蔻、藏红花、丁香、茴香等10多种。各种香料都有独特的香味,放入不同的菜肴中,就形成了不同的风味。法国菜对香料的运用也有规定,什么菜放多少,放什么样的香料,都有一定的要求。胡椒最为常见,几乎每菜必用,但不用味精,极少用香菜。

调味汁多达百种,既讲究味道的细微差别,还考虑色泽的不同,百汁百味百色,使食用者回味无穷,并给人以美的享受。

### (二)意大利菜

意大利在饮食方面有着悠久历史,如同他们的艺术、时装和汽车,总是喜欢精心制作。意大利是一个盛产美食家的国度。意大利美食典雅高贵,且浓重朴实,讲究原汁原味。意大利菜系非常丰富,菜品成千上万,除了大家耳熟能详的比萨饼和意大利面外,它的海鲜和甜品都闻名遐迩。源远流长的意大利餐饮,对欧美国家的餐饮产生了深远影响,并影响包括法国菜、美国菜在内的多种菜系,被称为“西餐之母”。

1. 菜肴注重原汁原味,讲究火候。意大利菜肴最为注重原料的本质、本色,成品力求保持原汁原味。在烹煮过程中非常喜欢用蒜、葱、番茄酱、奶酪,讲究沙司的制作。烹调方法以炒、煎、烤、红烩、红焖等居多。通常将主要材料或裹或腌,或煎或烤,再与配料一起烹煮,从而使菜肴的口味异常出色,缔造出层次分明的多重口感。意大利菜肴对火候极为讲究,很多菜肴要求烹制成六七成熟,而有的则要求鲜嫩带血,例如:罗马式炸鸡、安格斯嫩牛扒。米饭、面条和通心粉则要求有一定硬度。

2. 巧妙利用食材的自然风味,烹制美食。烹制意大利菜,总是少不了橄榄油、黑橄榄、奶酪、香料、番茄与马沙拉酒。这些食材是意大利菜肴调理上的灵魂,也代表了意大利当地盛产与充分利用的食用原料,因此意大利菜肴享有“地道与传统”的盛名。最常用的蔬菜有番茄、卷心菜、胡萝卜、芦笋、莴苣、土豆等。配菜广泛使用大米,配以肉、牡蛎、墨鱼、田鸡、蘑菇等。意大利人对肉类的制作及加工非常讲究,如风干牛肉(Dry Beef)、风干火腿(Parma Ham)、意大利腊肠、波伦亚香肠、腊腿等,这些冷肉制品非常适合做开胃菜和佐酒食物,享誉全世界。

3. 以米面做菜,花样繁多,口味丰富。意大利人善做面、饭类菜肴,几乎每餐必做,而且品种多样,风味各异,著名的有意大利面、比萨饼等。意大利面具有不同形状和颜色。管状的是为了让酱汁进入面管中,而条纹状的面可使酱汁留在面条表层上。颜色则代表面条添加了不同的营养素。红色面是在制面的过程中,在面中混入红甜椒或甜菜根;黄色面是混入番红花蕊或南瓜;绿色面是混入菠菜;黑色面堪称最具视觉冲击力,用的是墨鱼的墨汁。所有颜色皆来自自然食材,而不是色素。面条口味则以三种基本酱汁为主导,分别是以番茄为主的酱汁、以鲜奶油为主的酱汁和以橄榄油为主的酱汁。这些酱汁还能搭配上海鲜、牛肉、蔬菜,或者单纯配上香料,变化成各种不同的口味。

4. 区域差异,造就地方美食。由于南北风土差异,意大利菜有四大菜系。北意菜系:面食的主要材料是面粉和鸡蛋,尤以宽面条及千层面最著名。此外,北部盛产中长稻米,适合烹调意式米饭。喜欢用黄油烹调食物。中意菜系:以多斯尼加和拉齐奥两个地方为代表,特产多斯尼加牛肉、朝鲜蓟和柏高连奴奶酪。南意菜系:特产包括榛子、莫苏里拉奶酪、佛手柑油和宝仙尼菌。喜欢用橄榄油烹调食物,善于利用香草、香料和海鲜入菜。小岛菜系:以西西里为代表,深受阿拉伯影响,食风有别于意大利的其他地区,以海鲜、蔬菜及各类面食为主。

### (三)英国菜

英国菜可用一个词来形容,Simple。简而言之,其制作方式只有两种:放烤箱烤,放锅里煮。做菜时什么调味品都不放,吃的时候再依个人爱好放些盐、胡椒或芥末、辣酱油之类。

英式菜肴相对来说比较简单,但早餐却很丰盛,素有 Big Breakfast 即丰盛早餐的美称,受到西方各国的普遍欢迎。英国菜是西餐文化中非常重要的一部分。

1. 选料局限。菜肴选料比较简单,虽是岛国,海域广阔,可是受地理自然条件所限,渔场不太好,所以英国人不讲究吃海鲜,比较偏爱牛肉、羊肉、禽类等。

2. 口味清淡、原汁原味。有效地使用优质原料,并尽可能保持其原有的质地和风味是英国菜的重要特色。英国菜的烹调对原料的取舍不多,一般用单一的原料制作,要求厨师不加配料,要保持菜式的原汁原味。英国菜有“家庭美肴”之称,英国烹饪法根植于家常菜肴,因此只有原料是家生、家养、家制时,菜肴才能达到满意的效果。

3. 烹调简单,富有特色。英国菜烹调相对来说比较简单,配菜也比较简单,香草与酒的使用较少,常用的烹调方法有煮、烩、烤、煎、蒸等。

常见的英国菜有土豆烩羊肉、牛尾汤、烤羊马鞍、烧鹅等。

### (四)俄国菜

俄罗斯地域辽阔,横跨欧亚两个大陆,由于绝大部分人居住在欧洲,因而其饮食文化更多地受到欧洲大陆的影响,呈现出欧洲大陆饮食文化的基本特征,但其特殊的地理环境、人文环境及独特的历史发展进程,也造就了独具特色的俄罗斯饮食文化。

俄罗斯人特别喜欢鲑鱼、鲱鱼、鲟鱼、鳟鱼、红鱼子、黑鱼子、烟熏咸鱼、鲳鱼等。肉类、家禽和各种各样的肉饼,要熟透才吃。俄罗斯人也喜欢吃用鱼肉、碎肉末、鸡蛋、蔬菜做成的包子。俄罗斯菜肴有以下特点。

1. 较油腻,口味浓厚。由于俄罗斯气候寒冷,人们需补充较多的热量,俄国菜一般用油较多,多数汤菜上都有浮油。俄式菜口味浓厚,而且酸、甜、咸、辣俱全,俄罗斯人也喜欢吃大蒜、葱头、面包。牛奶是酸的,菜汤也是酸的。俄罗斯人料理时常使用酸奶油,甚至在沙司、点心上也使用。酸奶油味酸、多油,营养价值高,并有开胃、促进食欲的作用。

2. 擅长做汤菜。俄国人善做汤菜,汤在俄罗斯菜中一直扮演着重要的角色。他们每日膳食中必有肉、鲜白菜、酸白菜及其他各种蔬菜和调料制成的汤菜。传统的汤有罗宋汤、酸辣浓汤等。

3. 讲究小吃。俄式小吃是指各种开胃小食,其中以冷菜居多。其特点是生鲜、味酸咸。鱼子酱是他们在料理时使用的最为昂贵的冷菜,它有许多种类,如 Beluga、Sevruga、Ossetra 等都是扬名世界的;食用鱼子酱时须附带俄式小饼(Blinis)、柠檬、碎蛋等。其他如各种香肠、火腿、酸蘑菇、酸黄瓜、凉拌菜、奶酪等都是凉吃的,甚至鲟鱼、小鳕鱼、鲑鱼等鱼类都喜爱生腌食用。

4. 重视面包、荞麦粥。与欧洲许多国家一样,面包一直是俄罗斯民族的主食,然而俄罗斯的面包还有特定的含义。在俄语中,“面包加盐”是最珍贵的食物,具有非常重要的象征意义:面包代表富裕与丰收,盐则有辟邪之说。每餐开始和结束时,大家都会吃上一片蘸着少许食盐的面包,以示吉祥。“面包加盐”不仅是主人慷慨好客的见证,关键时候还能尽释宿敌间的前嫌。

## （五）德国菜

德国菜不像法国菜那样复杂，也不像英国菜那样清淡，它以朴实无华、经济实惠的特点独立于西餐食坛中。

德国饮食的地区文化比较明显。北部食物来自波罗的海，菜式有浓厚的斯堪的纳维亚半岛的风格；中部山川河流资源充沛，菜式较为丰富且分量大；南部受邻邦如土耳其、奥地利、西班牙及意大利的影响，口味较为清淡。

1. 肉制品丰富。在德国的烹饪特色中，最典型的是丰富的猪肉制品。德国人是食猪肉的民族，世上没有其他菜系比他们更侧重于猪肉。由于肉类产量丰富，引发出贮存的问题，所以在德国食谱中对肉类保存颇有研究，运用烟熏、腌制、盐腌、醋腌和硝盐等技术，由此发展成一种独特的饮食文化。德国的火腿、熏肉、香肠等制品有不下数百种，著名的法兰克福肠早已驰名世界；巴伐利亚省所产的肉制品数量及品质均堪称第一。而这些肉类的制品大都是冷吃的，但也有不少香肠或熏肉是以热食为主的，而这类食品在食用时通常会附带酸菜、烤土豆及芥末酱。

2. 食用生鲜菜肴。德国菜在食材上除了偏好猪肉，也选择牛肉、肝脏类、香料、鱼类、家禽及蔬菜等。一些德国人有吃生牛肉的习惯，著名的鞑靼牛扒就是将嫩牛肉剁碎，拌以生葱头末、酸黄瓜末和生蛋黄等食用。

3. 口味以酸咸为主。德式菜中的酸菜使用非常普遍，经常用来做配菜，很多菜都带酸味，如具有代表性的酸菜煮猪肉，汤菜俱佳，口味酸咸，肥而不腻。

4. 用啤酒制作菜肴。德国盛产啤酒，啤酒消费量居世界之首，一些菜肴常用啤酒调味。

典型的菜式有柏林酸菜煮猪肉、酸菜焖法兰克福肠、汉堡肉扒、鞑靼牛扒等。

## （六）西班牙菜

西班牙菜包含了贵族与民间、传统与现代的烹饪艺术，加上特产的优质食材，使得西班牙菜在欧洲和世界各地占有重要的位置。

西班牙三面临海，内陆山峦起伏，气候多样。由于历史上屡受外族侵略及不同教义的影响，各地都有着独特的文化传统和特色，形成了菜品丰富、口味浓郁的特点。大致分为如下地区的地方菜。

1. 安达卢西亚和埃斯特雷马杜拉。菜肴以清新和色彩丰富为主，多采用橄榄油、蒜头。秉承了阿拉伯人的烹饪技巧,以油炸形式烹调,特点是口味清新、口感香脆酥松。特产有风干火腿、沙丁鱼、三角豆等,代表菜为西班牙冷汤。

2. 加泰罗尼亚。位于比利牛斯山地区,接壤法国,烹饪方法与地中海地区接近。以炖、烩菜肴出名。盛产香肠、奶酪、蒜油和著名的卡瓦气泡酒。代表菜:墨鱼汁饭、蒜蓉蛋黄酱、烩海鲜。

3. 加利西亚和莱昂。位于西班牙西北部,盛产海鲜和三文鱼、藤壶。有别于其他地方菜的是,此地菜肴很少用蒜和橄榄油,多用猪油。代表菜:醋酿沙丁鱼。

4. 拉曼查。位于西班牙中部,畜牧业发达。以烤肉为主菜,盛产奶酪、高维苏猪肉肠和被称为"红金"的西班牙藏红花。代表菜:红粉汤、西班牙红肠、藏红花饭。

5. 巴伦西亚。毗邻地中海,是稻米之乡。盛产蔬菜和水果、海鲜。

6. 里奥哈和阿拉贡。位于比利牛斯山东部,烹饪简单,但特色酱汁和红酒世界驰名。

西班牙海鲜饭(Paella)是西班牙最具代表性的食物,被称为"西班牙国菜",源于西班牙巴伦西亚。它还是法耶火节(Falles)的食品,食材丰富,风味也很特别。里面有青口贝、大虾、蛤、鱿鱼、圆椒、柠檬、橄榄油、白酒等,用新鲜海鱼熬的汤烩成,然后放入烤箱烤。一份海鲜饭够两至四人享用,是不可错过的美食。

## 二、烹调方法 Cooking Method

### (一)煎(Pan Frying)

煎是在平底煎锅中加入适量的油,将加工处理过的原料放入,将其加热成熟或加热至规定火候的烹调方法。制作时先煎一面,再煎另一面,也可以两面反复交替煎,油量以不浸没原料为宜,煎时可晃动锅体或用铲子、夹子翻动食物,使其受热均匀、两面一致,大多呈现金黄色,表皮酥脆。

### (二)炒(Saute)

炒主要是用少量的油为主要导热体,将加工成小型、体积一致的原料,用较高的温度,在较短时间内快速加热成熟、调味成菜的一种烹调方法。

### (三)炸(Deep Frying)

炸是用能浸没原料的油量,将油加热至140～180℃,然后把加工处理成形的原料放入热油中,加热至成熟上色的烹调方法。

### (四)烤 (Roasting)

烤是把初步加工成形、调味抹油的原料,放入封闭的烤炉或明火烤炉中,利用干燥的热空气在食物周围的循环及油脂的导热作用,对原料进行加热至上色,并达到规定成熟度的烹调方法。

### (五)铁扒(Grilling)

铁扒的热源在烹调原料的下方,铁扒是把加工成形、调味抹油的原料,放在扒炉上利用高度的辐射热和空间热量,对原料进行快速加热并达到规定成熟度的烹调方法。

### (六)炙烤(Broiling)

炙烤与铁扒热源相反,它的热源来自需要烹调原料的上方,是利用上面的高温热量将下面经过处理的原料加工至规定成熟度并上色的烹调方法。

### (七)焗(Gratin)

焗是指将加工成熟的原料,在其表面浇上一层含有高脂肪物质的原料或浓沙司,放入明火焗炉或烤箱内,利用高温热空气,对原料表面进行加热,使其上色的烹调方法。

### (八)烘烤(Baking)

此处指利用烤箱中干热的空气,将原料烘烤至熟的烹调方法。

主要指烘烤西点、面包及蛋糕类。含高油脂的金枪鱼、鲑鱼及含高水分的蔬菜也可烘烤。其他肉类的烘烤只能称为烤。

### (九)沸煮(Boiling)

沸煮指在正常的气压下,把加工成形的原料放入沸腾的水或其他液体中,加热至成熟。水或液体须没过原料,温度保持在100℃。

### (十)温煮(Poaching)

温煮指在70～80℃的热水、酒、奶或基础汤等液体中,将加工成形的原料煮至所需要的成熟度的烹调方法。液体需要没过原料,以免原料受热不均匀,影响成熟度。

#### (十一)烫煮(Blanching)

烫煮主要指在沸水或热油中,将原料快速加热的方法,常被视为准备工作。如使蔬菜、水果、坚果的皮松动易剥,或薯条等原料炸制前的加热或消除原料异味的处理。

#### (十二)蒸(Steaming)

蒸是指利用沸煮的水所产生的水蒸气来使经调味的原料加热加工成形,直至成熟的烹调方法,也是烹饪中最利于保持原料形状、营养、颜色、味道的烹调方法。

#### (十三)焖(Braising)

焖是指把经初步加工的大块的肉类原料,用少量的油快速煎至表面焦化,然后放入有少量蔬菜、香料垫底的锅内,加入少量基础汤,盖上锅盖,放在小火的炉上或烤箱内进行加热,利用热空气、水蒸气及少量的液体使原料成熟的烹调方法。

#### (十四)烩(Stewing)

烩是指把加工成形的小块原料,放入用本身原汁调制成的浓沙司或其他酱汁内并被覆盖,煮沸后用小火,加盖用较长的时间来加热至原料成熟的烹调方法。入烩锅前,肉类原料不一定要先煎上色;入锅的液体量比焖的烹调方法要多。烩有白烩、红烩、黄烩等。

## 三、设备工具 Kitchen Equipment and Cooking Utensil

### (一)设备(Kitchen Equipment)

1. 炉灶(Stove)。西餐炉灶,有燃气炉、电磁炉和电热炉等。其表面一般用金属或耐高温防爆玻璃制成。一台西餐炉灶一般有二至四个灶眼,一般都有旋钮控制火力大小,有些炉子下方还附有烤箱。

2. 多功能烤箱(Electric Combi-Steamer)。多功能烤箱也称万能蒸烤箱,具备烤的功能、蒸的功能、煮的功能及蒸、烤混合功能。这种多功能烤箱是一种比较新型的、现代化的电烤箱。

由于有蒸的功能,多功能烤箱有进水口和排水口。一般这种烤箱都是电脑型的,可输入程序,烤箱根据设定的程序进行蒸、烤或蒸、烤同时进行。由于烤箱内有一个风机给烤箱送热风,所以多功能烤箱内部温度比较均匀;菜肴蒸烤前需要预热烤箱。

3. 烧烤炉(Charbroiler)。烧烤炉是一种烧烤设备,热源来自烤炉架子的下方,可以用来做烤肉串、烤肉等。烧烤炉分为三种,炭烤炉、燃气烤炉和电烤炉,其中燃气烤炉和电烤炉以无油烟、对产品无污染而备受欢迎。

4. 明火焗炉(Salamander)。明火焗炉又称面火焗炉,是一种敞开式的电焗炉,中间有炉膛、铁架,可升降;热源在顶端,一般适于菜肴或原料的表面上色和加热。

5. 铁扒炉(Griddles)。铁扒炉是一种用铁板传导热能加热的成熟设备,又分平扒炉和坑扒炉两种。平扒炉表面是一整块较厚的平整的铁板,边上一般都有滤油槽,热能主要有电、燃气和木炭等,保温时间较长,但必须在使用前预热。坑扒炉结构与平扒炉基本相似,只是表面不是平整的铁板,而是一块有许多规则凹槽的铁板,热能主要有电、燃气和木炭等,通过铁板的传热,使原料受热,也须在使用前预热。

6. 炸炉(Fryer)。根据性能可分为电炸炉和燃气炸炉两种;根据形状可分为立式电炸炉、台式电炸炉;根据功能可分为单缸炸炉、双缸炸炉。一般为长方形,主要由油槽、油脂过滤器钢丝篮及热能控制装置等组成。目前使用的炸炉大部分以电加热,能自动控制油温。

7. 多功能粉碎机(Smashing Appliances)。多功能粉碎机是由电机、原料容器和不锈钢刀片组成的。原料在高速旋转刀片的冲击、切割、摩擦及原料间的相互撞击作用下被粉碎;适宜打碎水果蔬菜,也可以混合搅打浓汤、鸡尾酒、乳化状的沙司等。

8. 切片机(Slicer)。厨用切片机一般是轮转式切片机。切片机是切制薄而均匀组织片的机械设备,每切一次,切片厚度器自动向前(向刀的方向)推进所需距离,切片的厚度可以根据需要在切片机上调节,需切片的食品必须是较硬的、脆的或冷冻过的。

9. 打蛋机(Egg Beater)。打蛋机是由电机、钢质容器和搅拌头组成的。打蛋机是食品加工中常用的搅拌调和设备,用来搅打黏稠浆体,如糖浆、面团、蛋液、沙司、奶油等。打蛋机分为落地式、台式和手提式。前两种一般由搅拌器、容器、转动装置、容器升降机及机座等组成。

10. 手持式搅拌机(Hand Blender)。这是一种便携式的食物粉碎、搅拌机,它可以给正在煮制的食物进行搅拌或粉碎,无须将食物更换容器;食物的粉碎程度不及使用台式多功能粉碎机的效果。由于这种电机的速度较快,容易发烫,因此每次使用时间不能超过说明所限制的时间;连续长时间使用,中间必须有一定时间停机,给电机充分降温后方可继续使用。

11. 冷藏设备(Freezer)。一般是指某种可制冷、可人为控制和保持稳定低温的设备。它的基本组成部分是制冷系统和电控装置,是一种使食物或其他物品保持恒定低温状态的设备,是一种带有制冷装置的储藏箱。厨房中常用的冷藏设备主要有小型冷藏库、冷藏箱和小型的电冰箱。这些设备的共同特点是都具有隔热保温的外壳和制冷系统。冷藏设备按冷却方式可分为冷气自然对流式(直冷式)和冷气强制循环式(风冷式)两种。风冷式冰箱容易使冷藏的食物表面风干,因而某些食物应用纸或保鲜膜及袋包裹。冷藏冷冻温度在−40℃至10℃。冷藏设备都具有自动恒温控制、自动除霜功能,使用方便。

12. 制冰机(Ice Maker)。制冰机是一种将水通过蒸发器由制冷系统制冷剂冷却后生成冰的制冷机械设备,也即采用制冷系统,以水为制冷对象,在通电状态下通过某一设备后,制造出冰的设备(机器)。制冰机蒸发器和生成冰块过程、方式、原理不同,生成的冰的形状也不同,根据冰形状将制冰机分为颗粒冰机、片冰机、板冰机、管冰机、壳冰机等。

整个制冰过程是自动进行的,先制冷,水喷淋在冰模上,逐渐冷冻成冰块,完成制冷,冰块脱模,进入贮冰槽。

**(二)工具(Cooking Utensil)**

1. 煎锅(Frying Pan)。煎锅也称平底锅,是一种用来煎制食物、直径20至30厘米、低锅边并且向外倾斜的铁制平底、圆形烹饪器具。煎锅适合煎、炒、焙或煮。煎锅所用的材料有铝合金、不锈钢、铁质及其他合金等,可配备透明或不透明的锅盖。铝制煎锅的表面通常都有一层不粘保护层。使用方便,容易清洗,但切勿使用具有腐蚀性的洗涤剂或任何粗糙的金属丝擦洗,以免刮伤锅身的不粘底表层。带有胶木或塑料手柄的煎锅切勿入烤箱作为烤盘使用,以防损坏煎锅手柄。

2. 沙司锅(Sauce Pan)。沙司锅是一种较深的单柄平底锅,常用于制作沙司和适量的汤。沙司锅也可煮饭、炒蔬菜等。它们有各式各样的尺寸,一般锅的深度差不多也是锅的直径,可带有透明或不透明的锅盖。最常见的沙司锅材质有铝、不锈钢、合金等;有些沙司锅锅底是双层复合底的,热量分配均匀,保温时间较长;也有的锅内壁带有不粘涂层,方便烹饪和清洗。

3. 汤锅(Stock Pot)。汤锅是一种体积较大较深、直边、大开放、大直径、有盖、两侧有把手的平底锅。常见的汤锅材质有铝、不锈钢等,传统意义上用来制作汤菜或焖、烩、煮肉类菜肴等。

4. 搅拌盆(Mixing Bowl)。搅拌盆即对食用材料进行搅拌、混配、调和、均质等所使用的盛装器皿。搅拌盆大都是底面小、上面开口大的圆形盛器。搅拌盆有用不锈钢、玻璃、陶瓷等材料制成的,可用于盛装原料、沙拉搅拌、搅打蛋液等,用途广泛。

5. 过滤网(Strainer)。过滤网简称滤网,是由筛板支撑的、不同网眼的金属丝网组成的。其作用是过滤原料流体和增加流体的阻力,借以滤去原料流体杂质,达到提高流体细腻度的效果。过滤网大多是用不锈钢金属丝制成的,具有耐酸、耐碱、耐温、耐磨等性能;也有用纱布自制的过滤网和一些专用的滤纸,这些不能反复使用。不锈钢过滤网使用方便,容易清洗,不易损坏。过滤网有圆形的、锥形的等,都带有一长柄。可过滤汤汁、沙司等。

6. 漏勺(Skimmer)。漏勺呈勺子形状,但中间有很多小孔,浅底连手柄,底圆弧形,外形较小,是食物汆水或油炸后,用来捞起食物沥水、沥油的工具。

7. 汤勺(Soup Ladle)。汤勺是一种不锈钢制成的,带有长手柄,用于舀汤和调味汁的工具。

8. 汤匙(Tablespoon)。汤匙是进食用的匙,常见的主要是喝汤时舀汤用的餐具,在厨房常用于菜肴试味、装盘时舀沙司,手柄较长的汤匙也可作为炒菜时的铲子来使用,也可将其视为烹调上的一种容量量度单位。

9. 铲子(Spatula)。铲子是一种炒菜时用于搅拌、翻动食物的烹调工具。有不锈钢制的、木制的、竹制的、耐高温硅胶制的。在使用不粘锅时建议选择竹、木、硅胶制成的铲子,以免划伤不粘层。

10. 蛋抽(Egg Whisk)。蛋抽是由不锈钢钢丝捆扎而成,头部由多根钢丝交织编在一起,呈半圆形,后部由钢丝捆扎成柄,用来将蛋清和蛋黄打散充分融合成蛋液、单独将蛋清和蛋黄打到起泡、混合液体与调料的手动工具。一般采用不锈钢作为制作材料,另有一种有硅胶裹在金属丝外的蛋抽,这种蛋抽不会划伤不粘层,不会像不锈钢蛋抽容易使金属锅(特别是铝锅)产生划痕、摩擦后会使菜肴或汤体发黑。

11. 烤盘(Roasting Pan)。烤盘是一种用于烤箱烘烤菜肴时盛放原料的工具。由不锈钢或铝合金或其他金属材料制成的烤盘,立边较高,长方形居多,主要用于菜肴烧烤。

12. 烘盘(Baking Pan)。烘盘类似烤盘,长方形居多,立边较浅,主要用于烘烤面点食品。

13. 研磨器(Grater)。研磨器一般是用不锈钢制成的,有立体梯形、圆锥形、片状形等;四周片上有不同孔径的密集小孔,主要用于奶酪、水果、蔬菜的研磨擦丝或擦碎。

14. 食品夹(Food Tong)。食品夹是金属制成的有弹性的 V 形夹子,在烹饪菜肴时用来翻转原料、取食物。

15. 厨刀(Chef's Knife)。厨刀刀刃锋利,略呈弧形,背稍厚,靠近手柄端宽,渐渐变窄,前端是尖形的。厨刀是用得最多的刀,用于切块、切片、切丁、切丝和剁末等,用途广泛。厨刀的大小多样,从 20 厘米到 30 厘米不等。

16. 削皮刀 (Beak Knife)。削皮刀刀身较短,刀头尖,刀刃利,刀身长 6～10厘米,常用于水果蔬菜的去皮及削制橄榄形的蔬菜。常见的有直刃形和鸟嘴形(刀尖向下弯,形似鸟嘴)等。

17. 刨刀 (Plane Cutter)。刨刀是最常见的蔬菜、水果去皮工具之一,一般由手柄和刀片组成,手柄由塑料、木质、钢等制成。

18. 剔骨刀 (Boning Knife) 。剔骨刀用于生家禽、生肉类的剔骨,刀刃锋利、薄,刀身狭长,长度一般为 12—17 厘米。

19. 磨刀棒 (Sharpening Steel)。磨刀棒不是刀,是西餐刀具中不可缺少的一种快速磨刀的工具。

20. 肉叉 (Chef Fork)。肉叉大多是不锈钢的,有两长齿,带有非金属的长手柄,用于辅助原料切片,煎烤大型肉类原料时翻转原料。

21. 砧板 (Cutting Board)。砧板是配合刀具行刀切割原料时垫在原料之下的一种工具,有木质、竹质、塑料的等。

22. 拍肉器 (Meat Mallet)。拍肉器又称肉锤,带柄,无刃,一面平整光滑,另一面有棱,中间厚,四边薄,主要用于拍砸各种肉类,使原料松弛、扩展,便于根据需要进行整形。

23. 开罐器 (Can Opener)。开罐器又称罐头刀,是开启食品罐头的工具,有小型手持式和大型台式。

24. 开瓶器 (Bottle Opener)。开瓶器种类很多,有普通开瓶器、T 形开瓶器、小刀开瓶器、真空开瓶器、台式开瓶器等。

25. 食品温度计 (Food Thermometer)。食品温度计也称中心温度计、探针温度计,是一种测量烹调食物中心温度的工具,便于随时监测食物原料的温度是否符合要求。探针温度计提供最快的反应时间，针头直径细小，可测量大块肉类和肉馅饼、鸡肉、鱼肉等食物的理想温度。

26. 喷火枪（Flame Gun）。喷火枪是一种烹饪菜肴时结合其他原料装饰造型、上色处理的辅助工具。厨房常用的为掌上喷火枪，主要包括储气室和调压室，中高档产品还具备点火结构。储气室又名气箱，内有燃气，成分一般为丁烷，为调压室结构输送燃气。调压室为喷火枪主要结构，通过从储气室接收燃气，再经过过滤、调压、变流等一系列步骤，将燃气喷出枪口。

# 第二节 基础汤

## 一、白色基础汤 White Stock

### 相关知识

基础汤

基础汤(Stock)也称高汤,是用微火通过长时间提取的一种或多种原料的原汁(鱼基础汤除外),是制作汤菜(Soup)、沙司(Sauce)、肉汁(Gravy)的基础。

白色基础汤

白色基础汤是用牛、鸡等的肉或骨头配以蔬菜、调味香料等加水煮制而成的液体,均为清澈而无浮油的汤汁。

蔬菜香料

蔬菜香料(Mirepoix)也称植物性调味料、调味蔬菜,由洋葱、欧芹、胡萝卜三种蔬菜组成。植物性调味料不仅用来增加基础汤的鲜味,而且也为沙司、汤类、肉类、家禽类、鱼类和蔬菜等各种菜肴增加鲜味,所以它是烹制各种菜肴的最基本的增味原料。

### 主要工具

| | | | |
|---|---|---|---|
| 高汤锅 | Stock Pot | 汤勺 | Soup Ladle |
| 厨刀 | Chef's Knife | 过滤网 | Strainer |
| 砧板 | Cutting Board | | |

### 制作原料

| | | |
|---|---|---|
| 清水 | Water | 4 升 |
| 将生骨头 | Fresh Bone | 2 千克 |
| 蔬菜香料 | Mirepoix | 0.4 千克 |
| 香料包 | Bouquet Garni | 1 个 |
| 百里香 | Thyme | 1 枝 |
| 香叶 | Bay Leaf | 1 片 |

| | | |
|---|---|---|
| 欧芹 | Parsley | 1束 |
| 黑胡椒粒 | Black Pepper | 8粒 |

📖 制作步骤

生骨头锯开,冷水煮开(若骨头脏需先清洗再煮)。

撇去油脂、浮沫,微火使汤保持微沸。

加入蔬菜香料、香料包及黑胡椒粒。

煮4～5小时,不断撇去油脂、浮沫。

用纱布或细眼滤网过滤。

汤体冷却,放入冰箱冷藏保存。

📖 温馨提示

蔬菜香料的比例为洋葱∶西芹∶胡萝卜＝2∶1∶1。

白色基础汤主要用于白色汤菜(White Soup)、白沙司(White Sauce)、白烩(White Stew)等菜肴或沙司的制作。

## 二、鱼基础汤　Fish Stock

📖 相关知识

鱼基础汤

鱼基础汤是由鱼骨、鱼肉或鱼边角料(或有壳的海鲜等)、调味蔬菜等熬制而成的。它无色,有鱼肉的鲜香味。制作方法与白色基础汤类似,煮制时间较短,30分钟左右。

📖 主要工具

| | | | |
|---|---|---|---|
| 高汤锅 | Stock Pot | 铲子 | Spatula |
| 厨刀 | Chef's Knife | 汤勺 | Soup Ladle |
| 砧板 | Cutting Board | 过滤网 | Strainer |

📖 制作原料

| | | |
|---|---|---|
| 清水 | Water | 4升 |
| 生鱼骨头 | Fresh Fish Bone | 2千克 |
| 洋葱 | Onion | 125克 |
| 西芹 | Celery | 60克 |
| 干白酒 | Dry White Wine | 250毫升 |

| 香料包 | Bouquet Garni | 1个 |
|---|---|---|
| 丁香 | Clove | 1粒 |
| 香叶 | Bay Leaf | 1片 |
| 欧芹 | Parsley | 1束 |
| 黑胡椒粒 | Black Pepper | 8粒 |

📖 制作步骤

将洋葱、欧芹切成片。

在厚底锅中加热黄油,将葱头片、欧芹片、鱼骨及其他原料用小火煎5分钟左右。

加入干白酒煮至微沸状态,加冷水没过骨头,再加入香料包。

煮至微沸,撇去油脂、浮沫,继续文火煮30分钟左右。

将汤体过滤、冷却,放入冰箱冷藏保存。

📖 温馨提示

若煮制时间过长,会破坏香味,出现苦涩味。

在煮制鱼汤时加入干白酒比加酸味原料(柠檬汁、番茄等)起到的作用要大得多。

## 三、布朗基础汤 Basic Brown Stock

📖 相关知识

布朗基础汤

布朗基础汤也称上色高汤,与白色基础汤的区别在于用来制作布朗基础汤的骨头和蔬菜香料被制成了褐色。制作布朗基础汤增加了几道复杂的工序,除此之外,布朗基础汤与白色基础汤的制作方法基本相似。

📖 主要工具

| 烤盘 | Roasting Pan | 铲子 | Spatula |
|---|---|---|---|
| 厨刀 | Chef's Knife | 汤勺 | Soup Ladle |
| 砧板 | Cutting Board | 过滤网 | Strainer |
| 汤锅 | Soup Pot | | |

📖 制作原料

| 清水 | Water | 5升 |
|---|---|---|

| | | |
|---|---|---|
| 生骨头 | Fresh Bone | 2.5 千克 |
| 蔬菜香料 | Mirepoix | 0.5 千克 |
| 番茄酱 | Tomato Ketchup | 250 克 |
| 香料包 | Bouquet Garni | 1 个 |
| 百里香 | Thyme | 1 枝 |
| 香叶 | Bay Leaf | 1 片 |
| 欧芹 | Parsley | 1 束 |
| 黑胡椒粒 | Black Pepper | 5 粒 |
| 丁香 | Clove | 1 粒 |

**制作步骤**

骨头锯成合适的块，放入烤盘，进入 220℃烤箱烤成褐色。

将骨头放入汤桶，用冷水没过骨头，文火煮沸，撇去浮沫、油脂，继续以文火煮制。

将烤盘中的油过滤待用。然后向烤盘中添水加热，倒入汤桶中。

在炉上用部分待用的油翻烤蔬菜香料，烤至完全褐色。

将上色的蔬菜香料和番茄(或番茄酱)及香料包放入汤锅中。

继续用文火煮 6～8 小时，并随时撇去汤面上的油脂、浮沫。

将汤体过滤。

冷却汤体，放入冰箱中冷藏保存。

**温馨提示**

选用的汤料要新鲜无异味。

浮沫应及时撇除，否则影响色泽与香味。

油脂应及时撇除，否则影响汤的清澈，增加油腻感。

应用微火保持微沸，保证煮制时间，避免混浊。

不加盐，保证汤料鲜味溶出。

生骨头可以用其他下脚料替代。

## 四、蔬菜基础汤 Basic Vegetable Stock

### 📖 相关知识

蔬菜基础汤

蔬菜基础汤也称蔬菜高汤。制作蔬菜基础汤不适用任何动物性原料,蔬菜基础汤的主要成分包括蔬菜、香草、香料和水,有时可以加入白葡萄酒。

### 📖 主要工具

| 高汤锅 | Stock Pot | 厨刀 | Chef's Knife |
|---|---|---|---|
| 砧板 | Cutting Board | 汤勺 | Soup Ladle |
| 铲子 | Spatula | 过滤网 | Strainer |

### 📖 制作原料

| 洋葱 | Onion | 200 克 |
|---|---|---|
| 西芹 | Celery | 100 克 |
| 胡萝卜 | Carrot | 1 根 |
| 大蒜头 | Garlic | 4 瓣 |
| 百里香 | Thyme | 2 枝 |
| 欧芹 | Parsley | 2 束 |
| 黑胡椒粒 | Black Pepper | 6 粒 |
| 香叶 | Bay Leaf | 1 片 |
| 柠檬汁 | Lemon Juice | 适量 |
| 清水 | Water | 1 升 |
| 橄榄油 | Olive Oil | 适量 |
| 盐 | Salt | 适量 |

### 📖 制作步骤

将蔬菜切片或块。

将蔬菜用油炒 5～10 分钟,不上色。

加入盐、水煮至沸腾,转成文火煮 30 分钟。

过滤汤体。

### 📖 温馨提示

可以加鲜番茄丁或番茄酱,也可加少许白葡萄酒。

土豆、甜薯和冬瓜会使汤体变得混浊；球形甘蓝、菜花、朝鲜蓟会使汤带有浓烈的味道；菠菜、甜菜根会使汤体变色。这些如非必要，不要加。

蔬菜基础汤应煮制足够长的时间，以利于香味的提取，但也不宜过长，过长会导致香味散失。最适宜的时间是30～45分钟。

# 第三节 调味汁

## 一、马乃司沙司 Mayonnaise Sauce

### 相关知识

马乃司

马乃司即蛋黄酱、沙拉酱,是西餐冷菜的一种基础调味汁。

马乃司沙司制作原理

制作马乃司沙司主要是利用了脂肪的乳化作用。油与水本身是不相融的,但通过机械的搅拌可使其均匀分散,成乳浊液,但静止后油和水又分离了,如果在乳浊液中加入乳化剂,就可以使其形成相对的稳定状态。

制作马乃司沙司时,用生鸡蛋黄作为乳化剂,因为生鸡蛋黄本身就是乳化了的脂肪,其中又含有较高的卵磷脂。卵磷脂是一种天然的乳化剂,它的分子结构中既有亲水基又有疏水基。在蛋黄内加油时,油就形成了肉眼看不见的微小的油滴,在这些小油滴的表层乳化剂中的疏水基与其相对,形成薄膜。与此同时,乳化剂中的亲水基与水分子相对。当马乃司很黏稠时,即油的比例过高时,就要加水,使油和水的比例重新调整,才可继续加油。

### 主要工具

| | | | |
|---|---|---|---|
| 蛋抽 | Egg Whisk | 搅拌盆 | Mixing Bowl |
| 汤匙 | Tablespoon | | |

### 制作原料

| | | |
|---|---|---|
| 蛋黄 | Yolk | 2只 |
| 色拉油 | Salad Oil | 250毫升 |
| 黄芥末酱 | Yellow Mustard | 5克 |
| 白醋或柠檬汁 | White Vinegar or Lemon Juice | 适量 |
| 白糖 | White Sugar | 10克 |
| 盐 | Salt | 适量 |
| 白胡椒粉 | White Pepper | 适量 |

冷开水　　Cold Water　　适量

📖 制作步骤

将蛋黄放入器皿或盆内，加入盐、胡椒粉、白糖、芥末酱。

用蛋抽将蛋黄搅打至稠状，然后逐渐加入色拉油，并用蛋抽不断地搅拌，以使蛋黄和油融为一体。

当浓度变黏稠、搅拌费力时，加入少量白醋或冷开水稀释。

当色泽变白后，再继续加油，直至将油全部加完为止。

加入柠檬汁调味。

📖 温馨提示

使用的油脂应选择脱色、无异味的植物油。

蛋黄要选择新鲜的。

调制马乃司的油脂，温度不要太低。

应存放在0℃以上的冷藏箱中保存。如温度过高，马乃司沙司会出现脱油现象。如低于0℃，沙司会结冰，解冻后也会出现脱油现象。

存放时要加盖或用保鲜膜封口，防止表面水分蒸发，出现脱油现象。

要避免剧烈震动，取用时用无油器皿，以防出现脱油现象。

📖 菜肴特点

浅黄有光泽，口味酸咸，微甜，口感细腻，油润绵软，冷热菜均可使用。

## 二、太太沙司　Tartar Sauce

📖 相关知识

太太沙司

太太沙司常用于炸制的鱼类菜肴。太太沙司还可以根据需要加入煮鸡蛋、花生等原料。

水瓜柳

水瓜柳(Caper)，又称水瓜纽、酸豆，原产于地中海沿岸及西班牙等地，为蔷薇科常绿灌木，其果实酸而涩，可用于调味。目前市场上供应的多为瓶装腌制品。酸豆常用于鞑靼牛排、海鲜类菜肴、冷沙司、沙拉等开胃小吃。

📖 主要工具

蛋抽　Egg Whisk　　厨刀　Chef's Knife

| | | | |
|---|---|---|---|
| 搅拌盆 | Mixing Bowl | 砧板 | Cutting Board |
| 汤匙 | Tablespoon | | |

制作原料

| | | |
|---|---|---|
| 马乃司沙司 | Mayonnaise Sauce | 250 克 |
| 煮鸡蛋 | Boiled Egg | 1 个 |
| 酸黄瓜 | Pickled Cucumber | 50 克 |
| 水瓜柳 | Caper | 50 克 |
| 洋葱 | Onion | 50 克 |
| 欧芹 | Parsley | 20 克 |
| 盐和白胡椒粉 | Salt and White Pepper | 适量 |
| 柠檬汁 | Lemon Juice | 10 毫升 |

制作步骤

将煮鸡蛋、酸黄瓜、水瓜柳、洋葱、欧芹切碎。

将碎料与马乃司沙司混合,调味、搅拌均匀即可。

温馨提示

酸黄瓜、水瓜柳切碎的颗粒不要太大。

欧芹、酸黄瓜切碎后,应用纱布将其水分挤干。

冷沙司的浓度要适当,不要过稀,以免无法挂在原料上。

菜肴特点

色泽黄里带黑,味酸咸,口感滑嫩。

## 三、千岛汁 **Thousand Island Dressing**

相关知识

番茄沙司

番茄沙司(Tomato Sauce)是红色小番茄经榨汁粉碎后,调入白糖、细盐、胡椒粉、丁香粉、生姜粉等,经过煮制、浓缩,调入微量色素、冰醋等制成的。

甜椒

甜椒(Sweet Pepper)属茄科番椒属,起源于墨西哥、危地马拉和加勒比海地区。品种上又可分为两大类:一类称为西班牙甘椒(Pimento),其果形似番茄扁圆、小而肉厚,常用于制作罐头;另一类即一般常见的灯笼形椒(Bell

Pepper)，果大而肉质肥厚，俗称甜椒，有多种颜色，常见的有绿色、红色、黄色等。

### 主要工具

| | | | |
|---|---|---|---|
| 蛋抽 | Egg Whisk | 厨刀 | Chef's Knife |
| 搅拌盆 | Mixing Bowl | 砧板 | Cutting Board |
| 汤匙 | Tablespoon | | |

### 制作原料

| | | |
|---|---|---|
| 煮鸡蛋 | Boiled Egg | 2个 |
| 甜红椒 | Sweet Red Pepper | 50克 |
| 甜青椒 | Sweet Green Pepper | 50克 |
| 欧芹 | Parsley | 5克 |
| 橄榄油 | Olive Oil | 250毫升 |
| 白醋 | White Vinegar | 250毫升 |
| 番茄沙司 | Tomato Sauce | 25克 |
| 辣酱油 | Worcestershire Sauce | 适量 |
| 盐 | Salt | 适量 |
| 白胡椒粉 | White Pepper | 适量 |

### 制作步骤

将煮鸡蛋、甜红椒、甜青椒切成小粒，欧芹切碎。

将盐、胡椒粉、辣酱油、白醋放入盆内搅拌均匀。

逐渐加入橄榄油，搅拌成乳浊液。

加入甜红椒粒、甜青椒粒、煮鸡蛋碎、番茄沙司，搅拌均匀即可。

### 温馨提示

油脂应选择脱色、无异味的橄榄油或色拉油等。

鸡蛋、甜红椒、甜青椒一定要切碎，颗粒不要过大。

欧芹切碎后，应用纱布将其水分挤干。

汁的浓度要适当。

### 菜肴特点

粉红色，稀糊状，酸甜微咸。

## 四、基础油醋汁 Basic French Dressing

### 相关知识

油醋汁

油醋汁又称醋油汁、洋醋汁(法语为 Vinaigrette),是最常用的冷调味汁,用于各种沙拉、蔬菜等。

白醋

白醋(White Vinegar)由醋精加水稀释而成,醋酸含量不超过 6%,口味纯酸,无香味。

白酒醋

白酒醋也称白葡萄酒醋(White Wine Vinegar),是用葡萄或酿葡萄酒的糟渣发酵而成,除酸味外还有芳香气味。

### 主要工具

| | | | |
|---|---|---|---|
| 蛋抽 | Egg Whisk | 汤匙 | Tablespoon |
| 搅拌盆 | Mixing Bowl | | |

### 制作原料

| | | |
|---|---|---|
| 橄榄油或色拉油 | Olive Oil or Salad Oil | 600 克 |
| 白酒醋或白醋 | White Wine Vinegar or White Vinegar | 200 克 |
| 盐 | Salt | 适量 |
| 白胡椒粉 | White Pepper | 适量 |

### 制作步骤

在搅拌盆内加入白醋或白酒醋、盐、胡椒粉。

逐渐加入橄榄油或色拉油,搅拌均匀,使其成为乳浊液状态。

### 温馨提示

选用的油脂应选择脱色、无异味的橄榄油或色拉油等。

油醋汁放置一段时间后会出现油醋分离现象,当使用时再搅拌成乳浊液即可。

制油醋汁时,油与醋的比例一般为 3:1。

制油醋汁时,如使用醋精,应将醋精稀释后再使用。

油醋汁还可以根据需要有所变化,加入或替换某些原料,如法式黄芥末酱、香葱、他拉根、欧芹末等,使其成为不同类型的油醋汁。

📖 菜肴特点

淡白色,味酸微辣,流体。

## 五、法国汁 French Dressing

📖 相关知识

法国汁

法国汁是以基础油醋汁为基本调味汁,添加其他香辛料调制而成的,常用于各种冷菜、海鲜、肉类和蔬菜沙拉的调味汁。

辣酱油

辣酱油(Worcestershire Sauce)是西餐中广泛使用的调味品,19世纪传入中国,因其色泽风味与酱油接近,所以习惯上称其为辣酱油。它的主要成分有:海带、番茄、辣椒、洋葱、砂糖、盐、胡椒、大蒜、陈皮、豆蔻、丁香、糖色、冰糖等。优质的辣酱油为深棕色、流体,无杂质、无沉淀物、口味浓香、酸辣咸甜各味协调,其中英国产的李派林辣酱油较为著名,使用很普遍。

📖 主要工具

| | | | |
|---|---|---|---|
| 搅拌盆 | Mixing Bowl | 砧板 | Cutting Board |
| 厨刀 | Chef's Knife | 汤匙 | Tablespoon |

📖 制作原料

| | | |
|---|---|---|
| 色拉油或橄榄油 | Salad Oil or Olive Oil | 150克 |
| 马乃司沙司 | Mayonnaise Sauce | 100克 |
| 白醋 | White Vinegar | 100克 |
| 洋葱 | Onion | 50克 |
| 蒜头 | Garlic | 25克 |
| 法式芥末酱 | Dijon Mustard | 5克 |
| 欧芹 | Parsley | 5克 |
| 柠檬汁 | Lemon Juice | 适量 |
| 辣酱油 | Worcestershire Sauce | 适量 |
| 盐和胡椒粉 | Salt and Pepper | 适量 |

### 📖 制作步骤

将洋葱、欧芹切碎,蒜头剁成泥,放入盆内。

加入马乃司沙司、白醋、芥末酱、柠檬汁、辣酱油、盐、胡椒粉搅拌均匀。

逐渐加入橄榄油或色拉油,搅拌成乳浊液状态即成。

### 📖 温馨提示

制作法国汁的油脂应选择脱色、无异味的橄榄油或色拉油等。

汁放置一段时间后会出现油醋分离现象,使用时再搅拌成乳浊液即可。

可以用鲜蛋黄代替马乃司沙司。

制作法国汁时, 如使用醋精,应将醋精稀释后再使用。

### 📖 菜肴特点

淡白色,酸咸微辣。

## 六、意大利汁 Italian Dressing

### 📖 相关知识

意大利汁

意大利汁又称意大利油醋汁,是西餐冷菜的常用调味汁之一,常用于各种蔬菜沙拉。

橄榄油

与其他植物食用油相比,橄榄油(Olive Oil)含有丰富的不饱和脂肪酸,是理想的凉拌、烹调用油,是迄今为止油脂中最适合人体的食用油。橄榄油耐高温、抗氧化,反复煎炸不变质。橄榄油中含有人体必需的脂肪酸,是“人类健康之油”。

阿里根奴

阿里根奴(Oregano)又名牛至,是一种香草,原产于地中海,“二战”后在美国和其他美洲国家普遍种植。它是薄荷科芳香植物,叶子细长圆,种微小,花有一种刺鼻的芳香。与牛膝草相似,常用于烟草业,烹饪中以意大利菜肴使用最为普遍,是制作馅饼必不可少的调味品,有干制品和新鲜品种之分。

罗勒

罗勒(Basil)俗称九层塔、紫苏薄荷,产于亚洲和非洲的热带地区,中国中、南部均有栽培。罗勒属唇形科,一年生芳香草本植物,茎方形,多分枝,常带紫色,花白色略带紫红,茎叶含有挥发油,常用于番茄类菜肴、肉类菜肴及汤类的调味。

### 主要工具

| | | | |
|---|---|---|---|
| 搅拌盆 | Mixing Bowl | 砧板 | Cutting Board |
| 厨刀 | Chef's Knife | 汤匙 | Tablespoon |

### 制作原料

| | | |
|---|---|---|
| 橄榄油 | Olive Oil | 500 克 |
| 洋葱 | Onion | 50 克 |
| 大蒜 | Garlic | 25 克 |
| 黑橄榄 | Ripe Pitted Olive | 25 克 |
| 芥末 | Dijon Mustard | 5 克 |
| 黑胡椒碎 | Ground Black Pepper | 5 克 |
| 欧芹 | Parsley | 5 克 |
| 红葡萄酒 | Red Wine | 50 毫升 |
| 红酒醋 | Red Wine Vinegar | 100 毫升 |
| 柠檬 | Lemon | 1 个 |
| 他拉根 | Tarragon | 适量 |
| 阿里根奴 | Oregano | 适量 |
| 罗勒 | Basil | 适量 |
| 辣酱油 | Worcestershire Sauce | 适量 |
| 糖 | Sugar | 适量 |
| 盐 | Salt | 适量 |

### 制作步骤

将洋葱、大蒜、黑橄榄、欧芹切碎，柠檬榨汁。

将以上原料和橄榄油、红葡萄酒、红酒醋、芥末、黑胡椒碎、他拉根、阿里根奴、罗勒、辣酱油、糖、盐混合，搅拌均匀即可。

### 温馨提示

欧芹切碎后，应用纱布包裹，洗净浆汁，挤干水分。

要注意各种香料、调料的搭配比例。

红酒醋可以用其他的醋替代，如意大利香醋、白酒醋、苹果醋等。

橄榄油与醋的比例大致为 3:1，如配方中有柠檬汁，可酌情减少醋的用量，主要是口感到位即可。

📖 菜肴特点

暗红色,酸咸微辣,香味浓郁。

## 七、绿色沙司 Green Sauce

📖 相关知识

绿色沙司

绿色沙司是一种以绿色蔬菜或香草组成的调味汁,常用于煮鱼、做冷三文鱼等。

西洋菜

西洋菜俗称豆瓣菜、水田菜、水生菜等。十字花科豆瓣菜属草本植物,原产于地中海东部和南亚热带区。西洋菜的可食部分是其嫩茎叶。西洋菜叶呈卵圆或圆形,叶色深绿,遇低温时为紫绿色,含有较多的铁、钙和维生素等,有较强的辛辣味和淡淡的苦香,质地脆嫩、风味独特。

欧芹

欧芹又名洋香菜,原产于希腊,属伞形科草本植物。它的品种有卷叶欧芹(Curly Parsley)、意大利欧芹(Italian Parsley)等。卷叶欧芹主要用于装饰。意大利欧芹主要用于菜肴的调味。

细叶芹

细叶芹又称山萝卜。细叶芹与欧芹相似,色青翠,但叶片如羽毛状,味似大茴香和欧芹的混合。既可用于菜肴的装饰,又可用于菜肴的调味,是西餐烹饪中的常用原料。

📖 主要工具

| | | | |
|---|---|---|---|
| 多功能粉碎机 | Smashing Appliances | 汤匙 | Tablespoon |
| 过滤网 | Strainer | 搅拌盆 | Mixing Bowl |

📖 制作原料

| | | |
|---|---|---|
| 马乃司沙司 | Mayonnaise Sauce | 100 克 |
| 菠菜 | Spinach | 50 克 |
| 西洋菜 | Watercress | 15 克 |
| 细叶芹 | Chervil | 5 克 |
| 香葱 | Chive | 5 克 |

📖 制作步骤

将新鲜的蔬菜叶洗净、剁碎、过筛成泥。

将菜泥与马乃司沙司混合,搅拌均匀即可。

📖 温馨提示

要选择新鲜的蔬菜叶。

如菜泥浆汁过多,应适当滤出部分浆汁,以防沙司过稀。

📖 菜肴特点

淡绿色,有光泽,酸咸。

## 八、鸡尾汁 Cocktail Sauce

📖 相关知识

Cocktail

西餐中,Cocktail 一词不仅用于鸡尾酒,也常用于西餐的开胃菜。鸡尾开胃菜指以海鲜或水果为原料,配以酸味或味浓的调味汁制成的开胃菜。为鸡尾类开胃菜配置的调味汁就是鸡尾汁。

辣根

很多款鸡尾汁内加有辣根(Horseradish)。辣根是十字花科多年生直立草本植物,又名西洋葵菜、山葵萝卜等。它是一种调味品蔬菜,其根有特殊辣味,磨碎后干藏,是制作煮牛肉及奶油食品的调料。

📖 主要工具

| | | | |
|---|---|---|---|
| 汤匙 | Tablespoon | 刨刀 | Plane Cutter |
| 搅拌盆 | Mixing Bowl | 砧板 | Cutting Board |
| 搅拌机 | Hand Blender | | |

📖 制作原料

| | | |
|---|---|---|
| 番茄沙司 | Ketchup | 500 毫升 |
| 辣根 | Horseradish | 30 毫升 |
| 辣酱油 | Worcestershire Sauce | 15 毫升 |
| 柠檬汁 | Lemon Juice | 适量 |
| 辣椒汁 | Tabasco Sauce | 5 毫升 |

| | | |
|---|---|---|
| 白兰地 | Brandy | 5 毫升 |
| 黑胡椒粉 | Black Pepper | 适量 |

📖 制作步骤

将辣根去皮切碎,用搅拌机打成泥状。

在一个搅拌盆内将所有的原料搅拌均匀。

盖上盖或用保鲜膜封好,放入冷藏箱保存、备用。

📖 温馨提示

可根据需要调制不同口味、不同颜色的鸡尾汁,如加辣根的、加辣椒酱的、加洋葱碎和大蒜碎的、加酸奶油的等。

📖 菜肴特点

粉红色,细腻肥滑,酸咸。

## 九、水果沙拉汁 Fruit Salad Dressing

📖 相关知识

酸奶油

酸奶油是一种富有脂肪的奶制品。它由奶油和一些乳酸菌发酵而成。

📖 主要工具

| | | | |
|---|---|---|---|
| 沙司锅 | Sauce Pan | 蛋抽 | Egg Whisk |
| 汤勺 | Soup Ladle | 研磨器 | Grater |

📖 制作原料

| | | |
|---|---|---|
| 糖 | Sugar | 150 克 |
| 玉米淀粉 | Corn Starch | 30 克 |
| 鸡蛋 | Egg | 4 个 |
| 橙汁 | Orange Juice | 500 毫升 |
| 新鲜橙皮末 | Grated Orange Peel | 10 克 |
| 柠檬汁 | Lemon Juice | 100 毫升 |
| 酸奶油 | Sour Cream | 250 毫升 |

📖 制作步骤

将糖、玉米淀粉放入搅拌盆内。

加入鸡蛋搅拌均匀。

在沙司锅内加热橙汁、橙皮末至沸腾。

慢慢将热橙汁加入到鸡蛋混合物里，不停地搅拌。

再将它们放回到沙司锅中煮至沸腾，在此期间不停地搅拌。

当汁变稠时，倒入搅拌盆内，冷藏。

将冷藏过（凝固）的果汁混合物加入酸奶油搅拌均匀即可。

**温馨提示**

用蛋抽搅拌冷冻的果汁与酸奶油有困难时，可用搅拌机。

在加热鸡蛋橙汁混合物时，不能煮粘锅底。

可以用其他果汁替换橙汁，变换口味，如使用凤梨汁、木瓜汁等。

也可以去掉鸡蛋，去掉酸奶油，去掉玉米淀粉，加入蛋黄酱，加入奶油奶酪，制成水果沙拉调味汁。

**菜肴特点**

淡黄色，细腻，酸甜。

## 十、凯撒汁 Caesar Dressing

**相关知识**

银鱼柳

银鱼柳（Anchovy）又名鳀鱼，是西餐中常用原料，这是一种生活在温带海洋中上层的小型鱼类，俗称海蜒、离水烂、老雁食等 。广泛分布于渤海、黄海和东海及朝鲜、日本和太平洋西部。西餐中常用的是一种较咸的、开罐即食的小型罐装食物。

帕玛森奶酪

帕玛森奶酪（Parmesan Cheese）是一种硬质的干酪，是奶制品的一种。该奶酪产地是意大利艾米利亚-罗马涅境内的帕尔玛（Parmigiano）地区。此奶酪可以磨成粉状撒在意大利面上，或用一大块佐意大利香醋（即巴沙米可香醋 Balsamic Vinegar）食用。这也是意大利乳酱及青酱的主要成分之一。

**主要工具**

| | | | |
|---|---|---|---|
| 搅拌盆 | Mixing Bowl | 研磨器 | Grater |
| 汤匙 | Tablespoon | 厨刀 | Chef's Knife |

| 蛋抽 | Egg Whisk | 砧板 | Cutting Board |
|---|---|---|---|

**制作原料**

| 大蒜头 | Garlic | 10克 |
|---|---|---|
| 银鱼柳 | Anchovy | 3条 |
| 法式芥末酱 | Dijon Mustard | 5克 |
| 柠檬汁 | Lemon Juice | 50毫升 |
| 鸡蛋黄 | Egg Yolk | 1只 |
| 橄榄油 | Olive Oil | 75毫升 |
| 帕玛森奶酪 | Parmesan Cheese | 30克 |
| 盐和黑胡椒粉 | Salt and Black Pepper | 适量 |

**制作步骤**

将大蒜头切成碎末,银鱼柳剁碎,帕玛森奶酪用研磨器擦成碎末。

将鸡蛋黄、法式芥末酱放入搅拌盆,用蛋抽搅打至稠状,加入大蒜头碎、银鱼柳碎、柠檬汁,搅拌均匀。

加入橄榄油搅拌均匀。

加入帕玛森奶酪碎、盐、黑胡椒粉,搅拌均匀即成。

**温馨提示**

在搅打凯撒汁时,也可先将蛋黄加芥末、橄榄油打稠化,再加入其他原料。

**菜肴特点**

色泽鲜艳,酸咸微辣。

## 十一、白色沙司 Bechamel Sauce

**相关知识**

沙司

沙司是英文Sauce的译音,也称调味汁。沙司是指专门制作的菜点的调味汁。沙司是西餐菜点的重要组成部分,在整道菜肴中具有举足轻重的作用。沙司是味道丰富的黏性液体,主要作用是为热菜调味和装饰。

沙司的种类很多,分类方法也有许多,按其性质和用途可以分为热沙司、冷沙司和甜沙司三大类。分别用于热菜、冷菜和点心。热沙司有五大基础沙司,它们是白色沙司、奶油沙司、布朗沙司、番茄沙司、荷兰沙司。

### 主要工具

| | | | |
|---|---|---|---|
| 沙司锅 | Sauce Pan | 蛋抽 | Egg Whisk |
| 搅拌铲 | Spatula | | |

### 制作原料

| | | |
|---|---|---|
| 纯净黄油 | Pure Butter | 125克 |
| 面包粉 | Bread Flour | 125克 |
| 牛奶 | Milk | 500毫升 |
| 白色基础汤 | White Stock | 1500毫升 |
| 小葱头 | Shallot | 1只 |
| 香叶 | Bay Leaf | 1片 |
| 盐和胡椒粉 | Salt and Pepper | 适量 |
| 豆蔻粉 | Nutmeg | 根据口味添加 |

### 制作步骤

将纯净黄油放入厚底沙司锅中，用文火加热，加入面包粉，炒制成油面酱，将油面酱稍冷，待用。

在另一沙司锅中加入基础汤并加热，将基础汤逐渐加到油面酱中去，不断地搅打，搅打成非常细腻的白色糊状物后加入热牛奶一起煮制沙司。

将沙司煮沸后用文火继续煮，将香叶、洋葱放入一起煮约30分钟。在煮制过程中，经常搅动。

加入盐、胡椒粉等调味，过滤沙司。

盖上盖或在沙司表面附上一层熔化黄油以防止表面起皮，隔水保温。

### 温馨提示

油面酱也称油炒面粉，是制作沙司和浓汤的增稠剂。按照1份面包粉配1份黄油(或其他油脂)的比例，用小火炒成。

### 菜肴特点

色泽洁白，口感细腻，柔滑鲜肥。

### 白色沙司的衍生品

奶油沙司(Cream Sauce)，在白色沙司的基础上，添加奶油。

## 十二、奶油沙司 Cream Sauce

### 📖 相关知识

奶油沙司

奶油沙司(Cream Sauce或Supreme Sauce)是在白色沙司的基础上添加了奶油而形成的一种沙司,这种沙司比白色沙司口味更佳,更润滑,油脂的含量较高。

### 📖 主要工具

| | | | |
|---|---|---|---|
| 沙司锅 | Sauce Pan | 蛋抽 | Egg Whisk |
| 搅拌铲 | Spatula | | |

### 📖 制作原料

| | | |
|---|---|---|
| 纯净黄油 | Pure Butter | 125克 |
| 面包粉 | Bread Flour | 125克 |
| 白色基础汤 | White Stock | 2000毫升 |
| 奶油 | Cream | 500毫升 |
| 黄油 | Butter | 60克 |
| 盐和胡椒粉 | Salt and Pepper | 适量 |
| 柠檬汁 | Lemon Juice | 适量 |

### 📖 制作步骤

将纯净黄油放入厚底沙司锅中,用文火加热,加入面包粉,炒制成白色油面酱,将油面酱稍冷,待用。

在另一沙司锅中加入基础汤加热,将基础汤逐渐加入到油脂面粉糊中,不断地搅打,搅打成非常细腻的白色糊状物。

将沙司煮沸后用文火继续煮30～60分钟,偶尔搅拌一下,不能粘底,煮成较浓稠的黏稠沙司。

将黏稠沙司离火,加入奶油,用文火煮至微沸。

加入黄油、盐、胡椒粉和柠檬汁即成奶油沙司。

加盖,隔水保温保存。

### 📖 温馨提示

制作过程的前三步被称为黏稠沙司(Veloute Sauce),是制作沙司的基础。白色沙司和奶油沙司均可以在此基础上添加其他原料制作完成。

### 菜肴特点

色泽洁白，口感细腻，柔滑鲜肥，奶香浓郁。

### 奶油沙司的衍生品

奶油莳萝沙司(Dill Cream Sauce)，在奶油沙司的基础上，添加莳萝、干白酒。

莫内沙司(Mornay Sauce)，在奶油沙司的基础上，添加鸡蛋黄、奶酪粉。

红花奶油沙司(Saffron Cream Sauce)，在奶油沙司的基础上，添加干白酒泡藏红花。

## 十三、布朗沙司 Brown Sauce

### 相关知识

布朗沙司

布朗沙司(Brown Sauce)也称上色沙司、棕色沙司或伊斯帕诺沙司(Espagnole)，是一种上色的黏稠沙司，它是在上色高汤(布朗基础汤)基础上加入增稠剂而制成的褐色沙司。

### 主要工具

| | | | |
|---|---|---|---|
| 沙司锅 | Sauce Pan | 西厨刀 | Chef's Knife |
| 搅拌铲 | Spatula | 砧板 | Cutting Board |
| 蛋抽 | Egg Whisk | 过滤网 | Strainer |

### 制作原料

| | | |
|---|---|---|
| 洋葱 | Onion | 100 克 |
| 胡萝卜 | Carrot | 50 克 |
| 西芹 | Celery | 50 克 |
| 黄油 | Butter | 50 克 |
| 面包粉 | Bread Flour | 50 克 |
| 棕色基础汤 | Brown Stock | 1.2 升 |
| 番茄酱 | Tomato Ketchup | 50 克 |
| 香料包 | Bouquet Garni | 1 个 |
| 香叶 | Bay Leaf | 1 片 |
| 百里香 | Thyme | 1 小枝 |

香菜 Coriander 2枝

#### 制作步骤

将蔬菜香料切成块状。

沙司锅加热,加入黄油熔化,将蔬菜香料入锅翻炒,直至完全变色。

加入面粉炒制,变成油脂面粉糊,将面糊炒制成褐色。

一边搅拌,一边逐渐加入上色基础汤和番茄酱,并不断搅拌,直至混合汤体沸腾。

转至文火,撇去汤体表面的浮沫,加入香料包,文火煮约1小时至沙司浓缩至原来汤量的五分之一。

在煮制过程中,要不断地撇去表面的浮渣。

将沙司过滤,加盖或在表面盖上一层熔化黄油,防止沙司表面起皮。

带锅隔热水保温或在冷水槽中冷却待用。

#### 温馨提示

在制作布朗沙司时,可以在加入上色基础汤后,同时加入烤上色的骨头和碎肉,还可加入干红酒等,使制成的沙司更具营养和浓香。

也可在前期炒制蔬菜香料时不加面粉,而在后期过滤后再用油面酱(Roux)增稠。

过滤后的布朗沙司不能有杂质和焦黑点。

#### 菜肴特点

色呈棕褐,细腻浓郁,近似流体。

#### 布朗沙司的衍生产品

以布朗沙司为基础,可以衍生出很多沙司,常见的有:

红酒沙司(Red Wine Sauce),在布朗沙司基础上,添加葱头碎、干红酒。

黑椒沙司(Black Pepper Sauce),在布朗沙司基础上,添加葱头碎、黑椒碎、干红酒。

马德拉沙司(Madeira Sauce),在布朗沙司基础上,添加马德拉酒。

蘑菇沙司(Mushroom Sauce),在布朗沙司基础上,添加红酒、蘑菇。

烧汁(Gravy Sauce),在布朗沙司基础上,添加烤上色的肉类、骨头等原料熬煮。

蜂蜜沙司(Honey Sauce),在布朗沙司基础上,加蜂蜜、火腿皮等。

乔瑟沙司(Chasseur Sauce),在布朗沙司基础上,添加葱头、欧芹、干白酒、蘑菇、黄油等。

雪利酒沙司(Sherry Sauce),在布朗沙司基础上,添加雪利酒。

香橙沙司(Orange Sauce),在布朗沙司基础上,添加橙汁、橙皮、君度酒、橙肉等。

## 十四、番茄沙司 Tomato Sauce

### 相关知识

番茄沙司

传统番茄沙司就像法国料理界厨神艾斯可菲(Escoffier,1847—1935)介绍的那样,是用油脂炒面粉来增稠的,而现代烹饪的番茄沙司则很少使用油脂炒面粉(面酱)来制作。番茄的菜泥植物组织丰富,完全可以制作成浓稠的番茄沙司,无须用油脂炒面粉来增稠。

### 主要工具

| 沙司锅 | Sauce Pan | 砧板 | Cutting Board |
|---|---|---|---|
| 搅拌铲 | Spatula | 开罐器 | Can Opener |
| 厨刀 | Chef's Knife | 食物粉碎机 | Smashing Appliances |

### 制作原料

| 橄榄油 | Olive Oil | 30 毫升 |
|---|---|---|
| 洋葱 | Onion | 120 克 |
| 胡萝卜 | Carrot | 120 克 |
| 大蒜头 | Garlic | 20 克 |
| 番茄 | Tomato | 2 千克 |
| 番茄酱 | Tomato Ketchup | 1 千克 |
| 香叶 | Bay Leaf | 2 片 |
| 百里香 | Thyme | 2 克 |
| 罗勒 | Basil | 2 克 |
| 胡椒碎 | Crushed Black Pepper | 2 克 |
| 糖 | Sugar | 适量 |
| 盐 | Salt | 适量 |

#### 📖 制作步骤

将番茄在沸水中氽一下,去皮去蒂,切碎;洋葱、大蒜头、胡萝卜去皮切碎。

用橄榄油将洋葱、大蒜头、胡萝卜炒软炒香。

加入番茄、番茄酱、香叶、百里香、罗勒、胡椒碎等,用小火煮制1小时,达到合适的浓稠度即可。

用食物粉碎机将番茄混合物研磨成细腻的番茄沙司,如需要可过滤。

用糖、盐调味即成。

#### 📖 温馨提示

原料中可加入适量培根(可先入锅炒制,至油炒出,再放入蔬菜等),还可以加入火腿骨头或其他上色骨头。

番茄沙司在制作过程中极易烧焦,所以在煮制时,要用小火煮制,以免煮焦。

可以去掉番茄酱,全部用新鲜的番茄或罐装的番茄来制作番茄沙司。

#### 📖 菜肴特点

色泽鲜红,细腻微酸,近似流体。

#### 📖 番茄沙司的衍生产品

以番茄沙司为基础,可以衍生出很多沙司,常见的有:

普罗旺斯沙司(Provence Sauce),在番茄沙司基础上,添加葱头碎、蒜碎、番茄粒、百里香、迷迭香、干红酒、柠檬汁、白糖、黄油等。

辣味番茄沙司(Chili Sauce),在番茄沙司基础上,添加辣椒汁等。

## 十五、荷兰沙司 Dutch Sauce

#### 📖 相关知识

荷兰沙司

荷兰沙司(Dutch Sauce 或 Hollandaise Sauce)与前面介绍的沙司有所不同,因为它的主要成分不是基础汤或牛奶,而是黄油。荷兰沙司所用的通常是澄清黄油,一般的黄油成分是脂肪含量约占85%左右,水和奶类杂质占15%左右。黄油加热熔化,撇去浮沫,慢慢舀出黄油液体,去除锅底部的奶水类物质,舀出的黄油便是澄清黄油。

#### 📖 主要工具

汤锅 Soup Pot　　搅拌盆 Mixing Bowl

| | | | |
|---|---|---|---|
| 沙司锅 | Sauce Pan | 蛋抽 | Egg Whisk |

### 📖 制作原料

| | | |
|---|---|---|
| 蛋黄 | Yolk | 3 只 |
| 黄油 | Butter | 300 克 |
| 冷开水 | Cold Water | 15 克 |
| 柠檬汁 | Lemon Juice | 10 毫升 |
| 盐和胡椒粉 | Salt and Pepper | 适量 |

### 📖 制作步骤

将黄油放入沙司锅中低温加热，并澄清，停止加热。

将蛋黄和冷开水放入不锈钢搅拌盆中，搅拌均匀，加入几滴柠檬汁，继续搅拌。

将不锈钢搅拌盆放入热水槽中，继续搅拌蛋黄，直至蛋黄变稠成乳状。

慢慢将温热的澄清黄油加入蛋黄中（开始时一滴一滴地加），并不停地搅拌。

如果加完了所有的黄油，而沙司变得很稠，可加入一点柠檬汁。

用盐和胡椒粉调味，如果味够了，沙司太稠，可加几滴温开水对沙司进行稀释。

如需要，可过滤；将沙司隔水保温保存，保存时间不要超过 1 小时。

### 📖 温馨提示

荷兰沙司的另外一种制作方法是将葱头碎、胡椒碎、干白酒或白酒醋放入沙司锅中煮至几乎收干，过滤稍凉后，加入蛋黄，再进行后面的制作。

### 📖 菜肴特点

色泽淡黄，奶香油润，细腻微稠。

### 📖 荷兰沙司的衍生品

以荷兰沙司为基础，可衍生出很多沙司，常见的有：

慕司林沙司（Mousseline Sauce），在荷兰汁基础上，加打发淡奶油。

马耳他沙司（Maltese Sauce），在荷兰汁基础上，加橙汁、橙皮丝。

波米兹沙司（Béarnaise Sauce），在荷兰汁基础上，加葱头碎、干白酒、他拉根、欧芹。

模块二

# 实训基础篇

## 第一节 第一周实训菜肴

**本节学习目标**

学习蔬菜清汤的制作方法。
学习沙拉的制作方法。
学习培根的干硬焙制法及培根的选择。
学习炸制面糊的调制方法。
掌握蔬菜清汤的特点和制作过程中需要掌握的重点。
掌握土豆的干熟处理方法。
掌握面糊的稠度、拌制时的注意要点、太太汁的浓稠度与量的控制。
熟悉面糊炸、蔬菜清汤、培根、沙拉等相关知识。
熟悉用于制作沙拉的土豆的特性。
熟悉主料与配料的大致比例。

### 一、培根土豆沙拉 Bacon Potato Salad

菜肴类型:沙拉　　　　　烹制时间:20 分钟
准备时间:10 分钟　　　　制作份数:1 人份

**相关知识**

培根

培根(Bacon)又名烟肉,是将猪肉经腌、熏等加工而成的。常见的腌肉是猪肋条肉或其他部位的肉熏制而成。培根味咸、香，是餐桌上的常客，一般经常在西式早餐上见到，也常作为西餐菜肴的配料加以烹调。世界各地都出产培根，只是制作方法、风味上略有差异。

沙拉

沙拉是英语 Salad 的音译，也称为色拉，是一种凉拌菜。现代沙拉在西餐中起着愈来愈重要的作用，可作为开胃菜、主菜、配菜等。

### 主要工具

| 厨刀 | Chef's Knife | 搅拌盆 | Mixing Bowl |
|---|---|---|---|
| 砧板 | Cutting Board | 汤匙 | Tablespoon |
| 烤盘 | Roasting Pan | 沙拉盘 | Salad Plate |

### 制作原料

| 土豆 | Potato | 100克 |
|---|---|---|
| 培根 | Bacon | 1片 |
| 青葱 | Spring Onion | 1根 |
| 蛋黄酱 | Mayonnaise | 30克 |
| 卡真粉 | Cajun Powder | 10克 |

### 制作步骤

预热烤箱至180℃。

培根切丁，青葱切碎，土豆去皮切块。

把土豆放入搅拌盆，加入卡真粉、辣椒粉、盐拌匀；将土豆块用烤箱烤至成熟，呈金黄色。

用煎锅将培根煎上色，冷却。

取出烤好的土豆冷却，加入蛋黄酱、培根丁拌匀。

装盘，撒上葱花即可。

### 温馨提示

不要选择粉质的土豆。

按此方法可以衍生出其他沙拉，如加入鸡肉、火腿等，即变成鸡肉沙拉、火腿沙拉等。

### 菜肴特点

主料淡黄色，形态美观，装盘不塌陷，口感鲜香，细腻绵软。

## 二、蔬菜清汤 Clear Vegetable Soup

菜肴类型:汤菜　　　　烹制时间:30 分钟

准备时间:40 分钟　　　制作份数:1 人份

### 相关知识

蔬菜清汤

蔬菜清汤是由清澈的、无须澄清的高汤或肉汤或水,添加一种或多种蔬菜,有时也添加肉类或家禽和(或)面食或谷物制作而成的汤。蔬菜汤大多以肉类或家禽类高汤为基本原料,不加肉的蔬菜汤则是以炖制蔬菜的汤或水为基本原料的。

### 主要工具

| | | | |
|---|---|---|---|
| 厨刀 | Chef's Knife | 过滤网 | Strainer |
| 砧板 | Cutting Board | 汤勺 | Soup Ladle |
| 汤锅 | Soup Pot | 汤盅 | Soup Plate |
| 搅拌盆 | Mixing Bowl | | |

### 制作原料

| | | |
|---|---|---|
| 鸡基础汤 | Chicken Broth | 250 克 |
| 洋葱 | Onion | 30 克 |
| 胡萝卜 | Carrot | 20 克 |
| 西芹 | Celery | 20 克 |
| 萝卜 | Radish | 15 克 |
| 番茄 | Tomato | 20 克 |
| 盐和白胡椒粉 | Salt and White Pepper | 适量 |
| 香菜 | Coriander | 5 克 |
| 蘑菇 | Mushroom | 少许 |
| 百里香 | Thyme | 20 克 |
| 大蒜头 | Garlic | 5 瓣 |

### 制作步骤

把洋葱、胡萝卜、蘑菇、西芹和萝卜切成丁,番茄去皮去籽切成丁。将蔬菜丁倒入碗中,加入百里香、大蒜、香菜、黑胡椒粒、盐、胡椒,腌 30 分钟。

沙司锅加热,放入蔬菜丁,加水煮 30 分钟。将汤过滤出来,滤出的汤体透亮,无杂质,汤体呈淡咖啡色。

将汤体调味,装入汤盅,用熟蔬菜丝装饰。

📖 温馨提示

过滤时可在过滤网上铺上纱布或餐巾纸,可减少汤中的杂质。

过滤后的汤最好不带油花。

📖 菜肴特点

浅咖啡色,蔬菜味浓,清澈无油。

## 三、面糊炸鱼条 Fried Fish a la Orly

| 菜肴类型:主菜 | 烹制时间:35 分钟 |
| --- | --- |
| 准备时间:5 分钟 | 制作份数:1 人份 |

📖 相关知识

面糊炸

炸是把加工成形的原料,经过调味,裹上保护层后放入油锅中(浸没原料),加热至成熟并上色的烹调方法。炸可分为:清炸,原料沾上一层面粉或不沾面粉放入油锅中炸制;面包粉炸,原料沾上面粉和蛋液,裹上面包糠炸制;面糊炸,原料表面裹上面糊再炸制。

面糊炸是利用打发蛋清的起泡能力,与牛奶或水调制的面糊混合均匀成炸制面糊,再将经过腌渍的原料裹上面糊,入油炸制,在炸制过程中利用蛋清的起泡作用,使面糊膨胀,表面光滑;炸至色泽金黄,外略脆里鲜嫩。

📖 主要工具

| 厨刀 | Chef's Knife | 搅拌盆 | Mixing Bowl |
| --- | --- | --- | --- |
| 砧板 | Cutting Board | 食物夹 | Food Tong |
| 沙司锅 | Sauce Pan | 餐盘 | Dinner Plate |
| 蛋抽 | Egg Whisk | | |

📖 制作原料

| 净鱼肉 | Fish Fillet | 120 克 |
| --- | --- | --- |
| 面粉 | Flour | 50 克 |
| 牛奶 | Milk | 50 毫升 |

| | | |
|---|---|---|
| 鸡蛋清 | Egg White | 1个 |
| 干白酒 | Dry White Wine | 10毫升 |
| 柠檬汁 | Lemon Juice | 10毫升 |
| 盐和胡椒粉 | Salt and Pepper | 适量 |
| 炸薯条 | Chips | 50克 |
| 柠檬角 | Lemon Wedge | 1块 |
| 太太沙司 | Tartar Sauce | 50克 |

📖 **制作步骤**

把鱼切成鱼条,用干白酒、柠檬汁、盐、胡椒粉腌渍。

将面粉和牛奶(或水)调成面糊,蛋清打成泡沫状,加入面糊中,轻轻搅拌均匀,调味。

将鱼条挂上面糊,用150℃的油温炸成金黄色,并成熟。

鱼条装盘,配上炸薯条、柠檬角和太太沙司即可。

📖 **温馨提示**

搅拌面糊非常关键,面糊要无面粉颗粒,非常细腻,厚薄适中。

面糊搅拌均匀后,可适量加点色拉油,以使面糊光滑、油润、细腻。

用此方法可以制作面糊炸鸡柳、猪排等。

📖 **菜肴特点**

金黄色,表面光滑,条状均匀,味美鲜香,汁微酸,软嫩。

## 练习题

(　　)1. 土豆保存在什么温度最适宜?

A. 1～5℃　B. 6～10℃　C. 11～15℃　D. 16～20℃

(　　)2. 下列哪一项不是鸡蛋在西餐烹调时的用途?

A. 澄清剂　B. 凝固剂

C. 润滑剂　D. 乳化剂

(　　)3. 面糊炸鱼条的配料沙司习惯上用哪一种?

A. 奶油沙司　B. 太太沙司

C. 咖喱沙司　D. 番茄沙司

(　　)4. 西餐烹调的基本调味料是什么?

A. 酱油和味精　B. 盐和胡椒

C. 糖和醋　　　　　　　　D. 糖和盐

(　　)5. 下列食物纤维较多的是哪种？

A. 鸡肉　　B. 鲈鱼　　C. 樱桃　　D. 西芹

(　　)6. 下列哪项属于橘黄色蔬菜？

A. 胡萝卜　　B. 红甜菜　　C. 土豆　　D. 卷心菜

(　　)7. 西餐烹调使用的胡椒有四种颜色，除了黑、白、绿色外还有哪一色？

A. 红　　B. 蓝　　C. 黄　　D. 褐

(　　)8. 下列有关油炸食物的叙述哪一项是正确的？

A. 成品间粘连或粘锅是因油温太高

B. 成品不够脆是因油温不够高

C. 成品颜色太深是因油温不够高

D. 成品吸了太多油是因油温太高

# 第二节　第二周实训菜肴

**本节学习目标**

学习帕尔玛火腿哈密瓜的制作方法及制作要点。
学习奶油蘑菇汤的制作方法及制作要点。
学习意大利肉酱面的制作方法及制作要点。
掌握 Bolognese 的制作流程。
掌握奶油汤的制作原理、制作要求。
熟悉蘑菇汤原料的选料要求,熟悉高、低温对最终成品的影响。
熟知帕尔玛火腿、奶油汤、Bolognese 等相关知识。

## 一、帕尔玛火腿哈密瓜　Parma Ham and Hami Melon

菜肴类型:开胃菜　　　　烹制时间:5 分钟
准备时间:10 分钟　　　　制作份数:4 人份

**相关知识**

帕尔玛火腿

帕尔玛火腿(Parma Ham),意大利艾米利亚-罗马涅区帕尔玛省特产。帕尔玛火腿原产地是帕尔玛省南部山区。帕尔玛火腿是全世界最著名的生火腿,其色泽嫩红,如粉红玫瑰般,脂肪分布均匀,口感在各种火腿中最为柔软,正宗的意大利餐厅都有供应。此火腿有陈年的肉香及烟熏的气味,有大理石的花纹,可切成薄片直接食用。

**主要工具**

| | | | |
|---|---|---|---|
| 厨刀 | Chef's Knife | 沙拉盘 | Salad Plate |
| 砧板 | Cutting Board | | |

**制作原料**

| | | |
|---|---|---|
| 帕尔玛火腿 | Parma Ham | 100 克 |
| 哈密瓜 | Hami Melon | 50 克 |

| | | |
|---|---|---|
| 散叶生菜 | Lettuce | 100 克 |
| 黑水榄 | Ripe Pitted Olive | 1 个 |
| 酿青榄 | Stuffed Green Olive | 1 个 |
| 橄榄油 | Olive Oil | 适量 |
| 球茎茴香 | Florence Fennel | 少许 |

**制作步骤**

将帕尔玛火腿切成薄片。

将哈密瓜洗净,去皮去瓤,切成长条。

在哈密瓜和帕尔玛火腿上刷少许橄榄油。

用帕尔玛火腿片卷上哈密瓜条,装在盘中。

用散叶生菜、黑水榄、酿青榄、球茎茴香装饰即可。

**温馨提示**

除使用哈密瓜外,也可用猕猴桃、芒果、西瓜等。

帕尔玛火腿要切得厚薄均匀,哈密瓜要切得大小均匀。

**菜肴特点**

色彩鲜艳,形状统一,味鲜爽口。

## 二、奶油蘑菇汤 Cream of Mushroom Soup

菜肴类型:汤菜　　烹制时间:25 分钟

准备时间:10 分钟　　制作份数:4 人份

**相关知识**

*奶油汤*

奶油汤起源于法国,是用面酱(油炒面粉)加清汤、牛奶、淡奶油及调味品和汤料调制而成的一种白色的浓稠的汤。制作奶油汤主要是利用了脂肪的乳化及淀粉的糊化原理。

*蘑菇*

蘑菇是菌类的一个品种,白色,成熟时很像一把撑开的小伞,由菌盖、菌柄、菌褶、菌环、假菌根等组成。此汤中的蘑菇是实体汤料,为了与奶油汤的色泽一致,需要选择色泽白、尚未开伞的鲜白蘑菇。

#### 主要工具

| | | | |
|---|---|---|---|
| 厨刀 | Chef's Knife | 蛋抽 | Egg Whisk |
| 砧板 | Cutting Board | 搅拌机 | Hand Blender |
| 汤锅 | Soup Pot | 搅拌盆 | Mixing Bowl |
| 铲子 | Spatula | 汤盅 | Soup Plate |

#### 制作原料

| | | |
|---|---|---|
| 黄油 | Butter | 70 克 |
| 洋葱 | Onion | 70 克 |
| 鲜蘑菇 | Mushroom | 150 克 |
| 面粉 | Flour | 40 克 |
| 鸡汤 | Chicken Broth | 750 毫升 |
| 牛奶 | Milk | 250 毫升 |
| 淡奶油 | Whipping Cream | 120 毫升 |
| 盐和胡椒粉 | Salt and Pepper | 适量 |
| 熟蘑菇片 | Cooked Mushroom | 适量 |
| 烘烤面包丁(可选) | Crouton | 20 克 |

#### 制作步骤

将洋葱去皮切小块、蘑菇切成块;一只蘑菇切成厚片煮熟留用。

将黄油入汤锅,低温熔化,加入洋葱块、蘑菇块炒至洋葱、蘑菇脱水,但蔬菜不上色。

加入面粉,炒几分钟,不能让面糊上色;加入热的鸡汤,加热至沸,并搅拌均匀;文火加热至蔬菜变软。

撇去汤体表面杂质,将汤体用搅拌机打细腻并过滤。

加入足量的牛奶,调整汤的浓度,同时加热,但不要沸腾。加入调味料,再加入淡奶油。

装入汤盅,放上几片煮熟的蘑菇片,撒上烤面包丁(可选)即可。

#### 温馨提示

面粉要过筛,以防有颗粒。炒制时温度要低,不能上色。

不要在沸腾的汤体中加入油面酱,不然易产生颗粒。

牛奶和奶油不宜过早加入,以防煮制时间过久,颜色泛黄,失去香味。

将蘑菇换成芦笋或花菜,可做成奶油芦笋汤或奶油花菜汤。

📖 菜肴特点

灰白色,有光泽,浓稠,有浓郁的蘑菇香味和奶香,滑软细腻。

## 三、意大利肉酱面 Spaghetti Bolognese

菜肴类型:主菜、面食　　烹制时间:25 分钟
准备时间:20 分钟　　制作份数:1 人份

📖 相关知识

Bolognese

Bolognese 意思是意大利北部城市博洛尼亚人,在烹饪中指博洛尼亚风味,主要表示使用蔬菜和牛肉制成的沙司,是专配意大利细面条(Spaghetti)、通心粉(面)(Macaroni)等面食的沙司,Spaghetti a la Bolognese 或 Spaghetti Bologness 意为博洛尼亚风味面条,常译为"意大利肉酱面"。

📖 主要工具

| | | | |
|---|---|---|---|
| 厨刀 | Chef's Knife | 漏勺 | Skimmer |
| 砧板 | Cutting Board | 搅拌盆 | Mixing Bowl |
| 沙司锅 | Sauce Pan | 汤匙 | Tablespoon |
| 汤锅 | Soup Pot | 餐盘 | Dinner Plate |

📖 制作原料

| | | |
|---|---|---|
| 意面 | Spaghetti | 120 克 |
| 牛肉 | Beef | 120 克 |
| 洋葱 | Onion | 25 克 |
| 西芹 | Celery | 10 克 |
| 胡萝卜 | Carrot | 10 克 |
| 大蒜头 | Garlic | 5 克 |
| 茄膏 | Tomato Paste | 10 克 |
| 番茄 | Tomato | 50 克 |
| 红酒 | Dry Red Wine | 10 毫升 |
| 牛肉汤 | Beef Stock | 100 毫升 |
| 阿里根奴 | Oregano | 2 克 |

| 帕玛森奶酪 | Parmesan Cheese | 15克 |
|---|---|---|
| 香菜 | Coriander | 少许 |
| 橄榄油 | Olive Oil | 20毫升 |
| 黄油 | Butter | 10毫升 |
| 盐和胡椒粉 | Salt and Pepper | 适量 |

**制作步骤**

将面条用加盐的沸水煮7分钟,捞出沥干水分,拌入橄榄油。

将洋葱、大蒜头、西芹、胡萝卜去皮切碎末,番茄去皮去籽切块,香菜切碎,牛肉剁碎。

在沙司锅内放入橄榄油加热,将牛肉碎炒至脱水,放入洋葱末、蒜末、西芹末、胡萝卜末炒香,再加入茄膏炒上色,加入红酒收干。

加上牛肉汤、番茄块煮至原料熟烂,加入盐、胡椒粉、阿里根奴,煮制成肉酱。

用沙司锅加热黄油,炒香蒜泥,加入面条,调味炒热炒匀。

将面条装盘,盖上肉酱,再撒上帕玛森奶酪和香菜末即成。

**温馨提示**

蔬菜加工的颗粒要均匀。

牛肉碎须炒至水分收干才能进行下面的工序,肉酱不能太稠。

按照此菜的标准,面条煮至略有硬芯即可。

**菜肴特点**

面条白色,沙司棕红,味鲜香,微酸咸,面条滑,略有硬芯。

## 练习题

(　　)1. 黄油(Butter)加热熔化成液体状的最低温度约是多少?

A. 28℃　　B. 38℃　　C. 48℃　　D. 58℃

(　　)2. 黄油的冒烟点(Smoke Point) 温度约是多少?

A. 97℃　　B. 107℃

C. 117℃　　D. 127℃

(　　)3. 食用精盐中加碘的作用是什么?

A. 增加价值感　　B. 提升风味

C. 保持营养　　D. 避免潮湿

( )4. 以下哪种香料在西餐烹调中使用量最大?
A. 丁香 B. 薄荷叶
C. 胡椒 D. 月桂叶

( )5. 下面哪一项不是新鲜食品的保存方法?
A. 加防腐剂 B. 冷冻
C. 冷藏 D. 塑料袋包装

( )6. 以下哪一种调料是西餐烹调极少使用的?
A. 精盐 B. 味精 C. 胡椒粉 D. 砂糖

( )7. 沙司制作时,最恰当的调味时间是哪一段?
A. 前段 B. 中间 C. 后段 D. 随时

( )8. 黄油中含量仅次于油脂的成分是什么物质?
A. 蛋白质 B. 乳醣 C. 无机盐 D. 水分

# 第三节　第三周实训菜肴

**本节学习目标**

学习马苏里拉奶酪番茄沙拉的制作方法及制作要点。
学习胡萝卜蓉汤的制作方法及制作要点。
学习炸鱼条的制作方法及制作要点。
了解菜蓉汤与奶油汤的区别,熟悉菜蓉汤的稠度、性状等特点。
熟悉炸鱼条的制作流程,掌握成品的颜色和炸制油温油量的控制。
熟知马苏里拉奶酪、菜蓉汤、面包糠炸等相关知识。

## 一、马苏里拉奶酪番茄沙拉　Mozzarella and Tomatoes Salad

| | |
|---|---|
| 菜肴类型:沙拉 | 制作时间:10 分钟 |
| 准备时间:5 分钟 | 制作份数:4 人份 |

**相关知识**

马苏里拉奶酪

马苏里拉(Mozzarella)奶酪,又名莫索里拉奶酪、莫扎雷拉奶酪等,是意大利南部坎帕尼亚(Campania)和那不勒斯(Naples)等地产的一种淡味奶酪,有水牛奶奶酪和普通牛奶奶酪,现在常见的是普通牛奶的制品。该奶酪色泽淡黄,脂肪含量约 50%。

马苏里拉奶酪是做比萨(Pizza)的首选奶酪,在烹饪加热时,马苏里拉奶酪会变得相当黏稠,能拉出很长的丝。马苏里拉奶酪也经常出现在沙拉和意大利热菜中。马苏里拉奶酪配番茄是一种绝佳的选择。

**主要工具**

| | | | |
|---|---|---|---|
| 厨刀 | Chef's Knife | 汤匙 | Tablespoon |
| 砧板 | Cutting Board | 沙拉盘 | Salad Plate |
| 搅拌盆 | Mixing Bowl | | |

#### 制作原料

| | | |
|---|---|---|
| 生菜 | Romaine Lettuce | 1 棵 |
| 橄榄油 | Olive Oil | 15 毫升 |
| 红酒醋 | Red Wine Vinegar | 15 毫升 |
| 马苏里拉奶酪 | Mozzarella Cheese | 340 克 |
| 番茄 | Tomato | 2 只 |
| 水瓜柳 | Caper | 20 粒 |
| 黑胡椒碎 | Ground Black Pepper | 适量 |

#### 制作步骤

将生菜叶横向切成粗丝，将马苏里拉奶酪切成稍厚的片，将番茄切成圆薄片状。

在搅拌盆中，放入橄榄油和红酒醋拌匀。

将生菜丝铺在盘子上，把马苏里拉奶酪放在生菜上面，把番茄片放在马苏里拉奶酪上面，最上面放上水瓜柳。

#### 温馨提示

可以用意大利黑醋替换红酒醋，整体色泽更佳。

#### 菜肴特点

色彩鲜艳，厚薄均匀，酸咸软香，脆嫩爽口。

## 二、胡萝卜蓉汤　Puree of Carrots Soup

菜肴类型：汤菜　　烹制时间：20 分钟

准备时间：10 分钟　　制作份数：4 人份

#### 相关知识

*菜蓉汤*

菜蓉汤是由基础汤(或水)与干的(或新鲜的)蔬菜，尤其是淀粉含量较高的蔬菜一起煮制，研磨成浆状并进行浓缩而成的一种汤，口感上比奶油汤要略粗点。

#### 主要工具

厨刀　Chef's Knife　　蛋抽　Egg Whisk

| | | | |
|---|---|---|---|
| 砧板 | Cutting Board | 搅拌机 | Hand Blender |
| 汤锅 | Soup Pot | 搅拌盆 | Mixing Bowl |
| 木铲 | Spatula | 汤盅 | Soup Plate |

### 制作原料

| | | |
|---|---|---|
| 黄油 | Butter | 20 克 |
| 洋葱 | Onion | 80 克 |
| 胡萝卜 | Carrot | 350 克 |
| 牛基础汤 | Beef Stock | 1 升 |
| 土豆 | Potato | 80 克 |
| 盐和胡椒粉 | Salt and Pepper | 适量 |
| 面包丁 | Crouton | 20 克 |

### 制作步骤

将洋葱和胡萝卜去皮切成块。

汤锅中加热黄油,加入洋葱和胡萝卜炒至脱水,至洋葱呈透明状。

加入汤和土豆,加热至沸腾,转至文火加热,直至所有的蔬菜变软。

然后将汤体打成泥汁状,再次将汤加热至微沸状态,将汤体调整至适宜的浓度。

加入调味品,装汤盅,撒上烤面包丁及欧芹末即可。上桌前可加些热淡奶油。

### 温馨提示

胡萝卜等蔬菜一定要煮至软烂,这样机械粉碎后,汤体会细腻些。

土豆的量不能过多,以免影响汤体色泽和口味。

可用大米替换土豆作为增稠剂(土豆蓉汤除外),用 40 克大米替换 80 克土豆。

熔化黄油时要用低温,以防黄油焦化。

将胡萝卜换成白萝卜、青豆或花菜,可做成白萝卜蓉汤、青豆蓉汤或花菜蓉汤。

### 菜肴特点

橘红色,有光泽,浓稠,有浓郁的胡萝卜味,微咸,口感略粗。

## 三、炸鱼条 Goujonnettes de Sole Sauce Tomato

菜肴类型:主菜　　烹制时间:15 分钟
准备时间:20 分钟　　制作份数:2 人份

### 相关知识

面包糠炸

炸(Deep Frying)是把加工成形的原料,经过调味,并裹上保护层后,放入油锅中(浸没原料),加热至成熟并上色的烹调方法。此处炸的是面包糠,将经过腌渍的原料拍上面粉,粘上蛋液,裹上面包糠,再炸制成熟。

### 主要工具

| 厨刀 | Chef's Knife | 搅拌盆 | Mixing Bowl |
|---|---|---|---|
| 砧板 | Cutting Board | 漏勺 | Skimmer |
| 汤锅 | Soup Pot | 餐盘 | Dinner Plate |

### 制作原料

| 鳎鱼柳 | Boneless Sole Fish | 220 克 |
|---|---|---|
| 面粉 | Flour | 100 毫升 |
| 鸡蛋 | Egg | 2 只 |
| 面包糠 | Breadcrumb | 200 克 |
| 欧芹 | Parsley | 少许 |
| 盐和胡椒粉 | Salt and Pepper | 适量 |
| 柠檬汁 | Lemon Juice | 10 毫升 |
| 柠檬片 | Lemon Slice | 2 片 |
| 干白酒 | Dry White Wine | 10 毫升 |
| 番茄沙司 | Ketchup | 100 毫升 |

### 制作步骤

净鱼肉切成 6 厘米长、1 厘米宽的条。

用盐和胡椒粉、干白酒、柠檬汁腌渍。

将鱼柳拍上干粉,粘上蛋液,裹上面包糠,将裹面包糠的鱼条放入 170℃的油温中炸上色并成熟。

鱼条装盘,用炸过的欧芹和柠檬片作装饰,配上番茄沙司。

**温馨提示**

此类炸鱼一般选择鱼刺较少或无鱼刺的海洋鱼类。

用此方法还可以制作炸鸡排、猪排、牛排等。

“过三关”时,要将多余的面粉轻轻抖干净,炸过的油要过滤掉面包糠。

**菜肴特点**

金黄色,条状均匀,汁微酸,酥软嫩香。

## 练习题

(　　)1. 油醋汁(Vinaigrette)的主要油脂原料为哪种?

A. 鲜奶油　B. 淡奶油　C. 黄油　D. 植物油

(　　)2. 煮制白色基础汤(White Stock)所用的骨头材料是哪种?

A. 牛骨　B. 猪骨　C. 鹅骨　D. 鸭骨

(　　)3. 用哪种油温油炸食物,成品含油量会比较高?

A. 高温　B. 中温

C. 低温　D. 与温度无关

(　　)4. 吃素者菜单应以下列哪种原料为主?

A. 鱼肉　B. 羊肉　C. 蔬菜　D. 蛋类

(　　)5. 以下哪种材质的砧板最适合剁肉末?

A. 塑料　B. 木材　C. 大理石　D. 金属

(　　)6. 西餐的主菜(Main Course)是指什么?

A. 淀粉类　B. 蔬菜类

C. 肉品类　D. 水果类

(　　)7. 油炸(Deep Frying)时油温约是多少?

A. 90～120℃　B. 130～160℃

C. 170～200℃　D. 210～240℃

(　　)8. 马苏里拉奶酪的主要出产地是哪里?

A. 英国　B. 法国　C. 美国　D. 意大利

# 第四节　第四周实训菜肴

**本节学习目标**

学习华道夫沙拉的制作方法。
学习花茎甘蓝汤的制作方法。
学习迷迭香烤鸡腿的制作方法。
了解烤箱温度的高低对烤鸡腿成品的影响。
了解烧汁的制作方法。
了解奶油汤的稠度、性状等特点，掌握奶油汤的制作流程。
熟知华道夫沙拉、淡奶油、迷迭香等相关知识。

## 一、华道夫沙拉　Waldorf Salad

菜肴类型：沙拉　　烹制时间：30 分钟
准备时间：10 分钟　　制作份数：4 人份

**相关知识**

华道夫沙拉

华道夫沙拉是由纽约华道夫-阿斯托利亚(Waldorf Astoria)饭店经理制作的，在饭店开张的第一天就列在饭店的菜谱上，并以饭店的名称命名此菜，是典型的美国传统菜。

**主要工具**

厨刀　Chef's Knife
砧板　Cutting Board
汤锅　Soup Pot
搅拌盆　Mixing Bowl
汤匙　Tablespoon
削皮刀　Beak Knife
沙拉盘　Salad Plate

**制作原料**

| 土豆 | Potato | 40 克 |
|---|---|---|
| 鸡脯肉 | Chicken Breast | 40 克 |

| | | |
|---|---|---|
| 苹果 | Apple | 200克 |
| 西芹 | Celery | 80克 |
| 核桃仁 | Walnut Kernel | 60克 |
| 生菜 | Lettuce | 4片 |
| 蛋黄酱 | Mayonnaise | 80克 |
| 淡奶油 | Whipping Cream | 20克 |
| 糖粉 | Powdered Sugar | 少许 |
| 胡椒粉 | Pepper | 适量 |

**制作步骤**

烤箱预热至180℃。

土豆洗净放入汤锅,加入冷水浸没土豆,煮沸后保持沸煮的情况下,煮20分钟至熟,取出冷却。

另一汤锅或沙司锅加水煮沸,放入鸡脯肉,转小火煮10分钟至成熟,取出冷却。

核桃仁放在烤盘里,入180℃烤箱中烤5分钟,上色成熟后,取出冷却。

将土豆去皮,苹果去皮去籽,西芹、鸡肉都切成丁,放入容器内,加入核桃仁、少许胡椒粉、淡奶油、蛋黄酱拌匀,制成沙拉。

装盘时,将生菜叶平铺在沙拉盘中,上面放拌好的沙拉,再撒上核桃仁即成。

**温馨提示**

沙拉中的原料,可以切成长条形的、丁块形的,所有的原料要统一规格,大小一致。

拌入蛋黄酱时,要控制量,不能太多;搅拌时间也不要太长,以防原料破碎,影响美观。

华道夫沙拉有很多种制作方法,不管如何变化,只要里面有苹果、芹菜、果仁,就被认为是华道夫沙拉。

**菜肴特点**

色彩鲜艳,块状均匀,脆爽微酸。

## 二、花茎甘蓝汤 Cream of Broccoli Soup

菜肴类型:汤菜　　　　烹制时间:20分钟

准备时间:10 分钟　　　　制作份数:1 人份

### 相关知识

淡奶油

淡奶油(Whipping Cream),也称稀奶油,是生牛乳顶层牛奶脂肪含量较高的一层所制成的乳制品。它是一种可以打发的动物奶油,脂肪含量一般约在 36%,常用于菜肴和西点的制作,因为味淡,所以称之为淡奶油。如果是用于制作裱花蛋糕的奶油,则在打发的时候加糖。

### 主要工具

| 厨刀 | Chef's Knife | 汤勺 | Soup Ladle |
|---|---|---|---|
| 砧板 | Cutting Board | 过滤网 | Strainer |
| 汤锅 | Soup Pot | 汤盅 | Soup Plate |

### 制作原料

| 花茎甘蓝 | Broccoli | 75 克 |
|---|---|---|
| 洋葱 | Onion | 15 克 |
| 鸡基础汤 | Chicken Stock | 200 毫升 |
| 牛奶 | Milk | 50 毫升 |
| 淡奶油 | Whipping Cream | 5 毫升 |
| 盐和胡椒粉 | Salt and Pepper | 适量 |
| 油面酱(视情况而定) | Roux | 适量 |

### 制作步骤

将花茎甘蓝切成块,将洋葱切成小块。

用油炒香洋葱,不上色。

加入基础汤、花茎甘蓝,煮至蔬菜软烂。

将花茎甘蓝汤打成蓉状,倒回到汤锅内。

加入牛奶,调味,再加入淡奶油即成。

### 温馨提示

如果汤体不够稠可用油面酱调节浓稠度。

### 菜肴特点

淡绿色,有光泽,浓稠,微咸,口感略粗。

## 三、迷迭香烤鸡腿 Roasted Rosemary Chicken Leg with Gravy Sauce

菜肴类型:主菜　　烹制时间:30 分钟

准备时间:10 分钟　　制作份数:1 人份

### 相关知识

迷迭香

迷迭香(Rosemary)是一种香草,常绿灌木,带有茶香,味辛辣、微苦,原产地在地中海沿岸,常被使用在烹饪上,也可用来泡花草茶喝。圣诞节时将迷迭香串成花环挂在门上,象征祝福。迷迭香在香草植物中有“香草贵族”之称,也被认为是“圣玛丽亚的最爱”或“圣玛丽亚的玫瑰”。古代认为迷迭香能增强记忆,莎士比亚《哈姆雷特》中记载“迷迭香,是为了帮助回想”。迷迭香也常常被摆放在室内用来净化空气。

### 主要工具

| | | | |
|---|---|---|---|
| 厨刀 | Chef's Knife | 木铲 | Spatula |
| 砧板 | Cutting Board | 过滤网 | Strainer |
| 烤盘 | Roasting Pan | 汤匙 | Tablespoon |
| 沙司锅 | Sauce Pan | 餐盘 | Dinner Plate |

### 制作原料

| | | |
|---|---|---|
| 鸡腿 | Chicken Leg | 1 只 |
| 洋葱 | Onion | 30 克 |
| 西芹 | Celery | 15 克 |
| 胡萝卜 | Carrot | 15 克 |
| 迷迭香 | Rosemary | 2 枝 |
| 盐 | Salt | 适量 |
| 黑胡椒粉 | Black Pepper | 适量 |
| 香叶 | Bay Leaf | 1 片 |
| 干红酒 | Dry Red Wine | 20 毫升 |
| 辣酱油 | Worcestershire Sauce | 20 毫升 |
| 黄油 | Butter | 20 克 |
| 面粉 | Flour | 20 克 |

| | | |
|---|---|---|
| 番茄酱 | Tomato Ketchup | 15 克 |
| 炸薯条 | Chips | 50 克 |
| 炒西蓝花 | Cooked Broccoli | 1 朵 |

📖 制作步骤

烤箱预热至 180℃。

将洋葱、西芹、胡萝卜切成小块；修整鸡腿。

把鸡腿用洋葱、西芹、胡萝卜、迷迭香、盐、胡椒粉、香叶、干红酒、辣酱油等腌渍入味，抹上油。

放入烤盘，进入烤箱烤上 20 分钟，上色并成熟即可。将烤鸡腿的原汁过滤备用。

烤盘内加入适量黄油熔化，加入适量面粉炒制，之后加入番茄酱炒上色，再加入烤鸡腿原汁和适量水，煮成烧汁(Gravy)，过滤。

鸡腿切块装盘，配上炸薯条、炒西蓝花，浇上烧汁，用迷迭香装饰。

📖 温馨提示

鸡腿可以是带骨的或去骨的。

鸡腿烤制的时间与温度应根据烤箱内烤制原料的多少来调节。原料少、小，温度可高点，时间短点；反之，温度低，时间长。

配菜可以按自己喜欢的材料选择，并不固定。

📖 菜肴特点

鸡腿表面金黄，浓香鲜微咸，外焦里嫩。

## 练 习 题

(　　)1. 沙拉中各色蔬菜颜色该如何调配？

A. 全一色　　B. 各种颜色蔬菜分明

C. 无须讲究　　D. 混合搅拌

(　　)2. 开胃菜宜用何种器皿盛装？

A. 沙拉盘　　B. 主菜盘　　C. 点心盘　　D. 鱼肉盘

(　　)3. 主菜配菜除蔬菜外，通常均带有下列哪样原料？

A. 水果　　B. 淀粉类食品

C. 番茄　　D. 蛋类

(　　)4. 炸土豆条(French Fries)应如何烹调?

A. 解冻再炸　　B. 直接油炸

C. 先烫再烤　　D. 直接烘烤

(　　)5. 下面哪一项不是作为盘饰的蔬果须具备的条件?

A. 外形好且干净　　B. 用量不可以超过主体

C. 叶面不能有虫咬的痕迹　　D. 添加食用色素

(　　)6. 盛装热菜的盘子,最适宜温度是多少?

A. 29℃　　B. 39℃　　C. 49℃　　D. 59℃

(　　)7. 蔬菜是否可以烧烤(Broiling)?

A. 可以　　B. 不可以

C. 视种类而定　　D. 须先烫过才可

(　　)8. 以下哪种肉质不适合炉烤(Roasting)?

A. 菲力牛排　　B. 鸡

C. 猪里脊　　D. 牛胸肉

# 第五节　第五周实训菜肴

**本节学习目标**

学习牛肉沙拉的制作方法。
学习韭葱土豆蓉汤的制作方法。
学习柠檬炸鸡排的制作方法及制作要点。
了解土豆蓉汤的制作流程。
掌握沙拉制作的要求和特点，掌握炸的烹调方法及操作要点。
熟悉生菜、韭葱、欧芹等相关知识。

## 一、牛肉沙拉　Beef Salad

菜肴类型：沙拉　　烹制时间：10 分钟
准备时间：5 分钟　　制作份数：2 人份

**相关知识**

生菜

生菜(Lettuce)是叶用莴苣的俗称，属菊科莴苣属。生菜原产于欧洲地中海沿岸，由野生种驯化而来。生菜由古希腊人、古罗马人最早食用，是欧美地区的大众蔬菜，深受人们喜爱，是西餐沙拉中常见的蔬菜。生菜的品种很多，有散叶生菜、结球生菜，还有绿色生菜、紫色生菜，均具有脆嫩的特点。

**主要工具**

| | | | |
|---|---|---|---|
| 厨刀 | Chef's Knife | 汤匙 | Tablespoon |
| 砧板 | Cutting Board | 沙拉盘 | Salad Plate |
| 搅拌盆 | Mixing Bowl | | |

**制作原料**

| | | |
|---|---|---|
| 熟牛肉 | Roasted Beef | 80 克 |
| 番茄 | Tomato | 30 克 |
| 酸黄瓜 | Sour Cucumber | 20 克 |

| | | |
|---|---|---|
| 洋葱 | Onion | 30 克 |
| 法汁 | French Dressing | 30 毫升 |
| 生菜 | Lettuce | 2 片 |

### 制作步骤

熟牛肉、洋葱、番茄、酸黄瓜都切成 3～5 厘米长的粗丝。

将切好的丝放入搅拌盆内,加入法汁,轻轻地拌匀,放入冰箱冷藏。

将生菜叶撕碎。装盘时,在盘中间放上撕碎的生菜叶,上面堆上冷藏过的牛肉沙拉。

### 温馨提示

盛装沙拉的盘子应该是冷藏过的。

生菜叶应该在清洗干净后,沥干水分,进入冷藏箱冷藏后使用。

牛肉沙拉的制作方法有很多,如以牛肉为主要原料,里面有加熟土豆的,有加大蒜头的,有放辣椒的等,地区不同,制作的方法也不同。

### 菜肴特点

色彩鲜艳,丝状均匀,脆爽微酸。

## 二、韭葱土豆蓉汤　Leek and Potatoes Soup

菜肴类型:汤菜　　　　烹制时间:20 分钟

准备时间:10 分钟　　　制作份数:4 人份

### 相关知识

韭葱

韭葱(Leek)是能产生肥嫩假茎(葱白)的两年生草本植物,又叫作扁葱、扁叶葱、洋蒜苗。韭葱原产于欧洲中南部。欧洲在古希腊、古罗马时已有栽培,20 世纪 30 年代传入中国,部分省区有零星栽培,其中广西栽培时间较长,多代替蒜苗食用。可炒食、做汤或做调料。

### 主要工具

| | | | |
|---|---|---|---|
| 厨刀 | Chef's Knife | 搅拌机 | Hand Blender |
| 砧板 | Cutting Board | 汤锅 | Soup Pot |
| 汤勺 | Soup Ladle | 汤盅 | Soup Plate |
| 木铲 | Spatula | | |

### 📖 制作原料

| 黄油 | Butter | 20 克 |
|---|---|---|
| 洋葱 | Onion | 80 克 |
| 韭葱 | Leek | 50 克 |
| 牛基础汤 | Beef Stock | 1 升 |
| 土豆 | Potato | 400 克 |
| 盐和胡椒粉 | Salt and Pepper | 适量 |
| 香菜 | Coriander | 1 束 |

### 📖 制作步骤

将去皮土豆、洋葱、韭葱切成块。

用黄油把洋葱、韭葱炒至脱水，加入基础汤、土豆，将原料煮软。

用搅拌机将汤体打成蓉，倒回汤锅内。

将汤体加热至微沸状态，调整好浓度，用盐、胡椒调味。将汤装入汤盅，用香菜点缀。

### 📖 温馨提示

土豆需要煮得非常烂，汤体要搅打得细腻些。

如汤体不够浓稠，可适量加些油面酱(Roux)，加时要注意用蛋抽充分搅打均匀，不能有面糊颗粒产生。

如汤体太稠，可用基础汤或牛奶调整浓稠度。

### 📖 菜肴特点

乳白色，60℃以上为流体，土豆味浓郁。

## 三、柠檬炸鸡排　Fried Chicken Breast with Lemon Butter

菜肴类型：主菜　　　　　烹制时间：30 分钟

准备时间：10 分钟　　　　制作份数：1 人份

### 📖 相关知识

欧芹

欧芹(Parsley)，又称荷兰芹、洋香菜等，它的叶子蜷缩在一起，是一种常见的番芫荽，色青翠，味较淡，主要用于装饰。

### 主要工具

| | | | |
|---|---|---|---|
| 厨刀 | Chef's Knife | 锡纸 | Tinfoil |
| 砧板 | Cutting Board | 漏勺 | Strainer |
| 汤锅 | Soup Pot | 肉锤 | Meat Mallet |
| 搅拌盆 | Mixing Bowl | 餐盘 | Dinner Plate |
| 研磨器 | Grater | | |

### 制作原料

| | | |
|---|---|---|
| 带骨鸡脯 | Chicken Breast With Bone | 1 块 |
| 鸡蛋 | Egg | 1 只 |
| 面粉 | Flour | 50 克 |
| 面包糠 | Breadcrumb | 100 克 |
| 黄油 | Butter | 20 克 |
| 鲜罗勒 | Basil | 5 片 |
| 盐和胡椒粉 | Salt and Pepper | 适量 |
| 柠檬汁 | Lemon Juice | 5 毫升 |
| 柠檬皮 | Lemon Peel | 半只 |
| 欧芹 | Parsley | 少许 |
| 配菜 | Side Order | 适量 |
| 炸土豆条 | French Fries | 80 克 |
| 柠檬角 | Lemon Wedge | 1 片 |

### 制作步骤

将黄油软化,加入罗勒、柠檬汁、盐、胡椒粉搅拌均匀,用锡纸包卷,入冰箱将其凝固,成为柠檬黄油沙司,使用时切成厚片。

把柠檬皮擦成碎末,欧芹切碎,鸡蛋打散。把柠檬皮碎、欧芹碎与面包糠混合均匀。

将鸡脯做成树叶形,调味,拍上面粉,拖上蛋液,裹上混合面包糠。

将加工好的鸡脯放入150℃的油锅内,炸熟并上色。将鸡肉装盘,配上炸土豆条、柠檬角、欧芹和切成片的柠檬黄油沙司。

### 温馨提示

整块鸡脯肉处理得厚薄均匀,方便炸制时成熟时间一致。

控制好炸制鸡脯肉的温度与时间。

可以根据室内温度的情况决定硬黄油沙司是否放进冰箱。

### 菜肴特点

肉表面金黄,块状,鲜嫩含水分,外焦里嫩。

## 练习题

(　　)1. 土豆中最主要的成分是什么?

A. 蛋白质　　B. 脂肪　　C. 淀粉　　D. 维生素

(　　)2. 1公斤约等于多少磅?

A. 1.1磅　　B. 2.2磅　　C. 2.5磅　　D. 3.3磅

(　　)3. 1公斤等于多少克?

A. 300克　　B. 600克　　C. 500克　　D. 1000克

(　　)4. 法式沙拉酱(French Dressing)中脂肪含量大约为多少?

A. 30%　　B. 45%　　C. 65%　　D. 80%

(　　)5. 下列哪一种乳制品的脂肪含量最高?

A. 全脂乳　　B. 鲜奶油　　C. 酸酪乳　　D. 黄油

(　　)6. 棕色高汤(Brown Stock)的色泽是因原料加热产生何种变化所致?

A. 凝固作用　　B. 胶化作用

C. 焦化作用　　D. 蒸汽作用

(　　)7. 清汤(Consomme)是由何种汤制作而成的?

A. 浓汤　　B. 高汤　　C. 奶油汤　　D. 酱汤

(　　)8. 炸制面糊鱼条的油温应控制在大约多少度?

A. 140℃　　B. 150℃　　C. 160℃　　D. 170℃

# 第六节　第六周实训菜肴

**本节学习目标**

学习鸡肉奶酪苹果沙拉的制作方法。
学习南瓜汤的制作方法。
学习煎鱼柠檬黄油沙司的制作方法及制作要点。
了解南瓜蓉汤的制作流程。
掌握沙拉制作的要求和特点,掌握煎的烹调方法及操作要点。
熟悉蓝纹奶酪、玉桂粉等相关知识。

## 一、鸡肉奶酪苹果沙拉　Chicken Breast Salad with Apples and Blue Cheese

菜肴类型:沙拉　　烹制时间:20 分钟
准备时间:10 分钟　　制作份数:4 人份

**相关知识**

蓝纹奶酪

蓝纹奶酪是一类奶酪的总称。这种奶酪很多国家都有出产,如法国的 Bresse Blue,丹麦的 Dana Blue,英国的 Blue Cheshire 等。这类奶酪具有蓝色或绿色的大理石花纹状的霉纹。它的味道比白霉奶酪辛辣。蓝纹奶酪的质地一般都是柔软、多脂或易碎的。这种奶酪通常是有盐分的,不能过度加盐,否则会带来苦味。

**主要工具**

| 厨刀 | Chef's Knife | 汤匙 | Tablespoon |
|---|---|---|---|
| 砧板 | Cutting Board | 沙拉盘 | Salad Plate |
| 搅拌盆 | Mixing Bowl | | |

**制作原料**

| 鸡脯肉 | Chicken Breast | 1 块 |
|---|---|---|

| | | |
|---|---|---|
| 柠檬汁 | Lemon Juice | 15 毫升 |
| 橄榄油 | Olive Oil | 5 毫升 |
| 混合香草 | Dry Herb Blend | 少许 |
| 各种生菜 | Romaine and Radicchio | 各 1 棵 |
| 核桃仁 | Walnut | 40 克 |
| 蓝纹奶酪 | Blue Cheese | 50 克 |
| 葡萄干 | Golden Raisins | 20 克 |
| 青苹果 | Granny Smith Apple | 1 个 |
| 西芹 | Celery | 20 克 |
| 法汁 | French Dressing | 50 毫升 |
| 盐和胡椒粉 | Salt and Pepper | 适量 |

**制作步骤**

烤箱预热至 180℃。

把鸡脯肉清理干净，切成两半，用盐、胡椒粉、柠檬汁、橄榄油、混合香草搅拌均匀，腌渍 10 分钟。

苹果留皮去芯，切成小块，奶酪切成小块，西芹切成薄片，核桃仁烤熟。将以上四种原料加上葡萄干，放入搅拌盆拌匀，入冰箱冷藏。

将鸡脯肉煎熟（或进入 180℃烤箱烤熟），冷却后，切成小块。

把鸡肉块加到冷藏过的苹果等原料中，加入法汁轻轻搅拌均匀成沙拉。

在冷的沙拉盘中放生菜垫底，上面装入沙拉。

**温馨提示**

在搅拌沙拉时，要轻轻搅拌，因为蓝纹奶酪易碎，会影响美观。可以在其他原料搅拌完成时加入蓝纹奶酪，也可以在装盘时直接把蓝纹奶酪放在装好的沙拉上面。

**菜肴特点**

色彩鲜艳，块状均匀，软嫩、脆、微酸。

## 二、南瓜汤　Pumpkin Soup

菜肴类型：汤菜　　　烹制时间：20 分钟
准备时间：10 分钟　　制作份数：4 人份

### 相关知识

玉桂粉

玉桂粉,又称肉桂粉。玉桂粉的主要原料肉桂原产于斯里兰卡、印度一带,为樟科植物,现我国热带地区均有栽培。将此种植物的皮制成粉末,有一种令人喜爱的芳香、温和、甜美的感觉,是一种广受人喜爱的香料。多用于面包、蛋糕、派及其他烘焙产品。

### 主要工具

| | | | |
|---|---|---|---|
| 厨刀 | Chef's Knife | 沙司锅 | Sauce Pan |
| 砧板 | Cutting Board | 木铲 | Spatula |
| 搅拌机 | Hand Blender | 汤匙 | Tablespoon |
| 汤锅 | Soup Pot | 汤盅 | Soup Plate |

### 制作原料

| | | |
|---|---|---|
| 黄油 | Butter | 20 克 |
| 洋葱 | Onion | 100 克 |
| 老南瓜 | Pumpkin | 500 克 |
| 玉桂粉 | Cinnamon | 适量 |
| 杏仁片 | Almond Slice | 少许 |
| 鸡基础汤 | Chicken Stock | 1 升 |
| 盐和胡椒粉 | Salt and Pepper | 适量 |
| 淡奶油(可选) | Whipping Cream | 40 毫升 |
| 鲜罗勒叶 | Basil Leaf | 若干 |

### 制作步骤

烤箱预热至 150℃。

将洋葱切成块,南瓜去皮去籽,切成块。

杏仁片放入烤盘,进入 150℃烤箱烤 8 分钟,上色即可,并将其捏碎。

用沙司锅加热黄油,把洋葱块炒至脱水,不上色。

加入切成块的南瓜炒片刻,再加入鸡基础汤、玉桂粉煮至南瓜酥软。

用搅拌机打成茸状,再煮开后调味。

盛入汤盅,浇上淡奶油,撒上杏仁碎,用罗勒点缀。

### 温馨提示

南瓜要煮得烂些,口感味道才佳。

如汤体不够浓稠,可适量加些油面酱(Roux),加时要注意用蛋抽充分搅打均匀,不能有面糊颗粒产生。

如汤体太稠,可用基础汤或牛奶调整浓稠度。

### 菜肴特点

浅黄色,微甜香鲜,南瓜味浓郁。

## 三、煎鱼柠檬黄油沙司 Pan-Fried Fish with Lemon and Butter

菜肴类型:主菜　　烹制时间:30 分钟
准备时间:10 分钟　　制作份数:1 人份

### 相关知识

煎

煎是把加工成形的原料,经腌渍入味后,用少量的油脂,加热至上色,并达到规定火候的烹调方法。

### 主要工具

| | | | |
|---|---|---|---|
| 厨刀 | Chef's Knife | 食品夹 | Food Tong |
| 砧板 | Cutting Board | 汤匙 | Tablespoon |
| 煎锅 | Frying Pan | 搅拌盆 | Mixing Bowl |
| 木铲 | Spatula | 餐盘 | Dinner Plate |

### 制作原料

| | | |
|---|---|---|
| 净鱼肉 | Fish Fillet | 120 克 |
| 水瓜柳 | Caper | 15 克 |
| 番茄 | Tomato | 30 克 |
| 盐和胡椒粉 | Salt and Pepper | 适量 |
| 干白葡萄酒 | White Wine | 20 毫升 |
| 白胡椒粒 | Pepper White Whole | 3 粒 |
| 柠檬汁 | Lemon Juice | 5 毫升 |
| 香叶 | Bay Leaf | 1 片 |
| 鱼清汤 | Fish Stock | 20 毫升 |
| 黄油 | Butter | 30 克 |
| 配菜 | Side Dishes | 适量 |

| | | |
|---|---|---|
| 炸土豆条 | French Fries | 80克 |
| 柠檬 | Lemon | 1片 |
| 樱桃番茄 | Cherry Tomato | 3粒 |

**制作步骤**

把鱼切成两片,腌渍,稍后煎熟;柠檬切片,番茄切丁。

将干白葡萄酒加入沙司锅,加入香叶、白胡椒粒煮片刻。

用沙司锅加热黄油,加入鱼清汤、煮过的干白葡萄酒、柠檬汁、水瓜柳、番茄丁,调味后调成沙司。

将樱桃番茄擦去表面水分,入150℃的油温中,炸至即将脱皮。

盘内放上鱼,配上土豆条、炸樱桃番茄、柠檬片,浇上沙司即可。

**温馨提示**

制作沙司时温度不能太高,以防油水分离,煎鱼时火力要适中,翻动要小心,以防鱼肉碎裂。

有些特别易破碎的鱼,可以不去皮,带皮煎制。

**菜肴特点**

金黄色,大片状,味美鲜香,汁油润微酸,软嫩。

## 练习题

(  )1. 杏仁、核桃仁中以何种成分含量最高?
A. 糖类　B. 脂肪　C. 蛋白质　D. 水

(  )2. 黄油(Butter)中脂肪含量大约为多少?
A. 100%　B. 90%　C. 80%　D. 70%

(  )3. 下面哪项不是柠檬的作用?
A. 去腥除腻　B. 除臭保鲜
C. 保持菜色　D. 使肉质鲜嫩

(  )4. 含盐奶油(Salted Butter)中盐分含量约为多少?
A. 2.5%　B. 3.5%　C. 4.5%　D. 5.5%

(  )5. 以下哪个不是南瓜的别称?
A. 胡瓜　B. 金瓜
C. 倭瓜　D. 番瓜

(　　)6. 奶酪(Cheese)应放在多少湿度的地方保存？

A. 20%～30%　　B. 40%～50%

C. 60%～70%　　D. 80%～90%

(　　)7. 下列描述蓝纹奶酪较正确的是哪一项？

A. 质感柔软不易碎　　B. 质感疏松易碎

C. 质感坚硬　　D. 有韧性不易碎

(　　)8. 鸡肉烹调前要彻底清洗干净的主要目的是什么？

A. 去除过多的油脂　　B. 清除排泄物的污染

C. 为求较佳的味道　　D. 使其较容易烹调

# 第七节　第七周实训菜肴

**本节学习目标**

学习沙丁鱼开那批的制作方法及制作要点。
学习番茄奶油汤的制作方法及制作要点。
学习维也纳炸猪排的制作方法及制作要点。
掌握番茄奶油汤的制作流程及制作技巧。
掌握开那批制作的要求和特点,掌握"过三关"的方法及操作要点。
熟悉沙丁鱼、开那批、黄油、"过三关"等相关知识。

## 一、沙丁鱼开那批　Sardine Canapes

菜肴类型:开胃菜　　烹制时间:20 分钟
准备时间:10 分钟　　制作份数:1 人份

**相关知识**

沙丁鱼

沙丁鱼(Sardine)为细长的银色小鱼,也称沙甸鱼,又称萨丁鱼,一般体长为 14～20 厘米,重 20～100 克,为近海暖水性鱼类。沙丁鱼为经济鱼种,因最初在意大利萨丁尼亚捕获而得名,古希腊文称其 Sardonios,意即"来自萨丁尼亚岛"。可以新鲜烹制,也可腌制或制成鱼干,还可用来制作罐装食品。

开那批

开那批(Canapes)以小型吐司面包片或饼干或脆性蔬菜或煮鸡蛋片作为底托,底托上可放各种少量的冷肉、冷鱼虾、酸黄瓜、鹅肝酱和鱼子酱等,是小型开胃菜。

**主要工具**

| | | | |
|---|---|---|---|
| 厨刀 | Chef's Knife | 汤匙 | Tablespoon |
| 砧板 | Cutting Board | 烤面包机 | Toaster |
| 搅拌盆 | Mixing Bowl | 沙拉盘 | Salad Plate |

### 制作原料

| 罐装沙丁鱼 | Canned Sardine | 100 克 |
| --- | --- | --- |
| 青甜椒 | Pimento | 20 克 |
| 黑水榄 | Ripe Pitted Olive | 3 粒 |
| 蛋黄酱 | Mayonnaise | 20 克 |
| 柠檬汁 | Lemon Juice | 8 毫升 |
| 面包片 | Sliced Bread | 1 片 |

### 制作步骤

沙丁鱼切成泥状,甜椒表皮用明火烤焦,剥去皮切碎,黑水榄切粒。

将面包片用烤面包机烤上色,切成四小块。

在搅拌盆内,混合沙丁鱼泥、甜椒碎、黑水榄粒做成馅料。

将沙丁鱼馅料涂抹在烘烤过的面包上,或用裱花袋挤在吐司上,装盘装饰。

### 温馨提示

开那批一定要做小点,最好是一口或两口能入口的。

可以将沙丁鱼泥换成其他的原料,如鹅肝泥、鸡肝泥、三文鱼等,装盘时可以用牙签将上下几层的原料固定住,便于取用。

### 菜肴特点

色彩浅褐色,泥蓉状,鲜咸软。

## 二、番茄奶油汤 Cream of Tomato Soup

菜肴类型:汤菜　　烹制时间:10 分钟

准备时间:10 分钟　　制作份数:4 人份

### 相关知识

黄油

黄油(Butter),也称奶油、白脱油,是从新鲜牛奶中提取出来的。是将新鲜牛奶加以搅拌之后,上层的浓稠状物体滤去部分水分之后的产物。它是一种浅黄色的固体脂肪,质地细腻,气味芳香,可塑性强,主要用于烹调用油和西点制作中的油脂。

黄油从制作工艺来分,可以分为生黄油(从生牛奶中直接提炼)、超细黄油(从采用巴氏菌消毒过的、未经冷藏的牛奶或奶油中提炼)、细质黄油(从部分冷冻过的牛奶中提炼)。在口味上,还可以分为有盐和无盐。

**主要工具**

| | | | |
|---|---|---|---|
| 厨刀 | Chef's Knife | 沙司锅 | Sauce Pan |
| 砧板 | Cutting Board | 汤勺 | Soup Ladle |
| 搅拌机 | Hand Blender | 汤盅 | Soup Plate |
| 过滤网 | Strainer | | |

**制作原料**

| | | |
|---|---|---|
| 奶油鸡汤 | Cream Chicken Soup | 750 毫升 |
| 黄油 | Butter | 20 克 |
| 番茄 | Tomato | 300 克 |
| 淡奶油 | Whipping Cream | 40 毫升 |
| 盐和胡椒粉 | Salt and Pepper | 适量 |
| 烤面包丁(可选) | Crouton | 20 克 |

**制作步骤**

将番茄氽水,去皮去籽,打成泥。

将黄油放入沙司锅内融化,番茄泥放入锅内小火炒制。

放入奶油汤内煮沸,调整口味。

装入汤盅,浇上淡奶油,撒上烤面包丁即可。

**温馨提示**

炒过的番茄与奶油汤混合时要防止汤体起花。

**菜肴特点**

红色,有光泽,浓稠,微咸,口感细腻。

## 三、维也纳炸猪排 Vienna Schnitzel

菜肴类型:主菜　　烹制时间:20 分钟

准备时间:20 分钟　　制作份数:1 人份

**相关知识**

"过三关"

“过三关”即将修理整形过的、调味过的原料，经过“拍面粉、粘蛋液、裹面包糠”三道工序，俗称“过三关”。

### 主要工具

| | | | |
|---|---|---|---|
| 厨刀 | Chef's Knife | 漏勺 | Skimmer |
| 砧板 | Cutting Board | 食品夹 | Food Tong |
| 搅拌盆 | Mixing Bowl | 餐盘 | Dinner Plate |
| 汤锅 | Soup Pot | | |

### 制作原料

| | | |
|---|---|---|
| 去骨猪排 | Boneless Pork Chop | 120 克 |
| 面粉 | Flour | 10 克 |
| 鸡蛋 | Egg | 1 个 |
| 面包糠 | Breadcrumb | 50 克 |
| 橄榄油 | Olive Oil | 10 毫升 |
| 银鱼柳 | Anchovy | 2 条 |
| 水瓜柳 | Caper | 10 克 |
| 黄瓜沙拉 | Cucumber Salad | 30 克 |
| 柠檬角 | Lemon Wedge | 1 块 |
| 樱桃番茄 | Cherry Tomato | 2 只 |
| 盐和黑胡椒碎 | Salt and Black Pepper | 适量 |

### 制作步骤

猪排拍松，用盐、胡椒粉调味；樱桃番茄对半切。

将猪排拍上面粉，粘上蛋液，裹上面包糠。

放入 150℃的油锅中，炸上色并至成熟。

在炒锅中加热少量油，将樱桃番茄炒一下，放入盐、黑椒碎调味。

在盘子的边上配黄瓜沙拉，再将猪排装上，上面放银鱼柳、水瓜柳。

边上放上一片柠檬角。

### 温馨提示

整块猪排厚薄要处理得要均匀，方便炸制时成熟时间一致。

### 菜肴特点

金黄色，大片状，厚薄均匀，味美鲜香，软嫩汁多。

## 练习题

(　　)1. 淡奶油(Whipping Cream)是由下列哪种原料制成的?

A. 牛脂肪　　B. 牛肥肉　　C. 牛乳　　D. 牛瘦肉

(　　)2. 下列哪种是猪排烹调前用肉锤拍打的主要作用?

A. 松弛肉质　　B. 节省能源

C. 快熟省劳力　　D. 增大面积

(　　)3. Appetizer 是指西餐餐谱中哪一道菜?

A. 主菜　　B. 开胃前菜

C. 美味羹汤　　D. 餐后甜品

(　　)4. 炸 (Deep-Frying)是哪种导热法?

A. 传导法　　B. 对流法

C. 辐射法　　D. 感应法

(　　)5. Breaded 炸食物的裹衣通常有几层?

A. 一层　　B. 两层　　C. 三层　　D. 四层

(　　)6. 下面哪一项不是 Caper 的别称?

A. 水瓜柳　　B. 水瓜纽

C. 酸豆　　D. 酸黄瓜

(　　)7. 鳀鱼(Anchovy) 是属于以下哪类?

A. 淡水鱼类　　B. 海水鱼类

C. 两栖类　　D. 甲壳类

(　　)8. 橄榄油的英文是?

A. Soybean Oil　　B. Colza Oil

C. Olive Oil　　D. Blend Oil

# 第八节　第八周实训菜肴

**本节学习目标**

学习番茄酿鸡肉沙拉的制作方法及制作要点。
学习意大利蔬菜汤的制作方法及制作要点。
学习扒鸡腿青瓜莎莎的制作方法及制作要点。
掌握意大利蔬菜汤的制作流程及原料入锅的先后顺序。
掌握扒制鸡腿的温度高低对原料色泽和老嫩度的影响。
掌握面条适度煮制的时间。
熟悉酿馅沙拉、意大利面、扒等相关知识。

## 一、番茄酿鸡肉沙拉　Stuffed Tomato with Chicken Salad

菜肴类型：沙拉　　　　烹制时间：15 分钟
准备时间：10 分钟　　　制作份数：4 人份

**相关知识**

酿馅沙拉

酿馅沙拉(Filling Salad)，是将熟的肉类、水产类、蔬菜类等原料按照沙拉的制作方法制成沙拉，然后将沙拉作为馅料填入镂空的果实蔬菜、水果中，用这种方法制成的沙拉就叫酿馅沙拉。

**主要工具**

| | | | |
|---|---|---|---|
| 厨刀 | Chef's Knife | 烤盘 | Roasting Pan |
| 砧板 | Cutting Board | 汤匙 | Tablespoon |
| 搅拌盆 | Mixing Bowl | 沙拉盆 | Salad Plate |

**制作原料**

| | | |
|---|---|---|
| 番茄 | Tomato | 4 个 |
| 熟鸡脯肉 | Cooked Chicken Breast | 200 克 |
| 盐和胡椒粉 | Salt and Pepper | 适量 |

| | | |
|---|---|---|
| 西芹 | Celery | 80 克 |
| 核桃仁 | Walnut Kernel | 50 克 |
| 蛋黄酱 | Mayonnaise | 60 克 |
| 柠檬汁 | Lemon Juice | 10 毫升 |

**制作步骤**

烤箱预热至 180℃。

将番茄洗净,从根部平切去 1/5,挖去内部的芯。

在番茄的内部撒上少许盐,然后根部朝下,沥去水分。

核桃仁放在烤盘上,进入烤箱烘烤 6 分钟至成熟。

将熟鸡肉、西芹切成丁,用盐、胡椒粉、柠檬汁、一半核桃仁、蛋黄酱调味,拌匀成鸡肉沙拉。将鸡肉沙拉装入番茄内。

将做好的番茄沙拉放在沙拉盘上,上面撒上核桃仁碎。

**温馨提示**

鸡肉沙拉也可以用油醋汁。

番茄底部切去一小片,以便能在盘子上放平,但不能切通底部,以防番茄的汁水流出。

**菜肴特点**

色彩鲜艳,呈番茄形状,鲜美微酸,软嫩。

## 二、意大利蔬菜汤 Minestrone

菜肴类型:汤菜　　烹制时间:30 分钟

准备时间:10 分钟　　制作份数:2 人份

**相关知识**

Minestrone

Minestra(意大利文)是“汤”的意思,Minestrina 是指清汤,Minestrone 则是指质地浓稠且食材种类较多的汤。

意大利面

意大利面(Pasta),又称意粉,是西餐品种中最接近中国人饮食习惯、最易被中国人接受的。关于意大利面的起源,有的说是源自古罗马,也有的说是由马可·波罗从中国经由西西里岛传至整个欧洲的。

作为意大利面的法定原料，杜兰小麦是最硬质的小麦品种，具有高密度、高蛋白质、高筋度等特点，用其制成的意大利面通体呈黄色，耐煮、口感好。意大利面的形状多样，除了普通的直身面外，还有螺丝形的、弯管形的、蝴蝶形的、贝壳形的，林林总总达数百种。

### 主要工具

| | | | |
|---|---|---|---|
| 厨刀 | Chef's Knife | 研磨器 | Grater |
| 砧板 | Cutting Board | 汤匙 | Tablespoon |
| 木铲 | Spatula | 汤盅 | Soup Plate |
| 搅拌盆 | Mixing Bowl | | |

### 制作原料

| | | |
|---|---|---|
| 黄油 | Butter | 15 克 |
| 洋葱 | Onion | 20 克 |
| 韭葱 | Leek | 20 克 |
| 胡萝卜 | Carrot | 20 克 |
| 西芹 | Celery | 10 克 |
| 卷心菜 | Cabbage | 20 克 |
| 茄膏 | Tomato Paste | 10 克 |
| 牛肉汤 | Beef Stock | 500 毫升 |
| 番茄 | Tomato | 20 克 |
| 土豆 | Potato | 20 克 |
| 通心面 | Macaroni | 20 克 |
| 大蒜头 | Garlic | 2 瓣 |
| 欧芹 | Parsley | 少许 |
| 帕玛森奶酪 | Parmesan Cheese | 少许 |
| 盐和胡椒粉 | Salt and Pepper | 少许 |

### 制作步骤

在汤锅中放入足量的水煮开，加盐后放入通心面煮 8 分钟左右，捞出后，控干水分，用油拌匀，冷却待用。

番茄在开水锅中烫后，去皮去籽，切碎。

将洋葱、西芹、胡萝卜、韭葱、土豆去皮切成丁，卷心菜、大蒜头切成片。

在汤锅中将洋葱和韭葱用黄油炒香，加入其他蔬菜炒透，不上色，再加入茄膏炒至上色,加入牛肉汤和番茄碎、土豆,煮45分钟。

煮至蔬菜酥软,放入煮软的通心面,煮5分钟。用盐、胡椒粉调味。

将煮好的汤装入汤盅,帕玛森奶酪擦碎,撒在汤上,可用欧芹点缀。

**温馨提示**

黄油应用小火熔化,以免黄油焦化。

可选用短小的管面,方便使用汤匙舀食。

如选用Spaghetti,可在熟前或熟后切成合适的长度,便于用汤匙享用。

可以增加一片培根切成丁后煸炒,以增加香味。

**菜肴特点**

棕红色,有光泽,浓稠,味微酸,蔬菜酥软,面条口感爽滑、筋道。

## 三、扒鸡腿青瓜莎莎 Grilled Chicken Leg Cucumber Salsa

菜肴类型:主菜　　烹制时间:25分钟

准备时间:10分钟　　制作份数:1人份

**相关知识**

莎莎

莎莎(Salsa),在西班牙和意大利文中可以指任何一种酱料(英文:Sauce),该词源自拉丁文“Salsa”,意思是“咸的”。在英文中,“Salsa”专门用来指莎莎(萨尔萨)辣酱。莎莎,简单地说,就是混合切碎的蔬菜、水果(主要是番茄)和调味料,生或熟制而成。在墨西哥,制作莎莎的主要材料有:洋葱、大蒜、辣椒与番茄。近年来,因健康饮食意识的提高,低脂、低胆固醇的莎莎酱,已经超越番茄酱,成为购买调味品的首选。

**主要工具**

| 厨刀 | Chef's Knife | 煎锅 | Frying Pan |
|---|---|---|---|
| 砧板 | Cutting Board | 沙司锅 | Sauce Pan |
| 削皮刀 | Beak Knife | 餐盘 | Dinner Plate |

**制作原料**

| 鸡大腿 | Chicken Leg | 1只 |
|---|---|---|
| 盐和黑胡椒碎 | Salt and Black Pepper | 适量 |
| 干白酒 | Dry White Wine | 20毫升 |

| | | |
|---|---|---|
| 青瓜莎莎 | Cucumber Salsa | 适量 |
| 青瓜 | Cucumber | 100 克 |
| 洋葱 | Onion | 30 克 |
| 番茄 | Tomato | 30 克 |
| 西芹 | Celery | 10 克 |
| 柠檬汁 | Lemon Juice | 20 毫升 |
| 盐和胡椒粉 | Salt and Pepper | 适量 |
| 橄榄油 | Olive Oil | 25 毫升 |
| 土豆 | Potato | 50 克 |
| 茄子 | Eggplant | 1 条 |
| 芦笋尖 | Asparagus | 3 支 |
| 番茄皮 | Tomato Skin | 1 片 |

### 制作步骤

鸡大腿解冻后去骨，拍松，用盐及黑胡椒碎、干白葡萄酒腌渍。

小青瓜带皮切小丁，番茄去皮去籽切小丁，洋葱去皮切小丁，欧芹切末，土豆去皮切厚片，茄子切片。

将所有的丁加入柠檬汁、盐、胡椒粉、橄榄油拌匀成莎莎，入冷藏柜半小时，备用。

将鸡腿扒上色并至成熟。

将土豆片和茄子片扒熟，用盐、黑胡椒碎调味；芦笋尖过水后用油稍炒调味；番茄皮炸成脆皮。

将鸡腿切块装盘，配上土豆片、茄子片、芦笋尖，加上青瓜莎莎，用炸番茄皮装饰。

### 温馨提示

此处的 Salsa 为调味汁的意思。

如果鸡腿较大，肉质较厚，扒的时候不易成熟，可以将鸡腿放入 200℃烤箱内烤熟。

### 菜肴特点

金黄色，块状，鲜嫩香。

## 练 习 题

(　　)1. 蔬菜汤(Minestrone)是哪个国家的菜肴?

A. 法国　　B. 比利时　　C. 意大利　　D. 奥地利

(　　)2. 下列哪项不是西餐填充料(Stuffing 或 Farce) 调理的目的?

A. 增进风味　　B. 调整湿润度

C. 增加分量　　D. 降低成本

(　　)3. 装沙拉的盘子应如何处理?

A. 必须放于冷藏柜中　　B. 放于室温中

C. 放于保温箱中　　D. 放于冰块中

(　　)4. 蛋黄酱(Mayonnaise)中脂肪含量大约为多少?

A. 30%　　B. 45%　　C. 65%　　D. 80%

(　　)5. 下列哪一个不是蛋黄酱(Mayonnaise)所用材料?

A. 盐　　B. 醋　　C. 植物油　　D. 奶油

(　　)6. 意大利蔬菜汤的色泽是下列哪一项?

A. 红色　　B. 黄色　　C. 黑色　　D. 暗红色

(　　)7. 鸡腿经过扒的烹调方法,原料表面应该有的色泽是什么?

A. 红色　　B. 白色　　C. 灰色　　D. 焦黄色

(　　)8. 当西餐烹调中只提到要调味(Seasoning),而没说明用何种调味料时指的是什么?

A. 盐和味精　　B. 糖和醋

C. 盐和胡椒　　D. 糖和盐

# 第九节　第九周实训菜肴

**本节学习目标**

学习主厨沙拉的制作方法及制作要点。
学习烤玉米汤的制作方法及制作要点。
学习咖喱鸡的制作方法及制作要点。
掌握烤玉米汤及咖喱沙司的制作流程。
掌握咖喱沙司的稠度及色泽。
了解主厨沙拉的特点,根据现有的原料进行调整。
熟悉主厨沙拉、百里香、咖喱等相关知识。

## 一、主厨沙拉　Chef Salad

菜肴类型:沙拉、主菜　　烹制时间:15 分钟
准备时间:10 分钟　　制作份数:1 人份

**相关知识**

主厨沙拉

主厨沙拉是指主厨根据自己的喜好或根据厨房现有的原材料制作的沙拉,原料并不固定。主厨沙拉可用各种生菜垫底,上面摆放一些牛扒、火腿、奶酪、鸡蛋、鸡扒、土豆、小番茄、烤彩椒等。主厨沙拉是一种由多种食物组成的营养非常丰富的沙拉,它也经常被作为一道主菜。

**主要工具**

| | | | |
|---|---|---|---|
| 厨刀 | Chef's Knife | 砧板 | Cutting Board |
| 搅拌盆 | Mixing Bowl | 沙拉盘 | Salad Plate |
| 汤匙 | Tablespoon | | |

**制作原料**

| | | |
|---|---|---|
| 鸡胸肉 | Chicken Breast | 1 片 |
| 彩椒 | Colorful Pepper | 20 克 |

| | | |
|---|---|---|
| 高丽菜(卷心菜) | Cabbage | 20 克 |
| 鸡蛋 | Egg | 1 个 |
| 甜玉米 | Sweet Corn | 30 克 |
| 橄榄油 | Olive Oil | 20 毫升 |
| 番茄 | Tomato | 30 克 |
| 黑醋 | Balsamic | 10 毫升 |
| 盐和胡椒粉 | Salt and Pepper | 适量 |
| 卡真粉 | Cajun Powder | 少许 |
| 芥末酱 | Mustard | 3 克 |
| 蛋黄酱 | Mayonnaise | 20 克 |

**制作步骤**

鸡胸肉用卡真粉、盐、胡椒粉腌制,煎至金黄色,成熟。

红椒、黄椒切丝,番茄去皮切片。

高丽菜(卷心菜)和胡萝卜切丝后用盐腌 10 分钟,拌出水分,挤干;加入蛋黄酱、少许芥末酱拌匀。

用刀将甜玉米上的玉米粒切下,用盐、胡椒粉、橄榄油拌匀。

在沙司锅内加入水,煮开后,加入适量的白醋,轻轻放入去壳的鸡蛋,用低温煮至七成熟,取出温水中过一下。

将鸡胸肉切片,红椒丝、黄椒丝拌上黑醋。

将所有备好的原料依次放入盘中,放上一个切好的水波蛋,淋上黑醋即可。

**温馨提示**

主厨沙拉的调味汁可以配一种或两种,但不能太多,不然味道太杂。

主厨沙拉的原料可以根据现有的材料随意调整。

**菜肴特点**

色彩鲜艳,鲜美微酸,软嫩。

## 二、烤玉米汤 Roasted Corn Soup

菜肴类型:汤菜　　　　　烹制时间:30 分钟

准备时间:10 分钟　　　　制作份数:4 人份

### 相关知识

百里香

百里香(Thyme)又名麝香草,是一种多年生灌木状芳香草本植物,原产地为欧洲南部,具有烹饪和药用价值。百里香多应用于调味荤菜、可熬汤、焖炖等,虽然其芳香独特,但并不会掩盖其他香草或香辛料的香气,而会自然与它们混合,因此常被捆绑在一起或一同切碎混成"普罗旺斯香草(Herbes de Provence)",方便烹煮食物时调味。

### 主要工具

| | | | |
|---|---|---|---|
| 厨刀 | Chef's Knife | 汤勺 | Soup Ladle |
| 砧板 | Cutting Board | 搅拌机 | Hand Blender |
| 汤锅 | Soup Pot | 过滤网 | Strainer |
| 沙司锅 | Sauce Pan | 汤盅 | Soup Plate |
| 搅拌盆 | Mixing Bowl | | |

### 制作原料

| | | |
|---|---|---|
| 鲜白玉米 | Fresh White Corn | 500 克 |
| 鲜百里香 | Fresh Thyme | 10 克 |
| 水 | Water | 1 升 |
| 香叶 | Bay Leaf | 1 片 |
| 丁香 | Clove | 1 粒 |
| 黄油 | Butter | 15 克 |
| 洋葱 | Onion | 30 克 |
| 淡奶油 | Whipping Cream | 50 毫升 |
| 盐和胡椒粉 | Salt and Pepper | 适量 |

### 制作步骤

将洋葱去皮切碎,玉米清洗干净,切下玉米粒,玉米芯待用。

汤锅内放入玉米芯、冷水、百里香、香叶、丁香,大火煮开,转成小火煮 1 小时。

在沙司锅内加热黄油,放入洋葱和玉米粒炒至水分收干,不能炒焦,加入淡奶油煮 2 分钟,并不停地搅拌。

将煮玉米芯的汤水过滤后加入有奶油的玉米锅内,成为玉米奶油混合汤。

将汤体用搅拌机打成菜泥状,并过滤。

倒回沙司锅内加热,用盐、胡椒粉调味。

装入汤盅,可淋上淡奶油做装饰。

**温馨提示**

选择嫩些的玉米。

可用榛子碎、培根碎、细香葱做装饰。

**菜肴特点**

浅黄色,浓稠,玉米清香,微咸,口感细腻。

## 三、咖喱鸡 Curry Chicken

菜肴类型:主菜　　烹制时间:30 分钟

准备时间:10 分钟　　制作份数:1 人份

**相关知识**

咖喱

咖喱是由多种香料调配而成的调料,常见于印度菜、泰国菜和日本菜等,一般同肉类和饭一起吃。咖喱菜肴是一种变化多样且有特殊味道的菜肴,最有名的是印度和泰国咖喱菜肴。咖喱菜肴已经在亚太地区成为主流的菜肴之一。

咖喱的种类很多,以国家来分,有印度、斯里兰卡、泰国、新加坡、马来西亚等;以颜色来分,有红、青、黄之别。咖喱的主要成分是姜黄粉、川花椒、八角、草果、胡椒、桂皮、丁香和香菜籽等。咖喱在烹调中提辣提香、去腥,可用于烩焖鱼虾、牛肉、鸡肉等。

**主要工具**

| | | | |
|---|---|---|---|
| 厨刀 | Chef's Knife | 搅拌机 | Hand Blender |
| 砧板 | Cutting Board | 漏勺 | Skimmer |
| 沙司锅 | Sauce Pan | 汤勺 | Soup Ladle |
| 汤锅 | Soup Pot | 木铲 | Spatula |
| 煎锅 | Frying Pan | 餐盘 | Dinner Plate |

**制作原料**

| | | |
|---|---|---|
| 鸡脯肉 | Chicken Breast | 200 克 |

| | | |
|---|---|---|
| 土豆 | Potato | 100 克 |
| 青圆椒 | Green Bell Pepper | 30 克 |
| 咖喱沙司 | Curry Sauce | 适量 |
| 洋葱 | Onion | 250 克 |
| 红圆椒 | Red Bell Pepper | 250 克 |
| 大蒜头 | Garlic | 150 克 |
| 生姜 | Ginger | 150 克 |
| 香菜 | Coriander | 150 克 |
| 黄姜粉 | Turmeric Powder | 15 克 |
| 咖喱粉 | Curry Powder | 50 克 |
| 玉桂粉 | Cinnamon | 10 克 |
| 匈牙利红粉 | Paprika | 15 克 |
| 小茴粉 | Caraway Seed Ground | 15 克 |
| 香叶 | Bay Leaf | 2 片 |
| 鸡汤或清水 | Chicken Stock or Water | 适量 |
| 椰浆 | Coconut Cream | 1 听 |

**制作步骤**

将鸡脯肉切成大块。

土豆、青椒切成块作为配菜。

洋葱切块,生姜去皮切碎,红椒去蒂去籽切块,大蒜去皮拍碎。

在汤锅中加热橄榄油,将洋葱炒香至黄色,加入大蒜、生姜和红椒等蔬菜继续炒上色。

加入适量鸡汤,最后放入各种香料,小火煮 20 分钟,至蔬菜酥烂,用搅拌机粉碎。

将沙司倒入锅内调味后,即成咖喱沙司。

土豆在油锅内炸熟,取出沥油。

将鸡块调味后煎上色。

把鸡块放入咖喱沙司内煮熟。

加入椰浆和炸熟的土豆块、青椒块稍煮片刻。

装盘,上面放些香菜做装饰。

📖 **温馨提示**

咖喱沙司的制作配方有很多,此配方的沙司色泽略红。

沙司的浓稠度要适中。

沙司如果不够稠,可在配方中加入面粉、土豆、苹果、香蕉等来增加稠度。

咖喱鸡也可配上米饭,配上炸洋葱丝、炸葡萄干等一些小料。

📖 **菜肴特点**

姜黄色,块状均匀,浓香辛辣,微咸,鲜嫩,沙司细腻。

## 练习题

(　　)1. 下列哪一项不是卷心菜的别名?

A. 圆白菜　　B. 高丽菜　　C. 洋白菜　　D. 大白菜

(　　)2. 以下对 Paprika 描述正确的是哪一项?

A. 防氧化作用　　B. 矫臭作用

C. 着色作用　　D. 防腐作用

(　　)3. 选购香辛料时应首先考虑以下哪一点?

A. 价格高　　B. 透明密闭包装

C. 保存时间较长　　D. 不透明密闭包装

(　　)4. 香辛料除了矫臭、赋香、着色等作用外,还有下列哪一种作用?

A. 焦化作用　　B. 调味作用

C. 糖化作用　　D. 软化作用

(　　)5. 玉米属于下列哪类食物?

A. 蔬菜类　　B. 五谷类　　C. 水果类　　D. 豆荚类

(　　)6. 香辛料中茴香籽(Caraway Seed)的主要功能是什么?

A. 矫臭作用　　B. 赋香作用

C. 着色作用　　D. 辣味作用

(　　)7. 下列哪项不是食品“真空包装”的目的?

A. 抑制微生物生长　　B. 防止脂肪氧化

C. 防止色素氧化　　D. 防止食物变形

(　　)8. 菜谱中 Recipe 是指下列哪一项?

A. 食品重量　　B. 烹调的方法

C. 包装的方法　　D. 食品成分

# 第十节 第十周实训菜肴

**本节学习目标**

学习法式焗蜗牛的制作方法及制作要点。
学习青豆蓉汤的制作方法及制作要点。
学习煎鱼柳菠菜椰浆汁的制作方法及制作要点。
掌握青豆蓉汤及鱼柳的制作流程。
掌握菠菜椰浆汁的制作和色泽的控制。
熟悉蓉汤制作方法,根据现有的原料举一反三。
熟悉蜗牛、薄荷、菠菜汁等相关知识。

## 一、法式焗蜗牛 Baked Snails French Style

菜肴类型:开胃菜　　烹制时间:10 分钟
准备时间:15 分钟　　制作份数:2 人份

**相关知识**

蜗牛

蜗牛(Snail)有甲壳,形状像螺,颜色多样化;头有四个触角,属于腹足纲。蜗牛是陆生贝壳类软体动物,其种类很多,遍布世界各地,在国际上享有"软黄金"的美誉。以法国的葡萄蜗牛(生活在葡萄园内,形似苹果,又称苹果蜗牛)、庭院蜗牛、玛瑙蜗牛为佳。玛瑙蜗牛原产于非洲,又称非洲大蜗牛,有黄褐色的壳皮,并带有深褐色花纹,肉味鲜美,在我国也有养殖。新鲜蜗牛和罐装蜗牛都是烹调上所使用的原料。

**主要工具**

| 厨刀 | Chef's Knife | 汤匙 | Tablespoon |
|---|---|---|---|
| 砧板 | Cutting Board | 滤网 | Strainer |
| 汤锅 | Soup Pot | 烤盘 | Roasting Pan |
| 沙司锅 | Sauce Pan | 沙拉盘 | Salad Plate |
| 搅拌盆 | Mixing Bowl | | |

### 📖 制作原料

| | | |
|---|---|---|
| 罐头蜗牛 | Canned Snails | 12只 |
| 蜗牛壳 | Snail Shells | 12只 |
| 黄油 | Butter | 120克 |
| 大蒜头 | Garlic | 10克 |
| 香菜 | Coriander | 30克 |
| 白兰地 | Brandy | 10毫升 |
| 咖喱粉 | Curry Powder | 5克 |
| 辣椒汁 | Tabasco | 适量 |
| 银鱼柳 | Anchovy | 1条 |
| 红椒粉 | Paprika | 5克 |
| 辣酱油 | Worcestershire Sauce | 适量 |
| 柠檬汁 | Lemon Juice | 10毫升 |
| 盐和胡椒粉 | Salt and Pepper | 适量 |
| 百里香 | Thyme | 少许 |
| 干白酒 | Dry White Wine | 10毫升 |

### 📖 制作步骤

将蜗牛肉沥去水分,蜗牛壳清洗干净,沥去水分。

将大蒜头、香菜切成碎末。

将黄油稍加热,搅打成酱状,放入大蒜头碎、白兰地、咖喱粉、银鱼柳、红椒粉、辣酱油、柠檬汁、香菜末和少量盐、胡椒粉搅拌均匀,制成蜗牛黄油。

将蜗牛用少量黄油略炒,放百里香、白兰地炒,用盐、胡椒粉调味。

先将一部分黄油填入蜗牛壳内,再将蜗牛肉装入壳内,最后用余下的黄油封口,将蜗牛放入烤盘,入焗炉焗透,取出装盘,用蔬菜等做装饰。

### 📖 温馨提示

焗蜗牛可以使用新鲜的蜗牛:先将蜗牛清洗干净,放入清水中,加上一些盐、适量醋浸泡30分钟,再搅动,使其吐出杂质,经过若干次的搅动,约20分钟后,清洗干净,在水中煮40分钟,捞出取肉,去掉内脏,再用水煮20分钟,即可备用。

为使蜗牛黄油表面上色,内部够热,焗炉的温度可设置高点。

📖 菜肴特点

黄褐色，蜗牛原形，浓香、味美鲜嫩。

## 二、青豆蓉汤　Puree of Green Peas Soup

菜肴类型：汤菜　　　烹制时间：20分钟
准备时间：10分钟　　制作份数：6人份

📖 相关知识

*薄荷*

薄荷(Mint)是植物薄荷的叶子，多年生草本植物，叶绿，味道清凉。薄荷的品种有几十种，常见的有胡椒薄荷、苹果薄荷、橘子薄荷、柠檬香水薄荷等。薄荷叶具有医用和食用双重功能，主要食用部位为茎和叶，也可榨汁服用。在食用上，既可作为调味剂，又可作为香料，还可配酒、冲茶等。在西餐烹调中，鲜薄荷常用于制作菜肴或甜点，以去除鱼及羊肉腥味，或搭配水果及甜点，用以提味。

📖 主要工具

| | | | |
|---|---|---|---|
| 厨刀 | Chef's Knife | 木铲 | Spatula |
| 砧板 | Cutting Board | 搅拌机 | Hand Blender |
| 汤锅 | Soup Pot | 滤网 | Strainer |
| 搅拌盆 | Mixing Bowl | 汤盅 | Soup Plate |

📖 制作原料

| | | |
|---|---|---|
| 黄油 | Butter | 50克 |
| 洋葱 | Onion | 30克 |
| 培根 | Bacon | 80克 |
| 青豆 | Peas | 500克 |
| 牛肉汤 | Beef Stock | 1升 |
| 牛奶 | Milk | 500毫升 |
| 薄荷叶和欧芹 | Mint and Parsley | 适量 |
| 吐司 | Toast | 30克 |
| 淡奶油 | Whipping Cream | 30毫升 |
| 盐和胡椒粉 | Salt and Pepper | 适量 |

📖 制作步骤

烤箱预热至150℃。

将洋葱去皮切碎,培根切碎;吐司切丁放烤盘,进入150℃烤箱烘烤上色。

在汤锅中加热黄油,把洋葱末炒香,放入培根、青豆稍炒,放入牛肉汤、薄荷叶、欧芹末煮至熟烂。用搅拌机打成泥状,过滤。

煮开后可加入牛奶(视汤的浓稠度)调整浓稠度,调味。

将汤调味后倒入汤盅,淋上淡奶油,放上烤面包丁。

📖 温馨提示

青豆要选择新鲜的、色泽鲜艳的,汤体需要打细腻些。

如汤体不够浓稠,可以使用油面酱来增稠。

📖 菜肴特点

汤体绿色,浓稠,青豆味浓郁,软滑适口。

## 三、煎鱼柳菠菜椰浆汁 Pan-Fried Fish with Spinach and Coconut Milk Sauce

菜肴类型:主菜　　烹制时间:15分钟

准备时间:20分钟　　制作份数:1人份

📖 相关知识

菠菜汁

菠菜汁(Spinach Juice)是将新鲜的菠菜叶经过开水的烫煮,然后与少量的液体,经搅拌机打成浆状后形成的汁,烹饪中常用于调色。

📖 主要工具

| | | | |
|---|---|---|---|
| 厨刀 | Chef's Knife | 搅拌盆 | Mixing Bowl |
| 砧板 | Cutting Board | 滤网 | Strainer |
| 汤锅 | Soup Pot | 餐盘 | Dinner Plate |

📖 制作原料

| | | |
|---|---|---|
| 无骨鱼柳 | Fish Fillet | 150克 |
| 辣椒粉 | Chili Powder | 2克 |
| 黑胡椒 | Black Pepper | 2克 |

| | | |
|---|---|---|
| 柠檬汁 | Lemon Juice | 10 毫升 |
| 面粉 | Flour | 30 克 |
| 红圆椒 | Red Bell Pepper | 半只 |
| 橄榄油 | Olive Oil | 30 克 |
| 洋葱 | Onion | 30 克 |
| 大蒜头 | Garlic | 2 瓣 |
| 椰浆 | Coconut Cream | 150 毫升 |
| 菠菜 | Spinach | 50 克 |
| 盐和胡椒粉 | Salt and Pepper | 适量 |
| 煮香多土豆 | Chateau Potato | 1 个 |

**制作步骤**

烤箱预热至 200℃。

将洋葱、大蒜去皮切碎。

将鱼柳用盐、黑椒碎、辣椒粉、柠檬汁腌渍 20 分钟。

红椒淋上少许橄榄油，撒上盐和黑椒碎，放在烤盘上进入 200℃ 烤箱烤熟。

洋葱、大蒜切碎，用黄油炒香，加入菠菜叶和椰浆，煮沸，微火煮片刻后离火，用搅拌机打成浆，过滤后倒回沙司锅内，用盐、胡椒粉调味成沙司。

鱼柳拍上面粉，煎锅中倒入橄榄油加热，放入鱼柳两面煎上色并成熟。

装盘，配上煮香多土豆和烤红椒，浇上调味汁即可。

**温馨提示**

如果调味汁太绿，可多加些椰浆调整色泽。

**菜肴特点**

主料微黄、沙司浅绿，大片状，鲜香软嫩。

## 练习题

(　　)1. 苹果蜗牛产于哪个国家？

A. 美国　　B. 法国　　C. 中国　　D. 德国

(　　)2. 蜗牛养殖要点不正确的是哪项？

A. 温度 16～40℃　　B. 空气相对湿度 30%～40%

C. 防止冷气直吹　　D. 容器有良好的透气性

(　　)3. 菠菜椰浆汁中菠菜的主要作用是什么?

A. 调香　　B. 调色　　C. 防腐　　D. 软化

(　　)4. 下列哪个不是根菜类?

A. 姜　　B. 甜薯　　C. 胡萝卜　　D. 马铃薯

(　　)5. 食品仓库的出货原则是什么?

A. 先进先出　　B. 后进先出

C. 平均混合方式　　D. 随机方式

(　　)6. 食用精盐中通常加有下列何种物质?

A. 钾　　B. 硫　　C. 胡椒　　D. 碘

(　　)7. 为保持冷冻食物的质量,应将食物放置于什么温度下?

A. −15℃　　B. −16℃　　C. −17℃　　D. −18℃

(　　)8. 保鲜蔬果的合适温度是多少?

A. 0～4℃　　B. 5～9℃　　C. 10～14℃　　D. 15～19℃

# 第十一节 第十一周实训菜肴

**本节学习目标**

学习烟三文鱼卷鱼子酱的制作方法及制作要点。
学习冷黄瓜汤的制作方法及制作要点。
学习煎鲈鱼莎莎的制作方法及制作要点。
掌握烟三文鱼卷鱼子酱及冷黄瓜汤的制作流程。
了解莎莎沙司的制作。
熟悉鱼子酱、冷汤、莎莎等相关知识。

## 一、烟三文鱼卷鱼子酱 Smoked Salmon Roll with Black Caviar

菜肴类型:开胃菜　　烹制时间:40 分钟
准备时间:10 分钟　　制作份数:4 人份

**相关知识**

鱼子酱

鱼子酱(Caviar)是用鱼身上的鱼卵制成的酱,是“西餐三大美味”之一。鱼子酱是用新鲜的鱼子经盐腌制而成的,其浆汁较多,呈半流质胶状。有红鱼子和黑鱼子之分。

红鱼子酱是鲑鱼(Trout)鱼卵制成的;黑鱼子酱是鲟鱼(Sturgeon)鱼卵制成的。鱼子酱颗粒饱满,无破粒,色泽晶亮,无汤汁,颗粒松散,但附有少量黏液,味咸鲜。鱼子酱常被用作冷开胃菜,需冷藏。

**主要工具**

| | | | |
|---|---|---|---|
| 厨刀 | Chef's Knife | 搅拌机 | Hand Blender |
| 砧板 | Cutting Board | 刷子 | Brush |
| 沙司锅 | Sauce Pan | 裱花袋 | Pastry Bag |
| 汤盅 | Soup Plate | 汤匙 | Tablespoon |
| 搅拌盆 | Mixing Bowl | 沙拉盘 | Salad Plate |

### 📖 制作原料

| | | |
|---|---|---|
| 烟三文鱼片 | Smoked Salmon Slice | 4 大片 |
| 烟三文鱼 | Smoked Salmon | 60 克 |
| 黑鱼子酱 | Black Caviar | 20 克 |
| 淡奶油 | Whipping Cream | 100 毫升 |
| 香菜 | Coriander | 少许 |
| 鱼胶片 | Gelatin Sheet | 20 克 |
| 鱼汤 | Fish Stock | 400 毫升 |
| 柠檬汁 | Lemon Juice | 适量 |
| 盐和胡椒粉 | Salt and Pepper | 适量 |

### 📖 制作步骤

60 克烟三文鱼用搅拌机打成泥状;淡奶油打半发;鱼胶片用冷水浸泡。

在沙司锅中将鱼汤煮沸后离火,加入泡软的鱼胶片,再加入柠檬汁、盐、胡椒粉搅拌均匀至鱼胶片融化。

将一半鱼汤倒入盘中,薄薄的一层,入冰箱冷藏 20 分钟,凝固待用。

将 1 汤匙的鱼汤与烟三文鱼泥、打半发的淡奶油、盐、胡椒粉搅拌均匀,最后加入黑鱼子酱,轻轻拌匀。

将保鲜膜置于砧板上,保鲜膜上放烟三文鱼片,将三文鱼泥放在鱼片的一边,卷成圆柱形,两头卷紧。

将鱼卷放入冰箱冷藏,凝固成形即可。

鱼卷去掉保鲜膜,刷液态鱼胶水,放上香菜点缀后,再刷上鱼胶水。

把冷藏过的薄薄的鱼胶冻取出,切成碎粒,装入裱花袋。

将烟三文鱼卷装在冷盘上,边上挤上鱼胶碎粒。

### 📖 温馨提示

烟三文鱼表面一层带有强烈的熏制味道,而且干硬,必须削掉。

烟三文鱼带有咸味,调味时要注意。

淡奶油不能打全发,其内部空气太多,会影响鱼子酱的口感。

刷鱼胶冻水是为了使表面有光泽,防止干燥。

挤在四周的鱼胶碎粒可以添加其他颜色或其他口味。

### 📖 菜肴特点

浅红色,圆柱形,冷鲜咸,鲜嫩。

## 二、黄瓜冷汤 Cool Cucumber Soup

| 菜肴类型：汤菜 | 烹制时间：30 分钟 |
| --- | --- |
| 准备时间：10 分钟 | 制作份数：4 人份 |

### 相关知识

*冷汤*

冷汤(Cool Soup)，是一种用冷清汤、冷开水、冷饮品作为汤菜的液体制作的汤菜；或者是一些清汤和浓汤经冷却而成的一些汤菜。冷汤具有爽口、开胃、刺激食欲的特点，冷汤的最佳食用温度在 8～10℃为宜。有些甚至习惯加入适量冰块食用。

### 主要工具

| 厨刀 | Chef's Knife | 搅拌机 | Hand Blender |
| --- | --- | --- | --- |
| 砧板 | Cutting Board | 过滤网 | Strainer |
| 搅拌盆 | Mixing Bowl | 汤盅 | Soup Plate |

### 制作原料

| 黄瓜 | Cucumber | 420 克 |
| --- | --- | --- |
| 大蒜头 | Garlic | 5 瓣 |
| 青葱 | Green Onion | 1 根 |
| 原味酸奶 | Plain Yogurt | 480 毫升 |
| 新鲜薄荷 | Fresh Mint | 10 克 |
| 意大利芹 | Italian Parsley | 10 克 |
| 盐和黑胡椒粉 | Salt and Black Pepper | 适量 |

### 制作步骤

黄瓜去皮去籽，切成块；大蒜去皮切碎。

将黄瓜块、大蒜碎和少许盐、原味酸奶放入搅拌机内，搅拌至非常细腻、光滑；添加一半的新鲜香草继续搅打至细腻。

将搅打好的黄瓜酸奶糊倒入一个汤碗内，盖上盖子，并放入冰箱冷藏 1 小时或直到彻底冷却。

装入汤盅时，可用盐、黑胡椒粉调味，分成 4 份，撒上剩余的香草点缀。

📖 温馨提示

添加点柠檬汁以增加酸味和香味。

如果需要,汤体可以过滤。

📖 菜肴特点

浅绿色,汤体呈浓稠状,味咸酸,润滑细腻。

## 三、煎鲈鱼莎莎 Pan-Fried Perch with Nectarine Salsa

菜肴类型:主菜　　烹制时间:10 分钟

准备时间:15 分钟　　制作份数:1 人份

📖 相关知识

苹果醋

苹果醋(Apple Vinegar)是用酸性苹果或海棠沙果等果类发酵而成,其色泽淡黄,口味醇香而酸,酸味柔和,适宜烹调菜肴或调配醋酸饮料。苹果醋具有消除疲劳、保健养生、美容养颜的效果。

📖 主要工具

| | | | |
|---|---|---|---|
| 厨刀 | Chef's Knife | 搅拌盆 | Mixing Bowl |
| 砧板 | Cutting Board | 汤匙 | Tablespoon |
| 煎锅 | Frying Pan | 餐盘 | Dinner Plate |

📖 制作原料

| | | |
|---|---|---|
| 鱼柳 | Fish Fillet | 150 克 |
| 盐和黑椒碎 | Salt and Black Pepper | 适量 |
| 干白酒 | Dry White Wine | 10 毫升 |
| 柠檬汁 | Lemon Juice | 5 毫升 |
| 油桃 | Nectarine | 1 只 |
| 小青瓜 | Cucumber | 15 克 |
| 猕猴桃 | Kiwi Fruit | 15 克 |
| 樱桃番茄 | Cherry Tomato | 2 粒 |
| 小葱 | Spring Onion | 少许 |
| 橙汁 | Orange Juice | 30 毫升 |
| 苹果醋 | Apple Vinegar | 10 毫升 |

| 橄榄油 | Olive Oil | 10 毫升 |
| --- | --- | --- |

📖 **制作步骤**

把油桃、小青瓜、樱桃番茄、去皮猕猴桃粒切成1厘米见方的丁，细香葱切成粒。

将鱼柳切块，用盐、黑椒碎、干白酒、柠檬汁调味腌渍。

将油桃丁、小青瓜丁、猕猴桃丁与橙汁、苹果醋一起放入搅拌盆中拌匀，加入青葱粒制成莎莎，盖上盖子冷藏备用。

在煎锅中加热油，将鱼片两面煎上色并至熟。

鱼柳装盘，放入莎莎即可。

📖 **温馨提示**

鱼要全熟，当鱼较厚不易煎熟时，可以用烤箱烤熟。

📖 **菜肴特点**

主料微黄，大片状，鲜嫩香微酸。

## 练习题

(　　)1. 冷汤的基本描述不正确的是下列哪一项？

A. 冷汤具有爽口的特点　　B. 开胃刺激食欲

C. 最佳食用温度在8～10℃　　D. 最佳食用温度在10～20℃

(　　)2. 黄瓜冷汤的色泽是什么？

A. 深绿色　　B. 浅绿色　　C. 白色　　D. 蓝色

(　　)3. 三文鱼的脂肪含量是多少？

A. 4%～5%　　B. 7%～9%　　C. 10%～12%　　D. 13%～15%

(　　)4. 莎莎(Salsa)是指？

A. 主菜　　B. 酱汁　　C. 配菜　　D. 都不是

(　　)5. 三文鱼的肉色是什么？

A. 白色　　B. 大红色　　C. 黄色　　D. 粉红色

(　　)6. 鱼子酱可以保存18个月的温度是多少？

A. 2～4℃　　B. 5～8℃　　C. 10～15℃　　D. 16～20℃

(　　)7. 沙拉通常由几个部分构成？

A. 二　　B. 四　　C. 五　　D. 六

(　　)8. 鱼子酱(Caviar)是由下列哪一种鱼的鱼子制成的？

A. 比目鱼　　B. 鲟鱼　　C. 鳟鱼　　D. 鲔鱼

# 第十二节　第十二周实训菜肴

**本节学习目标**

学习司刀粉番茄的制作方法及制作要点。
学习花生汤的制作方法及制作要点。
学习普罗旺斯式香草鱼柳配天使面的制作方法及制作要点。
掌握司刀粉番茄及花生汤的制作流程。
了解意大利面条的煮制要求。
熟悉 Hors D'oeuvres、花生酱、天使面等相关知识。

## 一、司刀粉番茄　Stuffed Tomato Hors D'oeuvres

菜肴类型:开胃菜　　烹制时间:10 分钟
准备时间:10 分钟　　制作份数:4 人份

**相关知识**

Hors D'oeuvres

Hors D'oeuvres(法文)是西餐前菜、冷盘、开胃菜的意思。

**主要工具**

| 厨刀 | Chef's Knife | 裱花袋 | Pastry Bag |
|---|---|---|---|
| 砧板 | Cutting Board | 汤匙 | Tablespoon |
| 搅拌盆 | Mixing Bowl | 沙拉盘 | Salad Plate |

**制作原料**

| 樱桃番茄(大) | Cherry Tomato(Large) | 16 只 |
|---|---|---|
| 香肠 | Sausage | 100 克 |
| 小黄瓜 | Gherkin | 100 克 |
| 酸奶油 | Sour Cream | 60 毫升 |
| 辣根汁 | Prepared Horseradish | 10 克 |
| 香菜 | Coriander | 少许 |

**制作步骤**

将番茄从顶盖这边切掉一部分，挖去番茄的内芯，倒出水分，盖子留用。

将肉肠切成小丁，小黄瓜切成小丁。

把肉肠丁、黄瓜丁、酸奶油、辣根汁混合均匀。

把混合肉肠丁等装入番茄内。

装盘，用香菜装饰，盖子放边上。

**温馨提示**

番茄的切口不要太大，不能切在番茄的二分之一处。

去掉番茄的内芯后，可以撒点盐，使水分溶出。

**菜肴特点**

红白色，番茄形，鲜嫩脆酸，微辣。

## 二、花生汤　Peanut Soup

| | |
|---|---|
| 菜肴类型：汤菜 | 烹制时间：30 分钟 |
| 准备时间：15 分钟 | 制作份数：6 人份 |

**相关知识**

花生酱

花生酱（Peanut Butter）是用优质花生仁等为原料加工制成的，成品为硬韧的泥状，有浓郁的炒花生香味。根据口味不同，花生酱分为甜、咸两种，是极具营养价值的调味品，在西餐中的应用比较广泛。可直接食用。优质花生酱一般为浅米黄色，或为黄褐色，质地细腻，香气浓郁，无杂质。在此处花生汤中所用的花生酱为咸味的花生酱。

**主要工具**

| | | | |
|---|---|---|---|
| 厨刀 | Chef's Knife | 木铲 | Spatula |
| 砧板 | Cutting Board | 滤网 | Strainer |
| 搅拌盆 | Mixing Bowl | 汤盅 | Soup Plate |

**制作原料**

| | | |
|---|---|---|
| 色拉油 | Salad Oil | 15 毫升 |
| 洋葱 | Onion | 40 克 |

| | | |
|---|---|---|
| 大蒜头 | Garlic | 5 瓣 |
| 花生酱 | Peanut Butter | 250 克 |
| 鸡汤 | Chicken Stock | 600 毫升 |
| 番茄 | Tomato | 300 克 |
| 花生仁 | Peanut Kernel | 20 克 |
| 柠檬汁 | Lemon Juice | 20 毫升 |
| 辣酱 | Hot Sauce | 10 克 |
| 盐和胡椒粉 | Salt and Pepper | 适量 |
| 青葱 | Green Onion | 1 根 |

制作步骤

烤箱预热至 180℃。

将洋葱、大蒜去皮切碎,番茄用开水略烫,去皮去籽切碎,青葱切粒。

花生放在烤盘里,进入烤箱中,烤约 5 分钟成熟。

在汤锅里加热色拉油,加入洋葱和大蒜翻炒,直到洋葱熟软。

加入鸡汤、花生酱、番茄,煮至沸腾,转小火煮 10 分钟。

加入柠檬汁、辣椒酱、盐和胡椒粉调味。

盛入热汤盅中,上面撒上一些烤花生碎和青葱粒点缀。

温馨提示

如果汤体不够稠,可加入少量油面酱来增加汤体的稠度。

菜肴特点

淡橘黄色,汤体呈浓稠状,味咸酸、香、微辣,润滑细腻。

## 三、普罗旺斯式香草鱼柳配天使面 Pan-Fried Fish Fillet in Provence Style

菜肴类型:主菜　　　　烹制时间:10 分钟

准备时间:15 分钟　　　制作份数:1 人份

相关知识

天使面

天使面(Angel Hair Pasta),是一种非常细的意大利面条。

### 主要工具

| 厨刀 | Chef's Knife | 搅拌盆 | Mixing Bowl |
|---|---|---|---|
| 砧板 | Cutting Board | 汤匙 | Tablespoon |
| 煎锅 | Frying Pan | 餐盘 | Dinner Plate |

### 制作原料

| 鱼柳 | Fish Fillet | 120 克 |
|---|---|---|
| 鱼皮 | Fish Skin | 1 块 |
| 盐和胡椒粉 | Salt and Pepper | 适量 |
| 柠檬 | Lemon | 1 片 |
| 天使面 | Angel Hair Pasta | 50 克 |
| 胡萝卜 | Carrot | 30 克 |
| 欧芹 | Parsley | 少许 |
| 莳萝 | Dill | 少许 |
| 薄荷 | Mint | 少许 |
| 柠檬汁 | Lemon Juice | 10 毫升 |
| 橄榄油 | Olive Oil | 15 毫升 |
| 干白酒 | Dry White Wine | 10 毫升 |

### 制作步骤

天使面用加盐的沸水煮至七八成熟，过冷水，用色拉油拌一下。

将鱼柳用盐、胡椒粉、干白酒、柠檬汁腌渍；胡萝卜用刨刀刨成长片；欧芹、莳萝、薄荷切碎；鱼皮用少许盐、胡椒粉腌渍。

往沙司锅加入少量的水，将胡萝卜片煮熟，捞出，沥干水分。

把欧芹碎、莳萝碎、薄荷碎、柠檬汁、橄榄油、干白酒、盐、胡椒粉混合后成绿色香草调味汁。

鱼皮在 140℃的油锅中炸熟、上色。

面条用少许调味汁炒热，装入盘中。

将鱼柳两面煎熟放在面条上，上面配上煮胡萝卜薄片，浇上汁，用炸鱼皮和柠檬片及莳萝点缀。

### 温馨提示

普罗旺斯(Provence)位于法国东南部，毗邻地中海和意大利。

面条不宜煮得十分熟,煮成硬芯的即可。

鱼皮可沾上面粉油炸。

**菜肴特点**

鱼白色,大片状,鲜嫩香。

## 练习题

(　　)1. 西餐头盆——开胃菜的作用是什么?

A. 减少进食量　　B. 辅菜作用

C. 刺激食欲　　D. 都不是

(　　)2. 以下哪一项是 Hors D'oeuvres(法文)的意思?

A. 主菜　　B. 辅菜　　C. 蔬菜　　D. 开胃冷菜

(　　)3. 开胃菜除不要过分装饰外,还要讲究什么?

A. 颜色　　B. 造型　　C. 味道　　D. 鲜嫩

(　　)4. 普罗旺斯(Provence)位于什么地方?

A. 法国东南部　　B. 意大利东南部

C. 英国东南部　　D. 西班牙东南部

(　　)5. 西餐浓汤的增稠剂是用下列哪一项制成的?

A. 水和面粉　　B. 水和淀粉

C. 油脂和面粉　　D. 油脂和淀粉

(　　)6. 生产面条最为著名的是哪个国家?

A. 法国　　B. 英国　　C. 意大利　　D. 德国

(　　)7. 制作浓汤的调味,通常在哪个时间段加入最恰当?

A. 前段　　B. 中间　　C. 后段　　D. 随时

(　　)8. 下列鱼中属于淡水鱼的是哪一种?

A. 鳟鱼　　B. 鳀鱼类　　C. 石斑鱼　　D. 鳕鱼

# 第十三节　第十三周实训菜肴

**本节学习目标**

学习意面沙拉的制作方法及制作要点。
学习农夫汤的制作方法及制作要点。
学习红酒香橙猪排的制作方法及制作要点。
掌握香蒜酱及红酒甜橙汁的制作方法。
掌握意大利面条的煮制方法。
了解香蒜酱、农夫汤、红酒番橙汁等相关知识。

## 一、意面沙拉　Pasta Pesto Salad

菜肴类型:沙拉、面食　　烹制时间:10 分钟
准备时间:10 分钟　　制作份数:4 人份

**相关知识**

香蒜酱

香蒜酱(Pesto),又译青酱,起源于北意大利热那亚和利古里亚地区的调味酱,以蒜泥、九层塔和松仁拌入橄榄油和奶酪制成。

**主要工具**

| 厨刀 | Chef's Knife | 沙司锅 | Sauce Pan |
|---|---|---|---|
| 砧板 | Cutting Board | 漏勺 | Skimmer |
| 搅拌盆 | Mixing Bowl | 研磨器 | Grater |
| 餐盘 | Dinner Plate | 多功能粉碎机 | Smashing Appliances |

**制作原料**

| 意粉 | Pasta | 250 克 |
|---|---|---|
| 彩椒 | Colorful Pepper | 20 克 |
| 橄榄油 | Olive Oil | 30 毫升 |
| 香蒜酱 | Pesto | 适量 |

| | | |
|---|---|---|
| 鲜罗勒 | Fresh Basil | 80 克 |
| 松子仁 | Pine Nuts | 60 克 |
| 大蒜头 | Garlic | 1 只 |
| 橄榄油 | Olive Oil | 100 毫升 |
| 帕玛森奶酪 | Parmesan Cheese | 50 克 |
| 盐和胡椒粉 | Salt and Pepper | 适量 |

**制作步骤**

大蒜头去皮,彩椒切成小粒。

在沙司锅内煮开一锅水,加入少许盐,放入意粉并煮至有嚼劲,沥水备用。

将罗勒、大蒜头、松仁、橄榄油用搅拌机打碎,倒入搅拌盆中,加入擦碎的帕玛森奶酪,加入适量盐和胡椒粉调制成香蒜酱。

将意粉和彩椒粒、香蒜酱充分拌匀。

把意面装入盘中。

**温馨提示**

根据意面的大小粗细,把握好煮制的时间,不能煮过头。

意面出水后易粘连,可用少许色拉油或橄榄油拌一下。

**菜肴特点**

白绿色,堆放自然,鲜嫩,香酸微辣。

## 二、农夫汤 Soup Cultivateur

菜肴类型:汤菜　　烹制时间:30 分钟

准备时间:15 分钟　　制作份数:6 人份

**相关知识**

农夫汤

农夫汤也称蔬菜汤,制作简单,是用熏肉和几种蔬菜共同煮成的。Cultivateur(法语),意思是耕种者、耕作者、农民。

**主要工具**

| | | | |
|---|---|---|---|
| 厨刀 | Chef's Knife | 木铲 | Spatula |
| 砧板 | Cutting Board | 汤匙 | Tablespoon |
| 汤锅 | Soup Pot | 汤盅 | Soup Plate |

### 🕮 制作原料

| | | |
|---|---|---|
| 土豆 | Potato | 400 克 |
| 韭葱 | Leek | 100 克 |
| 洋葱 | Onion | 100 克 |
| 四季豆 | Dwarf Bean | 80 克 |
| 胡萝卜 | Carrot | 80 克 |
| 西芹 | Celery | 50 克 |
| 熏肉 | Bacon | 50 克 |
| 卷心菜 | Cabbage | 80 克 |
| 番茄 | Tomato | 1 个 |
| 牛肉汤 | Beef Stock | 1 升 |
| 水 | Water | 1 升 |
| 黄油 | Butter | 40 克 |
| 法棍面包 | Baguette | 6 片 |
| 瑞士奶酪 | Gruyere | 适量 |
| 盐和胡椒粉 | Salt and Pepper | 适量 |

### 🕮 制作步骤

烤箱预热至 200℃。

将土豆、胡萝卜、韭葱、洋葱、西芹、卷心菜去皮切成方片，四季豆切成 1 厘米长的段，培根切成方片，番茄去皮去籽切成小块。

在汤锅中加热黄油，放入培根炒香后，放入胡萝卜、韭葱、洋葱、西芹、卷心菜、四季豆，翻炒变软后，加入番茄，再用文火将各种蔬菜的味道都炒出来，不能炒上色。

加入牛肉汤、水、土豆煮 20 分钟，煮至蔬菜熟软，用盐和胡椒粉调味。

在面包片(7～8 毫米厚)上撒上瑞士奶酪丝，放进烤箱，将奶酪丝烤熔化、烤上色。

将汤盛入汤盅，上面放上一片奶酪面包片。

### 🕮 温馨提示

为了突出蔬菜原有的味道，建议全部用水来制作；撇去浮沫。

四季豆煮久了颜色会变暗，番茄久煮会散架，可以晚点再放入煮，或留一部分，先氽熟，在装盘时再放入。

**菜肴特点**

颜色多样,汤体较清,香软 。

## 三、红酒香橙猪排 Pork Chop with Red Wine and Orange Sauce

菜肴类型:主菜　　烹制时间:25 分钟
准备时间:10 分钟　　制作份数:1 人份

**相关知识**

红酒番橙汁

红酒番橙汁(Red Wine and Orange Sauce),一种红酒与橙汁的混合沙司,混合了酒香与橘香,两者混合变成了橘红色,色泽光亮,夺人眼球,香甜酸的味道增进食欲。

**主要工具**

| | | | |
|---|---|---|---|
| 厨刀 | Chef's Knife | 煎锅 | Frying Pan |
| 砧板 | Cutting Board | 沙司锅 | Sauce Pan |
| 削皮刀 | Beak Knife | 餐盘 | Dinner Plate |

**制作原料**

| | | |
|---|---|---|
| 猪排 | Pork Chop | 120 克 |
| 盐和胡椒粉 | Salt and Pepper | 适量 |
| 干红酒 | Dry Red Wine | 20 毫升 |
| 鲜橙汁 | Orange Juice | 30 毫升 |
| 橙皮丝 | Orange Skin Silk | 5 克 |
| 甜橙 | Orange | 1 只 |
| 橄榄油 | Olive Oil | 15 毫升 |
| 欧芹 | Parsley | 少许 |
| 四季豆 | Dwarf Bean | 20 克 |
| 土豆 | Potato | 30 克 |

**制作步骤**

将猪排拍松,用盐和胡椒粉腌渍。

用刨丝器将甜橙皮刨细丝(取橙皮的表面部分),然后将橙肉完整地取出,按照自然橘瓣形分割成橙肉片。

土豆去皮切成楔形，四季豆切段。

将猪排扒至两面上色并至熟。

在沙司锅中，加热干红酒，浓缩至一半，加入橙汁和橙皮丝小火煮片刻至汁浓，用盐和胡椒粉调味成红酒甜橙沙司。

四季豆先汆水至熟，后用少量的油炒，调味；土豆在150℃油温中炸熟；橙肉片用无油的锅煎上色。

将猪排装盘，配上甜橙片、炒四季豆、炸楔形土豆。

**温馨提示**

扒猪排要掌握火候，不要时间过久，以防肉质干硬。

**菜肴特点**

金黄色，汁橘红，块状，鲜嫩香，微酸甜。

## 练习题

(　　)1. 以下哪项不是香蒜酱(Pesto)的原料？
A. 洋葱　B. 罗勒　C. 橄榄油　D. 奶酪

(　　)2. 扒猪排要掌握火候，最主要的是以下哪一项？
A. 色泽　B. 大小　C. 成熟度　D. 软硬度

(　　)3. 以下描述猪排烹调的成熟度正确的是哪一项？
A. 三成熟　B. 五成熟　C. 七成熟　D. 全熟

(　　)4. 用肉锤拍打猪排的主要作用是什么？
A. 增大面积　B. 快熟、省劳力
C. 易于整形　D. 节省能源

(　　)5. 下列哪种原料不适合用切片机加工？
A. 硬质奶酪　B. 较硬蔬菜
C. 软质食物　D. 冷冻肉类

(　　)6. 下列哪种原料的蛋白质质量最好？
A. 玉米　B. 果冻　C. 牛奶　D. 扁豆

(　　)7. Pasta类食物主要提供的是什么？
A. 淀粉　B. 脂肪　C. 蛋白质　D. 维生素

(　　)8. 按照标准菜谱制作菜肴是谁的职责？
A. 顾客　B. 供货商　C. 经理　D. 厨师

# 第十四节　第十四周实训菜肴

**本节学习目标**

学习凯撒沙拉的制作方法及制作要点。
学习咖喱鸡丁汤的制作方法及制作要点。
学习煎核桃猪排的制作方法及制作要点。
掌握凯撒汁、油面酱的制作方法。
掌握扒的烹调方法和操作要点。
了解凯撒汁、凯撒沙拉、油面酱、Pork Chop 等相关知识。

## 一、凯撒沙拉　Caesar Salad

| 菜肴类型:沙拉 | 烹制时间:20 分钟 |
| --- | --- |
| 准备时间:10 分钟 | 制作份数:2 人份 |

**相关知识**

凯撒沙拉

凯撒沙拉是一道世界闻名的传统沙拉,是咸与脆的完美结合,此菜发明于 1924 年的墨西哥蒂华纳(Tijuana),发明者是意式餐馆老板兼主厨——意大利人凯撒·卡狄尼(Caesar Cardini)。

**主要工具**

| 厨刀 | Chef's Knife | 粉碎机 | Smashing Appliances |
| --- | --- | --- | --- |
| 砧板 | Cutting Board | 研磨器 | Grater |
| 搅拌盆 | Mixing Bowl | 沙拉盘 | Salad Plate |

**制作原料**

| 凯撒汁 | Caesar Dressing | 60 克 |
| --- | --- | --- |
| 罗马生菜 | Romaine Lettuce | 240 克 |
| 面包 | Bread | 40 克 |
| 培根 | Bacon | 1 片 |

| | | |
|---|---|---|
| 帕玛森奶酪 | Parmesan Cheese | 30克 |

#### 制作步骤

烤箱预热至150℃。

将罗马生菜掰碎;面包切丁入烤箱烘烤上色;培根烘烤至硬脆,切碎。

将罗马生菜和凯撒汁拌匀,加擦碎的帕玛森奶酪、培根碎、烘烤的面包丁混合。

装盘即可。

#### 温馨提示

生菜叶遇咸味非常容易出水,建议在临近上菜时调味,或将凯撒汁放在沙拉盘内与沙拉一起上桌。

面包丁也可以油炸,炸后用吸油纸吸去油。

#### 菜肴特点

色彩多样,堆放自然,香咸脆。

## 二、咖喱鸡丁汤 Mulligatawny Soup

菜肴类型:汤菜　　烹制时间:30分钟

准备时间:10分钟　　制作份数:2人份

#### 相关知识

油面酱

油面酱(Roux)也称油炒面粉,是西餐沙司和浓汤的主要增稠剂,是经过低温炒制的等量面粉和脂肪的混合物。适合制作油面酱的脂肪有澄清黄油、人造黄油、动物油脂、植物油;适合制作油面酱的面粉有蛋糕粉和面包粉,蛋糕粉的增稠能力略强于面包粉。使用何种油脂可根据实际需要选择。

#### 主要工具

| | | | |
|---|---|---|---|
| 厨刀 | Chef's Knife | 汤勺 | Soup Ladle |
| 砧板 | Cutting Board | 汤匙 | Tablespoon |
| 沙司锅 | Sauce Pan | 汤盅 | Soup Plate |

#### 制作原料

| | | |
|---|---|---|
| 鸡脯肉 | Chicken Breast | 60克 |
| 鸡汤 | Chicken Stock | 500毫升 |

| | | |
|---|---|---|
| 大米或油面酱 | Rice or Roux | 30 克 或 40 克 |
| 洋葱 | Onion | 20 克 |
| 西芹 | Celery | 10 克 |
| 胡萝卜 | Carrot | 10 克 |
| 大蒜 | Garlic | 2 瓣 |
| 咖喱粉 | Curry Powder | 少许 |
| 香叶 | Bay Leaf | 1 片 |
| 椰浆 | Coconut Cream | 30 毫升 |
| 盐和胡椒粉 | Salt and Pepper | 适量 |
| 黄油 | Butter | 20 克 |

#### 制作步骤

在沙司锅中加水煮开,放入鸡脯肉,转至小火煮至成熟,取出晾凉。

将洋葱、胡萝卜、大蒜头去皮切成丁,西芹切丁。

在汤锅中加热油,将洋葱、大蒜炒香,加入西芹、胡萝卜、香叶炒透,加入鸡汤、大米、咖喱粉煮至汤稠,加入椰浆,调味即可。

将熟鸡脯肉切成丁,放入汤中,稍煮片刻。

将汤盛入汤盅,表面用少许香菜做装饰。

#### 温馨提示

按此方法可制作咖喱牛肉丁汤、咖喱蔬菜丁汤。

大米可以预先吸水涨泡,加快糊化。

油面酱也可在汤体不够浓稠时添加。

可用淡奶油替代椰浆。

#### 菜肴特点

浅咖喱色,香浓稠,软滑嫩。

### 三、煎核桃猪排　Fried Pork Chop with Walnut

菜肴类型:主菜　　　　烹制时间:15 分钟

准备时间:20 分钟　　　　制作份数:4 人份

#### 相关知识

Pork Chop

Pork Chop(猪排)是带有肋骨的猪外脊肉。制作猪排时将脊椎骨去掉,每块猪排保留一根肋骨,并将肋骨边上的肉处理干净。

### 主要工具

| | | | |
|---|---|---|---|
| 厨刀 | Chef's Knife | 烤盘 | Roasting Pan |
| 砧板 | Cutting Board | 食物夹 | Food Tong |
| 沙司锅 | Sauce Pan | 汤匙 | Tablespoon |
| 木铲 | Spatula | 餐盘 | Dinner Plate |
| 煎锅 | Frying Pan | | |

### 制作原料

| | | |
|---|---|---|
| 带骨猪排 | Pork Chop | 4 块 |
| 核桃仁 | Walnut Kernel | 60 克 |
| 松仁 | Pine nuts | 40 克 |
| 核桃油 | Walnut Oil | 15 毫升 |
| 法式芥末酱 | Dijon Mustard | 30 克 |
| 黄油 | Butter | 20 克 |
| 番茄 | Tomato | 200 克 |
| 牛基础汤 | Beef Stock | 250 毫升 |
| 干白酒 | Dry White Wine | 100 毫升 |
| 盐和胡椒粉 | Salt and Pepper | 适量 |
| 公爵夫人式土豆 | Duchess Potato | 4 个 |
| 焗番茄 | Baked Tomato | 4 块 |

### 制作步骤

烤箱预热至 180～200℃。

将猪排剔去多余的脂肪和筋膜,用刀稍拍、整形;番茄切成粒。

猪排撒上盐、胡椒粉、核桃油腌渍入味。

核桃仁用热水浸泡,去外衣,切碎,与松仁一起烘烤至成熟。

在煎锅中加热油,用高火把猪排煎制两面上色取出。

在猪排表面抹上芥末酱,粘上核桃碎、松仁混合物,淋上黄油,放入烤箱内 3～5 分钟烘烤至果仁成金黄色、猪排成熟即可。

在沙司锅中将干白酒浓缩至一半,再加入牛基础汤用小火继续浓缩。

加入番茄、盐、胡椒、芥末酱,煮透,用软化黄油调匀,制成沙司。

将猪排切块放在餐盘内,浇上沙司。

配上公爵夫人式土豆、焗番茄等。

### 温馨提示

要将带骨猪排稍拍整形,厚薄均匀。

如无核桃油可用植物油替代。

核桃仁去衣后要用低温将其烘干,烘烤颜色不要过深。

煎制猪排时油量要少,油温要适当高些,不要煎熟,七八成即可。

### 菜肴特点

金黄色,厚片状,软嫩适口。

## 练习题

(　　)1. 西餐中常将土豆带皮煮熟的益处是什么?

A. 保持原形　B. 保证原味　C. 减少含水量　D. 均不是

(　　)2. 下列哪种奶酪(Cheese)用于凯撒沙拉?

A. 蓝纹(Blue)　B. 卡曼堡(Camembert)　C. 帕玛森(Parmesan)　D. 哥达(Gouda)

(　　)3. 培根片(Sliced Bacon)是取哪个部位猪肉制成的?

A. 后腿部　B. 前腿部　C. 腰肉部　D. 腹肉部

(　　)4. 在西餐中起增稠作用的油面酱(Roux)的组成成分是什么?

A. 水淀粉　B. 面粉浆　C. 油脂淀粉混合物　D. 油炒面粉

(　　)5. 德式菜中使用非常普遍的原料是以下哪一种?

A. 炒面条　B. 炸土豆条　C. 煎茄子　D. 酸菜

(　　)6. 他拉根(Tarragon)又名什么?

A. 罗丝玛莉　B. 龙蒿　C. 麝香草　D. 香菜

(　　)7. 下列哪种鱼是凯撒沙拉(Caesar Salad)的材料之一?

A. 熏鲑鱼　B. 鲽鱼　C. 鳀鱼　D. 鳟鱼

(　　)8. 咖喱(Curry) 的原产地是哪国?

A. 印度　B. 英国　C. 泰国　D. 马来西亚

# 第十五节 第十五周实训菜肴

**本节学习目标**

学习希腊沙拉的制作方法及制作要点。
学习白豆汤的制作方法及制作要点。
学习香菌酿鸡脯的制作方法及制作要点。
掌握白豆汤及香菌酿鸡脯的制作流程。
掌握红酒羊肚菌汁的制作方法。
熟悉希腊沙拉、白豆、羊肚菌等相关知识。

## 一、希腊沙拉 Greek Salad

菜肴类型:沙拉　　烹制时间:10 分钟
准备时间:15 分钟　　制作份数:6 人份

**相关知识**

希腊沙拉

希腊沙拉是一款夏日沙拉,此沙拉用番茄、黄瓜、青椒、洋葱、切片(或切成方块)的菲达奶酪、橄榄,通常加盐和干阿里根奴、橄榄油、醋、柠檬汁及切碎的香菜等组成。生菜、番茄、橄榄和奶酪,是沙拉的最常见原料。

**主要工具**

| | | | |
|---|---|---|---|
| 厨刀 | Chef's Knife | 蛋抽 | Egg Whisk |
| 砧板 | Cutting Board | 汤匙 | Tablespoon |
| 搅拌盆 | Mixing Bowl | 沙拉盘 | Salad Plate |

**制作原料**

| | | |
|---|---|---|
| 罗马生菜 | Romaine Lettuce | 60 克 |
| 球生菜 | Iceberg Lettuce | 60 克 |
| 黄瓜 | Cucumber | 80 克 |
| 圆青椒 | Green Bell Pepper | 80 克 |

| 红洋葱 | Red Onion | 60 克 |
|---|---|---|
| 西芹 | Celery | 80 克 |
| 番茄 | Tomato | 1 个 |
| 黑水榄 | Black Olives | 120 克 |
| 菲达奶酪 | Feta Cheese | 250 克 |
| 橄榄油 | Olive Oil | 120 毫升 |
| 红酒醋 | Red Wine Vinegar | 40 毫升 |
| 莳萝 | Dill Weed | 适量 |
| 阿里根奴 | Oregano | 适量 |
| 盐和黑椒碎 | Salt and Black Pepper | 适量 |

**制作步骤**

将罗马生菜、球生菜撕成碎片,黄瓜切成片,圆青椒切成片,红洋葱去皮切成块,西芹切碎,番茄切成片,黑水榄切成圈,奶酪切块。

将以上原料拌匀,装入沙拉盘。

把阿里根奴、莳萝、红酒醋、橄榄油、盐、黑胡椒碎放在搅拌盆内充分搅拌均匀,淋在蔬菜上,撒上奶酪块。

**温馨提示**

生菜叶遇咸味非常容易出水,失去脆性,建议在临近上菜时调味。

**菜肴特点**

色彩多样,堆放自然,酸咸脆嫩。

## 二、白豆汤 Navy Bean Soup

菜肴类型:汤菜　　烹制时间:25 分钟

准备时间:10 分钟　　制作份数:2 人份

**相关知识**

白豆

白豆也称菜豆、白芸豆(美语:Navy Bean;英语:White Kidney Bean),其生物学名是多花菜豆,因花色多样而得名,如白、黑、黑紫、绿色和杂色带斑纹等,属豆科。白豆原产于美洲的墨西哥和阿根廷,是世界各国常见的一种食用豆,在中国各省份均有种植。白豆不仅营养价值丰富,而且具有很高的药用和保健价值。白豆的颗粒大小差异很大,小的如黄豆般,大的比黄豆大几倍。常见的白豆是干制品,在使用时需要用水浸泡数小时,泡软后再烹制。

### 主要工具

| | | | |
|---|---|---|---|
| 厨刀 | Chef's Knife | 汤锅 | Soup Pot |
| 砧板 | Cutting Board | 搅拌盆 | Mixing Bowl |
| 汤匙 | Tablespoon | 汤盅 | Soup Plate |

### 制作原料

| | | |
|---|---|---|
| 白豆 | Navy Bean | 50 克 |
| 番茄 | Tomato | 60 克 |
| 培根 | Bacon | 30 克 |
| 洋葱 | Onion | 30 克 |
| 西芹 | Celery | 30 克 |
| 大蒜头 | Garlic | 1 瓣 |
| 鸡基础汤 | Chicken Stock | 500 毫升 |
| 百里香 | Thyme | 2 克 |
| 香叶 | Bay Leaf | 1 片 |
| 盐和胡椒粉 | Salt and Pepper | 适量 |

### 制作步骤

将白豆浸泡后洗净,用高压锅煮 5 分钟,待稍冷后开锅。
将培根、洋葱、西芹、番茄切成丁,大蒜头切成片。
将培根炒出油脂,放入洋葱、西芹、大蒜炒香,加入番茄一起炒透。
加上鸡基础汤和白豆、百里香、香叶一起煮。
煮至所有原料成熟,调味。
盛入汤盅。

### 温馨提示

大豆类汤通常是将大豆煮得较软烂,有点稠糊状。
如果白豆浸泡时间很长,已经非常软了,就不必使用高压锅了。

### 菜肴特点

汤体浅黄色,软嫩酥烂,香浓微稠。

## 三、香菌酿鸡脯　Chicken Breast with Morel Mushrooms

菜肴类型:主菜　　　　　烹制时间:20 分钟
准备时间:20 分钟　　　　制作份数:1 人份

### 相关知识

羊肚菌

羊肚菌(Morel)又称羊肚蘑、羊肝菜、编笠菌,是一种珍贵的食用菌和药用菌。羊肚菌由羊肚状的菌盖和柄菌组成。羊肚菌是菌中著名的美味之一,它包含 7 种人体必需的氨基酸。

### 主要工具

| | | | |
|---|---|---|---|
| 厨刀 | Chef's Knife | 沙司锅 | Sauce Pan |
| 砧板 | Cutting Board | 木铲 | Spatula |
| 削皮刀 | Beak Knife | 汤匙 | Tablespoon |
| 煎锅 | Frying Pan | 餐盘 | Dinner Plate |

### 制作原料

| | | |
|---|---|---|
| 鸡脯肉 | Chicken Breast | 1 块 |
| 羊肚菌 | Morel | 20 克 |
| 干香菇 | Dried Shiitake | 10 克 |
| 干黑木耳 | Dried Black Fungus | 10 克 |
| 鸡汤 | Chicken Stock | 100 克 |
| 黄油 | Butter | 20 克 |
| 干葱头 | Shallot | 2 粒 |
| 百里香 | Thyme | 少许 |
| 白兰地 | Brandy | 10 毫升 |
| 淡奶油 | Whipping Cream | 30 毫升 |
| 干红酒 | Dry Red Wine | 10 毫升 |
| 盐和胡椒粉 | Salt and Pepper | 适量 |
| 炒西蓝花 | Cooked Broccoli | 1 朵 |
| 烤红椒 | Roasted Red Pepper | 半只 |

### 制作步骤

羊肚菌、香菇、木耳用水浸泡涨发至软,洗净,木耳略切。

将鸡脯肉横切一小口，如一口袋；干葱头去皮切丝。

在沙司锅内用鸡汤将羊肚菌、香菇加适量水煮 5 分钟，取出冷却后切丝（羊肚菌留 3 只），汤汁备用。

在炒锅内加热黄油，将干葱头丝炒香炒软，放入香菇丝、木耳炒片刻，加入百里香、白兰地及少许淡奶油煮开，用盐和胡椒粉调味成馅料，离火。

将以上的馅料塞进鸡脯肉内，用牙签固定封口，撒上盐、胡椒粉。

在扒炉上将鸡肉扒熟，切块装盘。

在沙司锅中将红酒浓缩后加入煮香菇汁、羊肚菌，煮至稍稠（可用少量增稠剂），用盐和黑胡椒粉调味，淋在鸡肉上即可。

配上炒西蓝花和烤红椒。

**温馨提示**

香菇、木耳最好用冷水浸泡一晚上，使其变得非常柔软。

塞入馅料后的鸡脯肉口子要封严实。

**菜肴特点**

表面金黄，内白色块状，汁棕色，鲜嫩香。

## 练 习 题

（　　）1. 蛋黄酱（Mayonnaise）乳化状态最稳定的温度是多少？

A. 5～9℃　　B. 10～30℃　　C. 31～35℃　　D. 35～40℃

（　　）2. 以下哪一项丰富了沙拉的味道？

A. 色拉油　　B. 调味酱

C. 白醋　　D. 装饰

（　　）3. 以下哪一种原料是西餐烹调时用于腌渍的材料之一？

A. 米酒　　B. 烧酒

C. 葡萄酒　　D. 黄酒

（　　）4. 制作褐色基础汤（Brown Stock）用的是什么？

A. 牛骨　　B. 猪骨

C. 鱼骨　　D. 鸭骨

（　　）5. 原料入油炸前应如何处理？

A. 沾盐　　B. 擦拭干燥

C. 沾酱汁　　D. 沾水

(　　)6. 布朗沙司(Brown Sauce)的颜色是什么?

A. 棕红色　　B. 金黄色

C. 淡黄色　　D. 乳白色

(　　)7. 以下哪一原料适宜拉切法加工?

A. 培根　　B. 牛里脊

C. 胡萝卜　　D. 番茄

(　　)8. 下列哪样蔬菜加工时适宜切顺丝?

A. 洋葱　　B. 生菜

C. 菊苣　　D. 卷心菜

# 第十六节 第十六周实训菜肴

**本节学习目标**

学习酿蘑菇的制作方法及制作要点。
学习匈牙利牛肉汤的制作方法及制作要点。
学习煎鸡脯葡萄芥末奶油汁的制作方法及制作要点。
掌握匈牙利牛肉汤的制作流程。
掌握芥末奶油汁的制作技巧。
熟悉酿蘑菇、肉类蔬菜汤、芥末奶油汁等相关知识。

## 一、酿蘑菇 Stuffed Mushroom with Fish Meat

菜肴类型:开胃菜 烹制时间:20 分钟
准备时间:25 分钟 制作份数:4 人份

**相关知识**

酿蘑菇

酿蘑菇(Stuffed Mushroom)也可称为蘑菇盅,馅料可以是蔬菜,可以是肉类,也可以是海鲜,顶部的覆盖料,可以是面包糠、奶油沙司、奶酪等。酿蘑菇都是需要烘烤过的,具有浓浓的蘑菇香味,可作为热头盘。

**主要工具**

| 厨刀 | Chef's Knife | 沙司锅 | Sauce Pan |
| --- | --- | --- | --- |
| 砧板 | Cutting Board | 煎锅 | Frying Pan |
| 蛋抽 | Egg Whisk | 烤盘 | Roasting Pan |
| 搅拌盆 | Mixing Bowl | 沙拉盘 | Salad Plate |
| 汤匙 | Tablespoon | | |

**制作原料**

| 蘑菇(大) | Mushroom | 16 只 |
| --- | --- | --- |
| 黄油 | Butter | 80 克 |

| 新鲜净鱼肉 | Fresh Fish Fillet | 300克 |
| --- | --- | --- |
| 鸡蛋 | Egg | 2只 |
| 蛋黄酱 | Mayonnaise | 45克 |
| 青葱 | Green Onion | 15克 |
| 新鲜柠檬汁 | Fresh Lemon Juice | 10毫升 |
| 新鲜面包屑 | Fresh Breadcrumb | 80克 |

📖 **制作步骤**

烤箱预热至200℃。

将鱼肉用温煮方法煮熟,沥去水分;青葱切碎,鸡蛋打散。

把蘑菇清洗干净,摘取蘑菇柄,蘑菇帽在熔化的黄油锅里面拌一下,放在烤盘内。

把鱼肉切成小丁,加入蛋液、蛋黄酱、青葱碎、柠檬汁和一半的面包屑拌匀成馅料。

将馅料填入蘑菇帽内,在顶部撒上剩余的面包屑和余下的黄油。放入烤箱内烤15分钟或者烤至面包屑呈金黄色。

📖 **温馨提示**

馅料都是熟制的,烤箱的温度可以高点,以防蘑菇水分流失太多,影响口感。

根据不同的需求,可以用新鲜的大香菇(肉质厚实)替换白色的大蘑菇。

📖 **菜肴特点**

表面金黄,蘑菇状,鲜嫩香。

## 二、匈牙利牛肉汤 Hungarian Goulash Soup

菜肴类型:汤菜　　烹制时间:30分钟

准备时间:15分钟　　制作份数:4人份

📖 **相关知识**

*肉类蔬菜汤*

肉类蔬菜汤是以蔬菜作为汤料,再用清汤调制的汤类,由于这类汤中大多含有一些肉类,如鸡肉、牛肉,所以又称肉类蔬菜汤。蔬菜的品种繁多,色泽鲜艳,因而可做出口味多样的汤菜,汤体的颜色也有本色、红色、白色等多种。

### 主要工具

| | | | |
|---|---|---|---|
| 厨刀 | Chef's Knife | 汤勺 | Soup Ladle |
| 砧板 | Cutting Board | 汤匙 | Tablespoon |
| 沙司锅 | Sauce Pan | 汤盅 | Soup Plate |

### 制作原料

| | | |
|---|---|---|
| 黄油 | Butter | 30 克 |
| 牛肉 | Beef | 200 克 |
| 洋葱 | Onion | 80 克 |
| 大蒜头 | Garlic | 15 克 |
| 甜红椒粉 | Paprika | 10 克 |
| 马郁兰 | Marjoram | 5 克 |
| 小茴香 | Cumin | 5 克 |
| 香叶 | Bay Leaf | 1 片 |
| 番茄酱 | Tomato Ketchup | 30 克 |
| 干红酒 | Dry Red Wine | 40 毫升 |
| 清水或牛肉汤 | Water or Beef Stock | 1.2 升 |
| 土豆 | Potato | 120 克 |
| 番茄 | Tomato | 150 克 |
| 圆青椒 | Green Bell Pepper | 40 克 |
| 盐和胡椒粉 | Salt and Pepper | 适量 |

### 制作步骤

将牛肉洗净,切成 2 厘米丁状;大蒜头切片;洋葱、土豆切成 1 厘米大小的丁;青椒切成丁,去皮番茄切成丁。

在汤锅内将黄油加热,放入牛肉炒至棕色,放入洋葱、大蒜头、马郁兰、茴香、甜红椒粉、香叶,炒至洋葱呈透明状。

加入番茄酱炒上色,加入干红酒并收干水分。

加入清水、土豆、番茄,煮 1 小时至原料成熟并有一定的浓度,加入青椒煮熟即可。

再加入盐和胡椒粉调味,煮制片刻。

装入汤盅。

📖 温馨提示

此汤的牛肉可选用胶质较多部位的肉,如牛腩肉或牛腱肉,经小火慢煮后,可增加汤汁的稠度与味道。

牛肉要煸炒透。

如将所有的原料切成较大的块,减少用汤量,就可做成匈牙利烩牛肉。

Paprika 被译为甜红椒粉,但它的味道从微酸、香甜到辛辣都有,此汤菜应选用味道偏甜的甜红椒粉。

📖 菜肴特点

浅棕色,有光泽,汤体浓稠状,味美微酸,牛肉、蔬菜酥软。

## 三、煎鸡脯葡萄芥末奶油汁 Chicken With Grape Mustard Cream Sauce

| | |
|---|---|
| 菜肴类型:主菜 | 烹制时间:20 分钟 |
| 准备时间:20 分钟 | 制作份数:2 人份 |

📖 相关知识

芥末奶油汁

芥末奶油汁是一款简单又美味的调味汁,最初是用啤酒而不是干白酒制作的,干白酒的味道更胜啤酒的苦涩味,换成味美思酒又是另一种滋味。将此汁作为沙拉的冷调味汁也是一种不错的选择。此汁同样适合与猪肉、海鲜配合。

📖 主要工具

| | | | |
|---|---|---|---|
| 厨刀 | Chef's Knife | 木铲 | Spatula |
| 砧板 | Cutting Board | 汤匙 | Tablespoon |
| 煎锅 | Frying Pan | 餐盘 | Dinner Plate |
| 沙司锅 | Sauce Pan | | |

📖 制作原料

| | | |
|---|---|---|
| 净鸡脯肉 | Boneless Skinless Chicken Breast | 2 块 |
| 蘑菇 | Mushroom | 50 克 |
| 洋葱 | Onion | 20 克 |
| 黄油 | Butter | 15 克 |

| | | |
|---|---|---|
| 干白酒 | Dry White Wine | 50毫升 |
| 重奶油 | Heavy Cream | 30毫升 |
| 法式芥末 | Dijon Mustard | 10克 |
| 新鲜马郁兰 | Fresh Marjoram | 适量 |
| 盐和胡椒粉 | Salt and Pepper | 适量 |
| 青葡萄(无籽) | Seedless Grapes | 100克 |

### 📖 制作步骤

将蘑菇切片,洋葱去皮切碎,葡萄对切开;鸡脯用盐、胡椒粉腌渍。

在沙司锅内熔化黄油,将洋葱与蘑菇炒至变软。

在煎锅中用少量的黄油将鸡脯肉煎上色,加入干白酒、洋葱与蘑菇的混合物煮至鸡肉成熟,取出鸡肉。

在洋葱、蘑菇的混合物中加入奶油和法式芥末,汁收浓稠。

加入葡萄、马郁兰和盐、胡椒粉稍煮成汁。

鸡脯肉切片装盘。

边上浇上调味汁,用新鲜马郁兰装饰。

### 📖 温馨提示

鸡脯肉要烹制成完全成熟,但是不能制作得太老。

如果是有核鲜葡萄,须去核。

### 📖 菜肴特点

鸡肉金黄,块状,鲜嫩香。

## 练习题

(　　)1. 下列哪种原料不能在室温下存储?

A. 白糖　　B. 面粉　　C. 淡奶油　　D. 植物油

(　　)2. 下列哪种原料不能存放于冰箱冷冻室?

A. 植脂甜奶油　　B. 淡奶油

C. 鸡肉　　D. 牛肉

(　　)3. 进入冷冻室之前的活鱼该如何处理?

A. 直接冷冻　　B. 表面冲洗干净

C. 去鳞去鳃,冲洗干净　　D. 去鳞去鳃去内脏,冲洗干净

(　　)4. 下面哪一项会对煮软土豆有影响?

A. 植物油　　B. 胡椒粉
C. 盐　　D. 香辛料

(　　)5. 下列哪一项会使白蘑菇在烹调中保持白色?
A. 植物油　　B. 盐和胡椒
C. 柠檬汁　　D. 香辛料

(　　)6. 下列哪一项对番茄酱的描述是不正确的?
A. 鲜红色酱体　　B. 具有番茄的风味
C. 直接入口的原料　　D. 一种调味品

(　　)7. 下列哪一项不是 Marjoram 的别称?
A. 马郁兰　　B. 马乔莲　　C. 茵陈　　D. 墨角兰

(　　)8. 厨师的哪个部位最易传播有害微生物?
A. 手　　B. 胸　　C. 脸　　D. 头

# 第十七节 第十七周实训菜肴

**本节学习目标**

学习鹅肝批的制作方法及制作要点。
学习西班牙煎蛋卷的制作方法及制作要点。
学习蓝带猪排的制作方法及制作要点。
掌握蓝带猪排的制作流程，掌握煎蛋卷成品形状。
掌握鹅肝批的制作技巧。
熟悉鹅肝批、煎蛋卷、Cordon Bleu 等相关知识。

## 一、鹅肝批 Terrine of Foie Gras

菜肴类型：开胃菜　　烹制时间：20 分钟
准备时间：25 分钟　　制作份数：4 人份

**相关知识**

鹅肝

鹅肝(法文：Foie Gras)，因法国名菜鹅肝酱而出名。鹅肝为鸭科动物鹅的肝脏，是在活鹅体内培育的脂肪肝。这种脂肪肝质地细嫩、风味鲜美，被欧美人士称为世界三大美味之一。鹅肝脂肪含量达 40%～60%，不饱和脂肪酸占全部脂肪量的 65%～68%。因其丰富的营养和特殊功效，鹅肝成为补血养生的理想食品。

**主要工具**

| | | | |
|---|---|---|---|
| 厨刀 | Chef's Knife | 沙司锅 | Sauce Pan |
| 砧板 | Cutting Board | 蛋抽 | Egg Whisk |
| 搅拌盆 | Mixing Bowl | 烤盘 | Roasting Pan |
| 汤匙 | Tablespoon | 沙拉盘 | Salad Plate |
| 煎锅 | Frying Pan | | |

**制作原料**

| | | |
|---|---|---|
| 鹅肝 | Foie Gras | 250 克 |

| | | |
|---|---|---|
| 盐和白胡椒 | Salt and White Pepper | 适量 |
| 糖 | Sugar | 适量 |
| 青苹果 | Green Apple | 30 克 |
| 黄油 | Butter | 适量 |
| 芥末 | Mustard | 10 克 |
| 香草 | Vanilla | 1 枝 |
| 姜饼 | Gingersnap | 20 克 |
| 波特酒 | Port Wine | 20 毫升 |
| 鱼胶片 | Gelatin | 1 片 |

#### 制作步骤

鹅肝去筋,腌渍调味,用保鲜膜卷起后,两头卷紧,放入 65℃蒸箱蒸 10 分钟后取出,浸入冰水,直至冷透。

在沙司锅中加入少量清水,加入一枝去籽香草,加入适量白糖熬成焦糖。

苹果去皮切丁,加入焦糖中炒至绵软,加入少量芥末调味,再加入黄油,用搅拌机打碎,冷却成焦糖苹果泥。

姜饼压成碎末,鱼胶片放冷水里泡软。

在沙司锅内加入波特酒煮开,加入糖,煮化后离火,加入泡软的鱼胶片制成胶冻汁,入冰箱冷冻;冻成形后取出切碎。

鹅肝取出后改刀,裹上姜饼粉装盘,配上鱼胶冻碎和焦糖苹果泥。

#### 温馨提示

在腌制鹅肝时,用盐、糖、胡椒粉的混合物腌。

卷鹅肝时,会出现气泡,要用牙签将气泡戳破。

#### 菜肴特点

浅黄色,细腻润滑,鲜嫩香软。

## 二、西班牙煎蛋卷 Spanish Omelette

菜肴类型:开胃菜、蛋类　　烹制时间:10 分钟

准备时间:25 分钟　　制作份数:4 人份

#### 相关知识

煎蛋卷

煎蛋卷(Omelette)是一种煎蛋或炒蛋,可以做成厚圆形,也可以做成半圆形。西班牙煎蛋卷在西班牙是最常见的煎蛋制品。它有上百种甚至更多的做法,没有一个标准的菜谱,一般是由鸡蛋、土豆和洋葱这些必需原料组成。

### 主要工具

| | | | |
|---|---|---|---|
| 厨刀 | Chef's Knife | 搅拌盘 | Mixing Bowl |
| 砧板 | Cutting Board | 蛋抽 | Egg Whisk |
| 木铲 | Spatula | 沙拉盘 | Salad Plate |
| 煎锅 | Frying Pan | | |

### 制作原料

| | | |
|---|---|---|
| 土豆 | Potato | 400 克 |
| 鸡蛋 | Egg | 6 只 |
| 橄榄油 | Olive Oil | 60 毫升 |
| 洋葱 | Onion | 40 克 |
| 火腿 | Ham | 40 克 |
| 盐和胡椒粉 | Salt and Pepper | 适量 |

### 制作步骤

将土豆带皮煮熟或蒸熟,冷却后去皮,切成 6 毫米大小的丁,火腿、去皮洋葱切成同样大小的丁。

在一个搅拌盆中打入鸡蛋,打散后放入土豆混合,加入盐和胡椒粉拌匀。

在一个煎锅中加热橄榄油,放入洋葱炒香,放入火腿丁,炒片刻后倒入蛋液土豆混合物内,搅拌至鸡蛋凝固前,将其做成圆饼或半月形的鸡蛋饼,成熟并呈现浅金黄色。

装入盘中,如有需要可以装饰。

### 温馨提示

土豆、洋葱、火腿的大小及颗粒要均匀。

蛋液要搅打充分,必须将蛋清打散。

煎制时的温度不要太高,否则鸡蛋易焦。

可用黑水榄等做装饰。

### 菜肴特点

红黄相间,饼状形,鲜咸香,软嫩糯。

## 三、蓝带猪排 Cordon Bleu Pork Chop

菜肴类型:主菜　　　　　　　烹制时间:20 分钟
准备时间:10 分钟　　　　　　制作份数:1 人份

### 相关知识

Cordon Bleu

Cordon Bleu 意为蓝带,是指法国蓝带厨艺学院(Le Cordon Bleu Culinary Arts Institute);也是蓝绶带的意思,蓝绶带是法国波旁王朝时代授予骑士的最高勋章。此处用来描述高级的厨师或高标准菜肴。

### 主要工具

| | | | |
|---|---|---|---|
| 厨刀 | Chef's Knife | 搅拌盆 | Mixing Bowl |
| 砧板 | Cutting Board | 沙司锅 | Sauce Pan |
| 肉锤 | Meat Mallet | 餐盘 | Dinner Plate |

### 制作原料

| | | |
|---|---|---|
| 去骨猪外脊 | Pork Loin Boneless | 100 克 |
| 西火腿 | Ham | 10 克 |
| 奶酪 | Cheese | 5 克 |
| 盐和胡椒粉 | Salt and Pepper | 适量 |
| 面粉 | Flour | 20 克 |
| 鸡蛋 | Egg | 1 只 |
| 面包糠 | Breadcrumb | 30 克 |
| 色拉油 | Salad Oil | 500 毫升 |
| 炸土豆丝 | Fried Potato | 20 克 |
| 炒时鲜蔬菜 | Cooked Garden Vegetable | 30 克 |
| 番茄沙司 | Tomato Sauce | 50 毫升 |

### 制作步骤

将猪排切成两片,用肉锤拍松成一定的大小。

用盐、胡椒粉、酒腌渍。

将火腿、奶酪切片待用。

在一片猪排上放一小片西火腿和一小片奶酪,然后再盖上另一片猪排,将边缘拍紧并封口，再拍上面粉，粘上蛋液，裹上面包糠，入油锅炸成金黄色并至熟。

装盘，边上配上黄油炒时鲜蔬菜、炸土豆丝，淋上番茄沙司即可。

**温馨提示**

猪排可以换成鸡脯肉或牛肉等，做成蓝带鸡排或蓝带牛排。

蓝带猪排也可做成圆柱形。

炸制时要控制好油温，切开后正好奶酪熔化。

**菜肴特点**

金黄色，厚薄均匀，奶酪香软。

## 练习题

(　　)1. 被欧美人士称为世界三大美味之一的鹅肝，它的脂肪含量是多少？

A. 10%～20%　　B. 20%～30%

C. 30%～40%　　D. 40%～60%

(　　)2. 批类开胃菜通常由几个部分组成？

A. 两个部分　　B. 三个部分

C. 四个部分　　D. 五个部分

(　　)3. 煎蛋卷通常用几个鸡蛋制作而成？

A. 1个　　B. 2个　　C. 3个　　D. 4个

(　　)4. 食物汆水的水温应该是多少摄氏度？

A. 100　　B. 90　　C. 80　　D. 70

(　　)5. 油炸锅暂时不炸食物时油温应保持在多少度最适宜？

A. 62～91℃　　B. 92～121℃

C. 122～151℃　　D. 152～181℃

(　　)6. 在4℃时，下列哪种食物可保存最久？

A. 鱼肉　　B. 禽肉　　C. 菠菜　　D. 芹菜

(　　)7. 下列哪种油脂最适用于炸制食物？

A. 色拉油　　B. 花生油　　C. 酥油　　D. 黄油

(　　)8. 下列四种食品哪一样最易发霉？

A. 面粉　　B. 面包　　C. 猪肉　　D. 海鲜

# 第十八节　第十八周实训菜肴

**本节学习目标**

学习培根包鸡肉的制作方法及制作要点。
学习曼哈顿蛤肉汤的制作方法及制作要点。
学习西冷牛排红酒汁的制作方法及制作要点。
掌握曼哈顿蛤肉汤的制作流程。
掌握红酒汁的制作技巧。
熟悉蜂蜜芥末酱、蛤肉汤、西冷牛排等相关知识。

## 一、培根包鸡肉　Bacon-Wrapped Chicken Bites

菜肴类型:开胃菜　　烹制时间:20 分钟
准备时间:35 分钟　　制作份数:4 人份

**相关知识**

蜂蜜芥末酱

蜂蜜芥末酱(Honey Mustard),以掺蜂蜜而得名,该种类芥末酱多用于三明治表面淋酱,以及作为炸薯条、炸洋葱圈和其他小食等的调味沾酱,也可与醋、橄榄油拌匀作为沙拉淋酱的基础酱。一般蜂蜜芥末酱可由等量蜂蜜及芥末酱混合制成,蜂蜜芥末酱有多种变化,可添加其他原料以增味、调节稠度。

**主要工具**

| | | | |
|---|---|---|---|
| 厨刀 | Chef's Knife | 汤匙 | Tablespoon |
| 砧板 | Cutting Board | 烤盘 | Roasting Pan |
| 搅拌盆 | Mixing Bowl | 沙拉盘 | Salad Plate |

**制作原料**

| | | |
|---|---|---|
| 蜂蜜芥末酱 | Honey Mustard | 45 克 |
| 辣酱油 | Worcestershire Sauce | 30 毫升 |

| | | |
|---|---|---|
| 鸡脯肉 | Chicken Breast | 2 块 |
| 培根 | Bacon | 6 片 |
| 切达奶酪 | Cheddar Cheese | 12 片 |
| 饼干 | Biscuit | 12 块 |
| 香菜 | Coriander | 适量 |

**制作步骤**

烤箱预热至 180℃。

将鸡肉切成小块,培根顺长切对半。

在搅拌盆内把蜂蜜芥末酱和辣酱油混合,将鸡肉放入充分搅拌,冷藏 30 分钟。

用培根将鸡肉卷包好,用牙签固定。放在烤盘中,放入烤箱烤 10 分钟至鸡肉成熟,培根上色。

将奶酪放在饼干上,放在烤盘中,进入烤箱烤 4～5 分钟直到奶酪熔化。

把培根包鸡肉去掉牙签,放在奶酪饼干上。

装入沙拉盘。

**温馨提示**

培根包鸡肉卷可以提前包好,在使用前进入烤箱烤熟。

可以用其他奶酪替代切达奶酪。

**菜肴特点**

金黄色,鲜香辣,脆嫩软。

## 二、曼哈顿蛤肉汤 Manhattan Clam Chowder

菜肴类型:汤菜　　烹制时间:30 分钟

准备时间:10 分钟　　制作份数:4 人份

**相关知识**

蛤肉汤

蛤肉汤(Clam Chowder)是一种英美式的浓汤,以蛤蜊为主要材料,配以土豆及洋葱等原料。蛤肉汤主要分为两种:红汤为传统的美式制法,白汤为新英格兰制法。汤中亦可加入牛奶。

### 主要工具

| | | | |
|---|---|---|---|
| 厨刀 | Chef's Knife | 砧板 | Cutting Board |
| 木铲 | Spatula | 汤匙 | Tablespoon |
| 搅拌盆 | Mixing Bowl | 汤盅 | Soup Plate |

### 制作原料

| | | |
|---|---|---|
| 蛤肉 | Clams | 15 个 |
| 培根 | Bacon | 50 克 |
| 洋葱 | Onion | 80 克 |
| 大蒜 | Garlic | 2 瓣 |
| 胡萝卜 | Carrot | 40 克 |
| 西芹 | Celery | 40 克 |
| 番茄酱 | Tomato Ketchup | 10 毫升 |
| 土豆 | Potato | 40 克 |
| 番茄 | Tomato | 125 克 |
| 阿里根奴 | Oregano | 1 小撮 |
| 盐和胡椒粉 | Salt and Pepper | 适量 |
| 水 | Water | 1 升 |
| 黄油 | Butter | 少许 |

### 制作步骤

洋葱、土豆、西芹、胡萝卜去皮切成丁,大蒜头切成片,培根切片,番茄切丁。

在汤锅中,用适量的水将洗净的蛤蜊煮熟取肉待用,汤过滤留用。

把土豆丁在煮蛤蜊的汤内煮熟,将汤过滤。

在汤锅中加热黄油,将培根片炒出油,加入洋葱、大蒜、胡萝卜、西芹一起炒香后,加入番茄酱炒上色。

然后加入水、香料、番茄煮熟后,加入蛤蜊肉和熟土豆煮沸。

用盐、胡椒粉调味。

盛入汤盅。

### 温馨提示

煮蛤蜊的汤可以过滤,可以替代水,作汤体用。

如汤体不够浓稠,可以使用油面酱来增稠。

### 菜肴特点

汤体浅红色，汤体略稠，海鲜味浓，软嫩适口。

## 三、西冷牛排红酒汁 Sirloin Steak with Red Wine Sauce

菜肴类型：主菜　　烹制时间：25 分钟
准备时间：10 分钟　　制作份数：1 人份

### 相关知识

西冷牛排

西冷牛排(Sirloin Steak)又称沙朗牛排，主要是由上腰部的脊肉构成，西冷牛排按质量不同又可分为小块西冷牛排(Entrecote，150～200 克)、大块西冷牛排(Sirloin Steak，250～300 克)、纽约西冷牛排(New York Cut，超过 350 克)。

### 主要工具

| 厨刀 | Chef's Knife | 食物夹 | Food Tong |
| --- | --- | --- | --- |
| 砧板 | Cutting Board | 汤匙 | Tablespoon |
| 煎锅 | Frying Pan | 餐盘 | Dinner Plate |
| 沙司锅 | Sauce Pan | | |

### 制作原料

| 西冷牛排 | Sirloin Steak | 1 块 |
| --- | --- | --- |
| 盐和黑胡椒粉 | Salt and Black Pepper | 适量 |
| 小葱头 | Shallot | 5 克 |
| 干红酒 | Dry Red Wine | 50 毫升 |
| 布朗汁 | Brown Sauce | 50 毫升 |
| 炸土豆条 | Fried Potato | 50 克 |
| 四季豆 | Dwarf Bean | 20 克 |

### 制作步骤

牛排用盐、黑胡椒粉腌渍；葱头去皮切碎。

四季豆氽熟，捞出控干水分，用少量的黄油在煎锅中略炒，加盐、胡椒粉调味。

在沙司锅中放入葱头碎、红酒浓缩后，加入布朗汁收浓，调味成红酒汁。

牛排煎(或扒)至客人要求的程度。

牛排装盘,配上炸土豆条、四季豆,淋上红酒汁。

**温馨提示**

牛排先扒带肥膘的侧面,后煎扒两面。

根据个人不同制作风格,扒制前可以不调味腌渍。

扒炉的温度要高些。

西冷牛排所配的沙司可根据客人的需求,用其他沙司替换,如黑椒汁等。

配菜可选择其他时鲜蔬菜。

**菜肴特点**

肉表面金黄、沙司棕色,块状,味鲜酒香。

## 练 习 题

(　　)1. 下列哪一项不是牛排烹调中生熟度的用语?

A. Rare　　B. Medium　　C. Well Done　　D. Raw

(　　)2. 麦淇淋(Margarine)的主要成分是什么?

A. 牛奶　　B. 羊奶

C. 牛羊混合奶　　D. 植物性脂肪

(　　)3. 西冷牛排(Sirloin Steak)用的是牛体的哪一部位?

A. 前腿部　　B. 腹部　　C. 后腿部　　D. 背肌部

(　　)4. 巧达汤(Chowder) 是起源自哪国的汤?

A. 英国　　B. 法国　　C. 美国　　D. 德国

(　　)5. 巧达汤(Chowder) 现今是哪国的名汤?

A. 英国　　B. 法国　　C. 美国　　D. 德国

(　　)6. 以下哪一点对千岛汁的描述是正确的?

A. 淡黄色　　B. 红色　　C. 粉红色　　D. 绿色

(　　)7. 烤制酥皮肉馅批时,在面上留几个小洞是为了什么?

A. 排气　　B. 装饰

C. 测温　　D. 注鱼胶汁

(　　)8. 煎西冷牛排时,通常先煎哪一个部位?

A. 侧面无肥膘面　　B. 侧面带肥膘面

C. 正反两面　　D. 随便都行

**模块三**

# 实训提升篇

## 第一节 第一周实训菜肴

**本节学习目标**

学习烟三文鱼土豆片的制作方法及制作要点。
学习洋葱汤的制作方法及制作要点。
学习蒸鱼红椒沙司的制作方法及制作要点。
学习红酒鸡的制作方法及制作要点。
掌握洋葱汤制作过程中炒洋葱的技术。
掌握红酒鸡和红椒沙司的制作流程。
掌握红酒沙司、红椒沙司的制作技巧。
熟悉 Appétitif、洋葱、传统汤、方凳土豆、红酒鸡等相关知识。

### 一、烟三文鱼土豆片 Smoked Salmon Chips Appétitif

菜肴类型:开胃菜　　烹制时间:10 分钟
准备时间:10 分钟　　制作份数:6 人份

**相关知识**

Appétitif

Appétitif 是法语开胃菜的意思,这是一种简单又美味的头盘、开胃菜,底部用脆脆的薯片,也可以是清酥面制作的千层酥底,或其他脆性的原料,上面可以是任何熟制的或可以生食的原料。

**主要工具**

| | | | |
|---|---|---|---|
| 厨刀 | Chef's Knife | 汤匙 | Tablespoon |
| 砧板 | Cutting Board | 削皮器 | Zester |
| 搅拌盆 | Mixing Bowl | 沙拉盘 | Salad Plate |

**制作原料**

| | | |
|---|---|---|
| 奶油奶酪 | Cream Cheese | 120 克 |
| 细香葱 | Chive | 5 克 |
| 鲜莳萝 | Fresh Dill | 5 克 |
| 牛奶 | Milk | 20 毫升 |
| 橙皮 | Orange Skin | 8 克 |
| 熟土豆片 | Potato Chips | 24 片 |
| 烟三文鱼片 | Smoked Salmon Sliced | 120 克 |

**制作步骤**

细香葱切碎,橙皮刨成碎末,烟三文鱼切成小片,做成花的形状。
将奶油奶酪软化,加入细香葱、莳萝、牛奶、橙皮碎充分搅拌均匀。
把每一朵小三文鱼花放在每一片土豆片上。
上面放上奶油干酪混合物。
装盘,撒上细香葱。

**温馨提示**

提前准备奶油奶酪混合物,冷藏后的风味最佳。
装饰用的细香葱可以额外添加。
可以使用任何品牌的奶油奶酪。

**菜肴特点**

红白相间,鲜香,脆嫩软。

## 二、洋葱汤 Onion Soup au Gratin

菜肴类型:汤菜　　烹制时间:30 分钟
准备时间:10 分钟　　制作份数:4 人份

**相关知识**

洋葱

洋葱(Onion)又叫圆葱、葱头、玉葱、球葱等,为百合科葱属两年生草本植物,以肥大的肉质鳞茎为产品。洋葱原产于亚洲西部,现我国大部分地区都有栽培,四季都有供应,洋葱是欧美国家的主要蔬菜之一。洋葱有红皮、黄皮和白皮之分。洋葱可熟食,也可生食,是西餐冷、热菜中的常客。

*传统汤*

传统汤是指西方一些国家具有传统特色的汤菜,是以特殊的原料或制作方法制成的,而与清汤或浓汤有所区别,例如:法国的洋葱汤、俄罗斯的罗宋汤、意大利的蔬菜汤、西班牙的酸辣冷汤等。

### 主要工具

| | | | |
|---|---|---|---|
| 厨刀 | Chef's Knife | 蛋抽 | Egg Whisk |
| 砧板 | Cutting Board | 汤锅 | Soup Pot |
| 搅拌盆 | Mixing Bowl | 汤匙 | Tablespoon |
| 木铲 | Spatula | 汤盅 | Soup Plate |

### 制作原料

| | | |
|---|---|---|
| 洋葱 | Onion | 600 克 |
| 牛基础汤 | Beef Stock | 1 升 |
| 面粉 | Flour | 30 克 |
| 法棍面包片 | Baguette | 4 片 |
| 帕玛森奶酪 | Parmesan Cheese | 100 克 |
| 盐和胡椒粉 | Salt and Pepper | 适量 |
| 色拉油 | Salad Oil | 100 毫升 |
| 香叶 | Bay Leaf | 1 片 |

### 制作步骤

将洋葱去皮,切成丝。

在汤锅内,将洋葱丝加上香叶,用色拉油炒至浅金黄色(用小火)。

加入基础汤,煮透后取出香叶,加入盐、胡椒粉、奶酪碎调味。如果需要,可加些雪莉酒调味。

将面包切成 1 厘米厚的片,烘烤成浅黄色。

将洋葱汤倒入汤盅内,放入面包片,撒上奶酪碎。

进入焗炉将奶酪焗上色即可,放在底托上面上桌。

#### 温馨提示

洋葱丝必须用小火炒，均匀地变成棕色，这要经过一个缓慢的过程，大约需要30分钟，不要过快地将洋葱炒成棕色，也不要用大火。

上桌时洋葱汤中可以不加面包片和奶酪，而是将加有奶酪的烘烤过的面包片放在汤盅边上，搭配食用。

洋葱应选择两端距离长点的，不要选择扁扁的洋葱，并顺丝切，切成的丝会显得长些，粗细应均匀。

#### 菜肴特点

浅棕色，汤体微稠，葱香奶酪香，味美，口感软。

## 三、蒸鱼红椒沙司 Steamed Fish with Red Pepper Sauce

菜肴类型：主菜　　烹制时间：40分钟

准备时间：10分钟　　制作份数：2人份

#### 相关知识

方凳土豆

方凳土豆(Fondant Potatoes)是一种形似酒桶(Barrel Shaped)腰鼓的大个土豆，传统的做法是将切成形的土豆煎上色后，再烤至熟，作为一种配菜。

#### 主要工具

| 厨刀 | Chef's Knife | 搅拌机 | Hand Blender |
|---|---|---|---|
| 砧板 | Cutting Board | 汤匙 | Tablespoon |
| 沙司锅 | Sauce Pan | 餐盘 | Dinner Plate |

#### 制作原料

| 红椒 | Red Bell Pepper | 1个 |
|---|---|---|
| 橄榄油 | Olive Oil | 20毫升 |
| 大蒜头 | Garlic | 4瓣 |
| 白酒醋 | White Wine Vinegar | 5毫升 |
| 盐和胡椒粉 | Salt and Pepper | 适量 |
| 鱼柳 | Fish Fillet | 240克 |
| 新鲜欧芹 | Fresh Parsley | 适量 |
| 土豆 | Potatoes | 2只 |

| 黄油 | Butter | 30克 |
|---|---|---|
| 基础汤 | Vegetable Stock | 100毫升 |
| 鲜百里香 | Fresh Thyme | 适量 |

📖 制作步骤

将红椒用明火烤焦其表面，然后洗刮去表面的焦化部分，洗净切碎。

大蒜头切碎；土豆切成酒桶形状，即方凳土豆(Fondant Potatoes)。

在一个沙司锅中将黄油熔化，放入土豆煎至四周金黄色，放入2粒大蒜头碎和百里香稍炒片刻，加入汤水、盐和胡椒粉，加盖焖至土豆成熟。

把红椒放入搅拌机，加入橄榄油、白酒醋、大蒜头碎和盐、胡椒粉打成泥状，放入沙司锅中，用小火保温。

将鱼柳加盐、胡椒粉调味，用保鲜膜包裹住，放入多功能蒸烤箱，蒸10～12分钟。

将红椒沙司放在菜盘中间，放上去掉保鲜膜的鱼柳，配上土豆，撒上欧芹。

📖 温馨提示

蒸好的鱼肉要小心去掉保鲜膜，以防鱼肉破碎。

📖 菜肴特点

肉白汁红，块状，鲜嫩软。

## 四、红酒鸡 Coq au Vin

| 菜肴类型：主菜 | 烹制时间：40分钟 |
|---|---|
| 准备时间：10分钟 | 制作份数：2人份 |

📖 相关知识

红酒鸡

红酒鸡(Coq au Vin)也称法式红酒烩鸡，是一款法国传统的、经典的菜肴，菜肴在制作过程中充满了洋葱的香味和浓郁的酒香。

📖 主要工具

| 厨刀 | Chef's Knife | 木铲 | Spatula |
|---|---|---|---|
| 砧板 | Cutting Board | 食物夹 | Food Tong |
| 煎锅 | Frying Pan | 汤匙 | Tablespoon |

沙司锅　Sauce Pan　　　　餐盘　Dinner Plate

**制作原料**

| | | |
|---|---|---|
| 培根 | Bacon | 2片 |
| 黄油 | Butter | 20克 |
| 鸡肉 | Chicken | 400克 |
| 盐和胡椒粉 | Salt and Pepper | 适量 |
| 白小葱头 | White Onions | 4只 |
| 鲜蘑菇 | Mushrooms | 4只 |
| 洋葱 | Onion | 10克 |
| 大蒜头 | Garlic | 10克 |
| 鸡汤 | Chicken Stock | 150毫升 |
| 面粉 | Flour | 适量 |
| 干红酒 | Dry Red Wine | 15毫升 |
| 百里香 | Thyme | 适量 |
| 香叶 | Bay Leaf | 1片 |
| 香菜 | Coriander | 适量 |

**制作步骤**

烤箱预热至150℃。

鸡肉切大块,培根切块,洋葱切碎,大蒜头切碎,鲜蘑菇一切四。

用一个沙司锅加热少量食用油,将培根炒至出油,取出待用。

在原锅中放入鸡块,煎上色,取出待用。

放入洋葱、大蒜炒香,加入培根、鸡块、蘑菇、白小葱头、干红酒、百里香、香叶、鸡汤煮开,加盖进入烤箱内焖30分钟。

将鸡块取出装入盘中,放上蘑菇、白小葱头、培根等。

将汤汁中的油脂去掉,煮制。

把面粉与黄油混合,加入到汤汁中,使汤汁浓稠,调味。

将汤汁浇在鸡块上,用香菜做装饰。

**温馨提示**

盖上盖子后可以在炉子上用小火焖制。

面粉与黄油混合被称为黄油面粉糊,是一种未炒制过的、最简单的增稠剂,这是一种应急、快速的使用方法。

📖 **菜肴特点**

浅棕色，汁浓稠，酒香浓郁，咸鲜醇厚。

## 练 习 题

(　　)1. 法式洋葱汤在上桌前应怎样处理？

A. 放面包片烤上色

B. 放奶酪烤上色

C. 撒上奶酪，放上面包片烤上色

D. 放上面包片，撒上奶酪烤上色

(　　)2. 鲑鱼(Salmon)通常长至几年时肉质最鲜美？

A. 两年　　B. 三年　　C. 四年　　D. 五年

(　　)3. 红酒鸡是哪一国的菜肴？

A. 意大利　　B. 法国　　C. 英国　　D. 美国

(　　)4. 下列哪种蔬菜适宜顺丝切？

A. 生菜　　B. 菊苣　　C. 洋葱　　D. 卷心菜

(　　)5. 明火焗炉的主要功能是什么？

A. 加热成熟　　B. 表面上色

C. 保温　　D. 加热

(　　)6. 整理厨房用具应该是谁的职责？

A. 厨师长　　B. 经理　　C. 服务员　　D. 厨师

(　　)7. 盐加入水中煮会出现以下哪种情况？

A. 水不能煮沸　　B. 沸点降低了

C. 沸点提高了　　D. 与无盐的水一样

(　　)8. 以下哪一项是 Cheese 的解释？

A. 面条　　B. 面粉　　C. 芦笋　　D. 奶酪

# 第二节 第二周实训菜肴

**本节学习目标**

学习猪肉冻的制作方法及制作要点。
学习皇后奶油汤的制作方法及制作要点。
学习麦念鱼柳南瓜汁的制作方法及制作要点。
学习奶酪焗猪排的制作方法及制作要点。
掌握胶冻的制作技术。
掌握南瓜汁的制作流程。
熟悉胶冻汁、Reine、麦念、奶酪焗等相关知识。

## 一、猪肉冻 Pork Aspic

菜肴类型:开胃菜　　烹制时间:30 分钟
准备时间:20 分钟　　制作份数:4 人份

**相关知识**

胶冻汁

胶冻汁(Aspic Jelly),也称啫喱冻,是利用动物胶的凝固作用将液体凝固成冻状。将植物原料和动物原料加入到胶冻汁中,凝固后便成为胶冻菜肴。

**主要工具**

| | | | |
|---|---|---|---|
| 厨刀 | Chef's Knife | 汤匙 | Tablespoon |
| 砧板 | Cutting Board | 沙拉盘 | Salad Plate |
| 胶冻模具 | Mould | | |

**制作原料**

| | | |
|---|---|---|
| 猪外脊 | Boneless Pork Loin | 150 克 |
| 豌豆 | Peas | 15 克 |
| 胡萝卜 | Carrot | 15 克 |

| | | |
|---|---|---|
| 香菜 | Cilantro | 适量 |
| 胶冻 | Aspic Jelly | 适量 |
| 牛肉清汤 | Consomme | 500毫升 |
| 鱼胶片 | Gelatine | 50克 |
| 雪利酒 | Sherry | 30毫升 |
| 盐和胡椒粉 | Salt and Pepper | 适量 |

**制作步骤**

加入适量清水，将鱼胶片软化，沥干水分，放入清汤中，将鱼胶片化开，加入雪利酒成胶冻汁，冷却待用。

将胡萝卜去皮，切成粒。

将大块猪外脊、豌豆、胡萝卜粒分别用加盐沸水煮熟，晾凉，猪外脊切成丁。

将圆形小模具擦净，在模具底部浇上一层胶冻汁垫底，放入冰箱内使其凝结；待其凝结后，放入火腿丁、胡萝卜粒、豌豆、香菜，倒入冷却未凝固的胶冻汁注满。

放入冰箱内使其完全凝固。

将模具放入温水内稍烫，将猪肉冻从模具内扣出。

将扣出的猪肉冻再放入冰箱内使其表面凝固、变硬。

将猪肉冻放入盘中，用配菜装饰。

**温馨提示**

猪外脊、胡萝卜要切成大小一致的丁，胡萝卜不要煮过火以免过于软烂。

要注意主、配料的搭配比例；装饰要自然、和谐、美观。

垫底的胶冻汁厚度不要过薄，一般在0.5厘米左右；必须要待胶冻汁完全凝固后，再填充原料。

**菜肴特点**

透明美观，清新微咸，嫩软。

## 二、皇后奶油汤　Cream Soup à la Reine

菜肴类型：汤菜　　　　烹制时间：30分钟

准备时间：10分钟　　　制作份数：2人份

### 相关知识

Reine

Reine(法文:皇后,女皇,出类拔萃的事物等),à la Reine,意为皇后式。

### 主要工具

| | | | |
|---|---|---|---|
| 厨刀 | Chef's Knife | 过滤网 | Strainer |
| 砧板 | Cutting Board | 汤匙 | Tablespoon |
| 汤锅 | Soup Pot | 汤盘 | Soup Plate |
| 木铲 | Spatula | | |

### 制作原料

| | | |
|---|---|---|
| 黄油 | Butter | 25 克 |
| 面粉 | Flour | 25 克 |
| 牛奶 | Milk | 250 毫升 |
| 鸡清汤 | Chicken Stock | 250 毫升 |
| 淡奶油 | Whipping Cream | 75 毫升 |
| 米饭 | Rice | 25 克 |
| 香叶 | Bay Leaf | 2 片 |
| 煮熟鸡胸肉 | Boiled Chicken Breast | 25 克 |
| 盐和胡椒粉 | Salt and Pepper | 适量 |

### 制作步骤

将米饭用清水洗净,将鸡肉切成小丁。

将米饭粒、鸡肉丁放入鸡清汤内热透,捞出备用。

将黄油放入厚底的沙司锅内,小火加热使之熔化,放入面粉并搅拌均匀,小火慢慢炒至面粉松散呈淡黄色,能闻到炒面粉的香味,成为油面酱。

加部分热牛奶到油面酱中,充分搅打均匀后,煮约 20 分钟,成为细腻、光滑、上劲的浓稠状的沙司;将余下的牛奶和鸡清汤加到沙司内,搅打均匀成牛奶浓汤。

再加入 50 毫升淡奶油、香叶、盐,煮沸后改小火微沸煮透,过细筛除去杂质、颗粒,成为奶油浓汤。

将热透的米饭粒、鸡肉丁放在汤盅内。

盛上奶油汤,再将余下的淡奶油浇在奶油汤上装饰。

📖 温馨提示

鸡肉要切成大小均匀的小丁。

面粉要过筛;黄油应选纯净、无杂质的;小火炒制,以防上色。

牛奶汤或沙司煮沸后要改小火微沸煮制20~30分钟,煮制浓汤时要不断搅拌,防止糊底。

📖 菜肴特点

汤体洁白,浓稠,咸鲜醇厚,奶香浓郁。

## 三、麦念鱼柳南瓜汁 Meunière Fish Fillet with Pumpkin Sauce

菜肴类型:主菜　　烹制时间:20分钟

准备时间:10分钟　　制作份数:1人份

📖 相关知识

麦念

麦念(法文:Meunière),是将原料腌渍后,拍上面粉,然后在锅中煎的意思,是煎的一种方法。

📖 主要工具

| | | | |
|---|---|---|---|
| 厨刀 | Chef's Knife | 食物夹 | Food Tong |
| 砧板 | Cutting Board | 煎锅 | Frying Pan |
| 沙司锅 | Sauce Pan | 汤匙 | Tablespoon |
| 木铲 | Spatula | 餐盘 | Dinner Plate |
| 搅拌机 | Hand Blender | | |

📖 制作原料

| | | |
|---|---|---|
| 鱼柳 | Fish Fillet | 150克 |
| 干白酒 | Dry White Wine | 10毫升 |
| 柠檬汁 | Lemon Juice | 5毫升 |
| 盐和胡椒粉 | Salt and Pepper | 适量 |
| 洋葱 | Onion | 5克 |
| 西芹 | Celery | 5克 |
| 南瓜 | Pumpkin | 50克 |
| 面粉 | Flour | 15克 |

| | | |
|---|---|---|
| 鱼基础汤 | Fish Stock | 100 毫升 |
| 橄榄油 | Olive Oil | 10 毫升 |

📖 **制作步骤**

将鱼柳用盐、胡椒粉、柠檬汁、干白酒腌渍 15 分钟。

将洋葱、西芹去皮切碎,南瓜去皮切块,鸡蛋打散成蛋液。

在沙司锅中加热橄榄油,将洋葱碎、西芹碎、南瓜块炒香,加入鱼基础汤,煮至南瓜软烂。

用搅拌机将南瓜打成泥状,倒回沙司锅中调味,煮成沙司。

将鱼柳拍上干面粉。

在煎锅中加热油,将鱼柳煎成金黄色并成熟。

将南瓜做成的沙司淋入餐盘的中间,鱼块放在沙司上。

边上配上蔬菜等装饰物即可。

📖 **温馨提示**

鱼柳须煎熟。

煎好的鱼柳也可在沙司中焖煮,不过要防止鱼柳破碎。

南瓜汁不要制作得太稠,必要时可用淡奶油或牛奶稀释。

尽量选择肉感硬的鱼肉(如深海鱼类),这样制作过程中不易破碎。

📖 **菜肴特点**

金黄色,块状,味鲜香,肉质嫩。

## 四、奶酪焗猪排 Baked Pork Chop with Cheese

菜肴类型:主菜　　烹制时间:15 分钟

准备时间:10 分钟　　制作份数:2 人份

📖 **相关知识**

奶酪焗

奶酪焗是一种在熟制的菜肴上面,撒上奶酪,并将其表面用焗炉或烤箱上色的方法。

📖 **主要工具**

| | | | |
|---|---|---|---|
| 厨刀 | Chef's Knife | 木铲 | Spatula |
| 砧板 | Cutting Board | 煎锅 | Frying Pan |

| | | | |
|---|---|---|---|
| 烤盘 | Roasting Pan | 汤匙 | Tablespoon |
| 沙司锅 | Sauce Pan | 餐盘 | Dinner Plate |

### 制作原料

| | | |
|---|---|---|
| 猪排 | Boneless Pork Chop | 2 块 |
| 奶酪丝 | Cheese | 20 克 |
| 番茄 | Tomato | 1 只 |
| 奶油沙司 | Cream Sauce | 150 克 |
| 洋葱 | Onion | 10 克 |
| 大蒜 | Garlic | 10 克 |
| 干红酒 | Dry Red Wine | 80 毫升 |
| 黄油 | Butter | 10 毫升 |
| 盐和胡椒粉 | Salt and Pepper | 适量 |
| 罗勒 | Basil | 适量 |
| 面包丁 | Crouton | 适量 |

### 制作步骤

烤箱预热至 170℃。

将猪排整理成厚片，拍松，用酒、盐、胡椒粉腌渍；洋葱、大蒜头去皮切碎；番茄切圆大片。

在沙司锅中加热黄油，把洋葱、大蒜炒香，不上色，加入红酒浓缩二分之一后，加入奶油沙司，煮透调味，做成红酒奶油沙司。

在煎锅中用少量油，把猪排煎至七分熟，然后放入烤盘，上面放番茄片，加上少许奶酪丝，浇上沙司，撒上面包丁，再放上奶酪丝。

进入 170℃烤箱烤上色，并使猪排成熟(7～8 分钟)。

将猪排装入盘中，淋上沙司，配上蔬菜、罗勒点缀。

### 温馨提示

烤制的时间掌握要恰到好处，表面奶酪上色，同时猪排正好成熟。

主料可用鸡肉等替换，成为奶酪焗鸡排等。

### 菜肴特点

金黄色，块状，鲜香浓郁，软嫩适口。

## 练 习 题

(　　)1. 针对奶油汤的口感,下列哪一种描述是恰当的?

A. 浓　　B. 淡　　C. 油腻　　D. 清爽

(　　)2. 以下哪种原料可在常温下久存而不变质?

A. 砂糖　　B. 面粉　　C. 淀粉　　D. 鱼胶片

(　　)3. 以下哪项对已经变质肉类的处理是正确的?

A. 放入冷冻冰箱　　B. 加重调料烹制

C. 按常规烹制　　D. 扔进垃圾桶

(　　)4. 以下哪一项是奶酪(Cheese)保存的正确温度?

A. −4～0℃　　B. 0～4℃

C. 5～10℃　　D. 10～15℃

(　　)5. 下列哪一项不是皇后奶油汤的原料?

A. 牛奶　　B. 奶油　　C. 米饭　　D. 淀粉

(　　)6. 西餐套餐出菜的顺序正确的是下列哪一项?

A. 头盘,主菜,汤,甜品

B. 头盘,汤,甜品,汤

C. 汤,头盘,主菜,甜品

D. 头盘,汤,主菜,甜品

(　　)7. 以下哪项不是湿热式烹调法的内容?

A. 炖　　B. 烤　　C. 焖　　D. 蒸

(　　)8. 煎制原料时,油量最多浸没原料的多少?

A. 1/4　　B. 1/3　　C. 2/3　　D. 1/2

# 第三节 第三周实训菜肴

**本节学习目标**

学习鲜贝莎莎的制作方法及制作要点。
学习咖喱红薯汤的制作方法及制作要点。
学习奶酪焗鱼的制作方法及制作要点。
学习煎猪排配紫椰菜苹果的制作方法及制作要点。
掌握莫内沙司的制作流程和制作技术。
掌握保持有色蔬菜色泽的技巧。
熟悉鲜贝、红薯汤、莫内沙司、紫椰菜等相关知识。

## 一、鲜贝莎莎 Scallop with Salsa Appétitif

菜肴类型:开胃菜　　烹制时间:10 分钟
准备时间:15 分钟　　制作份数:2 人份

**相关知识**

鲜贝

鲜贝(Scallop),也称扇贝,是扇贝属(Pecten)的海产双壳类软体动物,广泛分布于世界各海域,以热带海的种类最为丰富。扇贝的可食部分是壳内的肌肉,称为闭合肌。闭合肌肉色洁白,细嫩,味道鲜美,营养丰富。

**主要工具**

| | | | |
|---|---|---|---|
| 厨刀 | Chef's Knife | 搅拌盆 | Mixing Bowl |
| 砧板 | Cutting Board | 汤匙 | Tablespoon |
| 沙司锅 | Sauce Pan | 沙拉盘 | Salad Plate |
| 木铲 | Spatula | | |

**制作原料**

| | | |
|---|---|---|
| 大鲜扇贝 | Sea Scallop | 250 克 |
| 干白酒 | Dry White Wine | 10 毫升 |

| | | |
|---|---|---|
| 橄榄油 | Olive Oil | 15 毫升 |
| 洋葱 | Onion | 10 克 |
| 大蒜头 | Garlic | 10 克 |
| 番茄 | Tomato | 100 克 |
| 芒果 | Mango | 100 克 |
| 细香葱 | Chive | 20 克 |
| 面粉 | Flour | 适量 |
| 盐和胡椒粉 | Salt and Pepper | 适量 |
| 白酒醋 | White Wine Vinegar | 5 毫升 |
| 香菜 | Coriander | 少许 |

**制作步骤**

将洋葱、大蒜头去皮切粒,芒果、番茄去皮切成小丁。

鲜贝加入盐和胡椒粉、干白酒腌渍 10 分钟,拍上一层面粉。

在煎锅内加热少量油,将洋葱、大蒜头粒炒香,放入搅拌盆内,冷却后,加入芒果丁、番茄丁、盐、胡椒粉、橄榄油、白酒醋、细香葱搅拌均匀成莎莎。

在煎锅中加热橄榄油,放入鲜贝,用小火煎至金黄色并成熟。

鲜贝装入沙拉盘中,上面放上水果莎莎即可,用香菜装饰。

**温馨提示**

如果用煎锅不能煎熟,可以上色后进入 180℃的烤箱烤 3～5 分钟至熟。

拍面粉的目的是使之容易上色。

**菜肴特点**

色彩鲜艳,丁、块状,味鲜香,肉质嫩。

## 二、咖喱红薯汤 Curried Kumera Soup

菜肴类型:汤菜　　烹制时间:20 分钟

准备时间:15 分钟　　制作份数:4 人份

**相关知识**

*红薯汤*

红薯汤的英文为 Kumera Soup,其中的 Kumera 是一种甜薯。此汤所用的材料产自新西兰,看起来像一种紫色的根菜,去皮煮熟后是一种黄绿色食物,是毛利人的常见食物,做成汤也非常美味。

### 主要工具

| | | | |
|---|---|---|---|
| 厨刀 | Chef's Knife | 搅拌机 | Hand Blender |
| 砧板 | Cutting Board | 汤勺 | Soup Ladle |
| 沙司锅 | Sauce Pan | 汤盅 | Soup Plate |
| 木铲 | Spatula | | |

### 制作原料

| | | |
|---|---|---|
| 黄油 | Butter | 60 毫升 |
| 大蒜头 | Garlic | 2 瓣 |
| 洋葱 | Onion | 1 只 |
| 生姜 | Ginger | 5 克 |
| 咖喱粉 | Curry Powder | 5 克 |
| 甜薯 | Sweet Potato | 500 克 |
| 蔬菜汤 | Vegetable Soup | 250 毫升 |
| 牛奶 | Milk | 700 毫升 |
| 盐和胡椒粉 | Salt and Pepper | 适量 |
| 淡奶油 | Whipping Cream | 60 毫升 |
| 香菜 | Coriander | 适量 |

### 制作步骤

将洋葱、大蒜、生姜去皮切碎,红薯去皮切成片。

用沙司锅加热黄油,放入洋葱、蒜、姜,炒至洋葱透明,加入咖喱粉炒片刻。

放入红薯片炒 1~2 分钟,加入蔬菜汤,煮 10 分钟,煮至红薯软烂。

将红薯汤打成蓉状,放回沙司锅内,加入牛奶煮透。

用盐、胡椒粉调味。

装入汤盅,淋上淡奶油,放一撮香菜在顶部。

### 温馨提示

汤体的稠度要适中,汤体要细腻,可以过滤。

### 菜肴特点

黄褐色,甜咸适口,细腻润滑。

## 三、奶酪焗鱼 Fillet of Fish au Gratin

菜肴类型:主菜　　　　　烹制时间:35 分钟
准备时间:10 分钟　　　　制作份数:2 人份

### 相关知识

莫内沙司

莫内沙司(Mornay Sauce),也称蛋黄奶油沙司、法式奶酪沙司,是一种用奶油沙司和蛋黄、奶酪制成的沙司,是传统的沙司,味道浓厚、润滑,可以用在蔬菜、鱼和禽类菜肴上。

### 主要工具

| | | | |
|---|---|---|---|
| 厨刀 | Chef's Knife | 搅拌盆 | Mixing Bowl |
| 砧板 | Cutting Board | 汤勺 | Soup Ladle |
| 沙司锅 | Sauce Pan | 汤匙 | Tablespoon |
| 木铲 | Spatula | 餐盘 | Dinner Plate |
| 蛋抽 | Egg Whisk | | |

### 制作原料

| | | |
|---|---|---|
| 净鱼肉 | Fish Fillet | 200 克 |
| 干白酒 | Dry White Wine | 10 毫升 |
| 水 | Water | 500 克 |
| 调味蔬菜 | Mirepoix | 50 克 |
| 香叶 | Bay Leaf | 1 片 |
| 柠檬汁 | Lemon Juice | 10 毫升 |
| 盐和黑胡椒粒 | Salt and Black Pepper | 少许 |
| 帕玛森奶酪 | Parmesan Cheese | 20 克 |
| 黄油 | Butter | 30 毫升 |
| 莫内沙司 | Mornay Sauce | 适量 |
| 鱼汤 | Fish Stock | 200 毫升 |
| 牛奶 | Milk | 100 毫升 |
| 油面酱 | Roux | 30 克 |
| 鸡蛋黄 | Egg Yolk | 1 个 |

| 淡奶油 | Whipping Cream | 10毫升 |
| --- | --- | --- |
| 盐和胡椒粉 | Salt and Pepper | 适量 |

📖 制作步骤

鱼肉切大片，调味蔬菜切成片。

在沙司锅中放入调味蔬菜，加水、香叶、胡椒粒、柠檬汁或片，煮10分钟，放入鱼片、白酒，温煮至熟，取出鱼片，过滤汤汁待用。

蛋黄用少许牛奶稀释。

在沙司锅中放入过滤的鱼汤，加入牛奶煮开，用温面酱调整浓度至稠糊状，煮20分钟至非常细腻，用盐和胡椒粉调味，加入用牛奶稀释的蛋黄搅拌均匀，加入淡奶油和奶酪粉即成莫内沙司。

在焗盘里先涂上一层黄油，浇上一层莫内沙司；再放入鱼片，使鱼的表面光滑，没有凹凸和缝隙，成中间高四边低的弧形；然后再浇上莫内沙司，撒上奶酪粉，浇上少量熔化的黄油。

进入焗炉将表面焗成金黄色，然后把焗盘放在一个托盘上即可上桌。

📖 温馨提示

鱼装盘时，中间要高点，四周低点。

蛋黄牛奶混合物不能在沙司沸腾时加入，否则会使沙司产生颗粒。

沙司要调制得比一般的奶油沙司稠点，要一次性浇在鱼肉表面上，浇上沙司后，表面是光滑的，中间是饱满的。

沙司内可挤入少许柠檬汁，调味增香。

📖 菜肴特点

表面金黄色，味鲜香，肉质嫩，汁润滑。

## 四、煎猪排配紫椰菜苹果 Pan-Seared Pork Chops with Braised Cabbage and Apples

| 菜肴类型:主菜 | 烹制时间:30分钟 |
| --- | --- |
| 准备时间:10分钟 | 制作份数:4人份 |

📖 相关知识

紫椰菜

紫椰菜(Purple Cabbage)，又称紫甘蓝、红甘蓝、赤甘蓝，俗称紫包菜，十字花科、芸薹属甘蓝种中的一个变种,是结球甘蓝中的一个类型,由于它的外叶和叶球都呈紫红色,故名。紫椰菜除了熟食外,还可生食。

### 主要工具

| | | | |
|---|---|---|---|
| 厨刀 | Chef's Knife | 砧板 | Cutting Board |
| 沙司锅 | Sauce Pan | 汤匙 | Tablespoon |
| 木铲 | Spatula | 餐盘 | Dinner Plate |
| 煎锅 | Frying Pan | | |

### 制作原料

| | | |
|---|---|---|
| 培根 | Bacon | 4 片 |
| 糖 | Sugar | 30 克 |
| 洋葱 | Onion | 1 只 |
| 紫椰菜 | Purple Cabbage | 900 克 |
| 苹果 | Apples | 2 只 |
| 白醋 | White Vinegar | 30 毫升 |
| 干红酒 | Dry Red Wine | 100 毫升 |
| 水 | Water | 100 毫升 |
| 猪排 | Pork Loin Chops | 4 块 |
| 法式芥末酱 | Dijion Mustard | 30 毫升 |
| 盐和胡椒粉 | Salt and Pepper | 适量 |
| 植物油 | Vegetable Oil | 30 毫升 |

### 制作步骤

将培根切片,洋葱去皮切成丝,苹果、紫卷心菜切成丝,猪排拍松。

在沙司锅中加热油,放入培根炒出油,加糖炒 2 分钟,加入洋葱后再炒 2 分钟。倒入卷心菜丝、苹果丝、白醋和干红酒,小火炒 5 分钟,加水煮15~20 分钟。

将猪排用芥末、盐和胡椒粉调味。

在煎锅中加热油,放入猪排,煎至两面上色,并成熟。

将焖蔬菜装入盘中,上面放上猪排,用罗勒点缀。

### 温馨提示

为保持紫椰菜的颜色,在炒制时须加酸性物,如柠檬汁或白醋等。

**菜肴特点**

肉色金黄，块状，鲜嫩香微酸。

## 练习题

(　　)1. 以下哪一项不属于干热式烹调法？

A. 焗　　B. 炖　　C. 扒　　D. 烤

(　　)2. 以下哪一种不属于莫内沙司原料？

A. 淀粉　　B. 面酱　　C. 蛋黄　　D. 奶酪

(　　)3. 西餐烹调时，若加入高度酒，应如何处理？

A. 盖上盖子煮　　B. 小火煮

C. 大火煮　　D. 点上明火挥发酒精

(　　)4. 盛装沙拉的餐盘通常首先考虑使用下列哪种？

A. 不锈钢盘　　B. 铝制盘

C. 塑料盘　　D. 瓷盘

(　　)5. 制作蔬菜汤的过程中，应该先添加下列哪一样原料？

A. 土豆　　B. 基础汤　　C. 盐　　D. 胡椒粉

(　　)6. 以下哪一项不是捆扎原料的目的？

A. 美化外观　　B. 改变形状

C. 改变风味　　D. 方便后续操作

(　　)7. 西餐肉丁的切割大小约是下列哪种？

A. 1 厘米见方　　B. 1.5 厘米见方

C. 2 厘米见方　　D. 2.5 厘米见方

(　　)8. 香多土豆(Château potatoes)有几个刀面？

A. 4～5 个面　　B. 6～7 个面

C. 8～10 个面　　D. 光滑没有刀面

# 第四节　第四周实训菜肴

**本节学习目标**

学习焗司刀粉洋葱的制作方法及制作要点。
学习罗宋汤的制作方法及制作要点。
学习意式蘑菇饭的制作方法及制作要点。
学习爱尔兰烩羊肉的制作方法及制作要点。
掌握洋葱的处理技巧。
掌握煮米饭的制作技术。
掌握罗宋汤的制作技术。
熟悉司刀粉、Borsch、意大利式米饭、爱尔兰烩羊肉等相关知识。

## 一、焗司刀粉洋葱　Grilled Stuffed Onion

菜肴类型:开胃菜　　　　烹制时间:25 分钟
准备时间:15 分钟　　　　制作份数:4 人份

**相关知识**

司刀粉

司刀粉(Stuffed),意思是填饱了的、塞满了的,是将用肉类、鱼类、蔬菜类所做的馅料,填入用蔬菜、水果等制成的壳内,再焗或烤。

**主要工具**

| 厨刀 | Chef's Knife | 搅拌盆 | Mixing Bowl |
|---|---|---|---|
| 砧板 | Cutting Board | 汤匙 | Tablespoon |
| 沙司锅 | Sauce Pan | 沙拉盘 | Salad Plate |
| 木铲 | Spatula | | |

**制作原料**

| 小洋葱 | Small Onion | 4 只 |
|---|---|---|
| 牛肉 | Beef | 150 克 |

| | | |
|---|---|---|
| 黄油 | Butter | 30 克 |
| 洋葱 | Onion | 40 克 |
| 迷迭香 | Rosemary | 10 克 |
| 波特酒 | Port Wine | 20 毫升 |
| 盐和胡椒粉 | Salt and Pepper | 适量 |
| 帕玛森奶酪 | Parmesan Cheese | 40 克 |

**制作步骤**

烤箱预热至 170℃。

将洋葱去外皮,去根部,挖成小碗形,汆水后待用。

牛肉剁成碎末,挖出的洋葱切碎,奶酪擦成丝或碎。

煎锅加热黄油,将洋葱末炒香后出锅,与牛肉末、迷迭香、波特酒、盐、胡椒粉搅拌成牛肉末馅料。

将牛肉末馅料填到洋葱里面,撒上奶酪丝或碎。

放在烤盘上,进入烤箱中烤制成熟,表面上色即可。

装入盘中,装饰。

**温馨提示**

洋葱建议挖成四壁稍薄点,洋葱上的开口不要太大。

洋葱可以不用汆水,直接用生的,烤制时间可延长点。

可以先将馅料制作成熟,再填入洋葱内。

**菜肴特点**

金黄色,整洋葱形,鲜咸香,软嫩适口。

## 二、罗宋汤 Borsch

菜肴类型:汤菜　　烹制时间:30 分钟

准备时间:15 分钟　　制作份数:8 人份

**相关知识**

Borsch

Borsch 意指用牛肉、土豆、卷心菜和甜菜根等煮成的汤,也称俄罗斯红菜浓汤(=Bortsch)。

### 主要工具

| | | | |
|---|---|---|---|
| 厨刀 | Chef's Knife | 搅拌盆 | Mixing Bowl |
| 砧板 | Cutting Board | 汤匙 | Tablespoon |
| 木铲 | Spatula | 汤盅 | Soup Plate |

### 制作原料

| | | |
|---|---|---|
| 黄油 | Butter | 60 克 |
| 牛肉 | Beef | 100 克 |
| 土豆 | Potato | 40 克 |
| 洋葱 | Onion | 40 克 |
| 胡萝卜 | Carrot | 60 克 |
| 卷心菜 | Cabbage | 40 克 |
| 番茄 | Tomato | 40 克 |
| 罐装红菜头 | Canned Beetroot | 40 克 |
| 大蒜头 | Garlic | 10 克 |
| 香叶 | Bay Leaf | 1 片 |
| 百里香 | Thyme | 5 克 |
| 红辣椒 | Chilli | 1 只 |
| 番茄膏 | Tomato Paste | 30 毫升 |
| 盐和胡椒粉 | Salt and Pepper | 适量 |
| 柠檬汁 | Lemon Juice | 适量 |
| 酸奶油 | Sour Cream | 60 毫升 |
| 欧芹 | Parsley | 1 束 |
| 牛基础汤或水 | Beef Stock or Water | 2 升 |

### 制作步骤

将牛肉用牛基础汤煮熟,取出牛肉,切成丁,汤留用。

将土豆、洋葱、胡萝卜、卷心菜、红菜头都切成丁,大蒜头切成小片,番茄用沸水烫后去皮去籽切成丁。

在汤锅内用黄油炒洋葱、大蒜头、卷心菜、胡萝卜,炒至脱水,加入茄膏炒上色。

加入牛肉汤、土豆、红辣椒、香叶、百里香煮,当土豆和胡萝卜等均煮熟后,便加入番茄丁和牛肉丁,红菜头煮片刻。

用柠檬汁、盐、胡椒粉调味。

然后倒入汤盅,淋上酸奶油(或沙司盅跟上),撒上碎欧芹装饰。

📖 温馨提示

也可用熟牛肉,在这种情况下,须用牛基础汤,而不能用水。

如果是用新鲜的红菜头,须切成丁后与其他原料一起炒至脱水。

黄油应用小火熔化,以免黄油焦化。

番茄膏要炒上色,这样会使汤的颜色最终变成所需要的褐色。

柠檬汁可用白醋替代。

用红菜头、水、洋葱、盐、糖、柠檬汁、鸡蛋、酸奶油可制成冷罗宋汤。

📖 菜肴特点

浅棕色,有光泽,汤体浓稠,味美微酸,牛肉酥软。

## 三、意式蘑菇饭　Mushroom Risotto

菜肴类型:面食、配菜　　烹制时间:30 分钟

准备时间:15 分钟　　制作份数:4 人份

📖 相关知识

意大利式米饭

意大利式米饭(Risotto),又称"意大利燉饭""意大利烩饭""意大利调味饭",是意大利传统的米饭类菜肴,起源于盛产稻米的北部意大利。正宗的意大利式米饭通常为只有六七成熟的夹生饭,这种口味很难让习惯熟烂米饭的亚洲人接受。

Risotto,是一种用意大利米、洋葱、基础汤、奶酪等其他原料煮制而成的意大利特色风味米饭。制作 Risotto 米饭最好用汤汁,用肉汁、鸡汤、鱼汤之类,汤汁的味道是决定 Risotto 口味非常关键的因素。意式蘑菇饭是一款经典的意大利式米饭,蘑菇可以根据需要或喜好进行选择,可用野菌菇或牛肝菌、松茸等高档菌菇代替普通的白蘑菇、香菇等。

📖 主要工具

| 厨刀 | Chef's Knife | 搅拌盆 | Mixing Bowl |
| --- | --- | --- | --- |
| 砧板 | Cutting Board | 汤匙 | Tablespoon |
| 木铲 | Spatula | 餐盘 | Dinner Plate |

📖 **制作原料**

| | | |
|---|---|---|
| 鸡汤 | Chicken Broth | 1升 |
| 藏红花 | Saffron | 适量 |
| 黄油 | Butter | 60克 |
| 橄榄油 | Olive Oil | 20毫升 |
| 洋葱 | Onion | 30克 |
| 大蒜头 | Garlic | 3瓣 |
| 蘑菇 | Mushroom | 250克 |
| 意大利米 | Arborio Rice | 450克 |
| 干白酒 | Dry White Wine | 50毫升 |
| 盐和胡椒粉 | Salt and Pepper | 适量 |
| 欧芹 | Parsley | 30克 |
| 帕玛森奶酪 | Parmesan Cheese | 70克 |

📖 **制作步骤**

将洋葱、大蒜头去皮切碎,蘑菇切片,奶酪擦碎。

把鸡汤入锅,加入藏红花煮开,离火。

在沙司锅中加入熔化的黄油、橄榄油,加入洋葱、大蒜炒香,再加入蘑菇炒5分钟,加入意米,搅拌至金黄;加入干白酒略煮,分次加入鸡汤,加一次搅拌均匀,直至充分吸收,煮至成熟。

加入盐和胡椒,加入欧芹。

装盘,撒上奶酪。

📖 **温馨提示**

要注意在焖煮时搅拌,不要让Risotto里面的配料和米分层。收汁的时候,按照喜好控制干湿。

葡萄酒的应用在Risotto的烹调中也很重要,White Meat, White Wine, Red Meat, Red Wine的法则在烹调中永远有效。所以,海鲜、鸡肉、水果、蔬菜为主料的Risotto通常用白葡萄酒作为调味料,在焖煮过程中,稍稍加一些,可以提味、去腥。

📖 **菜肴特点**

色泽洁白,口味鲜咸,软嫩适口。

## 四、爱尔兰烩羊肉 Irish Lamb Stew

菜肴类型：主菜　　烹制时间：40 分钟
准备时间：10 分钟　　制作份数：4 人份

### 相关知识

爱尔兰烩羊肉

爱尔兰烩羊肉是一道传统的英式菜肴，使用洋葱、胡萝卜、土豆等蔬菜、香料与羊肉块(可以汆水处理过)一起煮制而成。

### 主要工具

| 厨刀 | Chef's Knife | 木铲 | Spatula |
| --- | --- | --- | --- |
| 砧板 | Cutting Board | 汤勺 | Soup Ladle |
| 沙司锅 | Sauce Pan | 餐盘 | Dinner Plate |

### 制作原料

| 羊肉 | Lamb | 800 克 |
| --- | --- | --- |
| 土豆 | Potato | 200 克 |
| 洋葱 | Onion | 50 克 |
| 胡萝卜 | Carrot | 50 克 |
| 韭葱 | Leek | 50 克 |
| 黑胡椒粒 | Black Pepper Corn | 5 粒 |
| 香叶 | Bay Leaf | 1 片 |
| 百里香 | Thyme | 适量 |
| 盐 | Salt | 适量 |
| 香菜 | Coriander | 20 克 |

### 制作步骤

将羊肉切成块，土豆、洋葱、胡萝卜去皮切成块，韭葱切成段。

在汤锅中放入羊肉，加入清水没过羊肉煮沸，撇去浮沫；加黑胡椒粒、适量洋葱、香叶煮至七成熟，捞出洋葱、香叶、胡椒粒。

再加土豆、洋葱、胡萝卜块、百里香、韭葱段，煮至蔬菜酥软、羊肉成熟、汤汁微稠，加入调味品。

把羊肉和蔬菜装盘，香菜点缀。

📖 **温馨提示**

羊肉煮软,蔬菜不需要煮得太烂。

可配米饭。

📖 **菜肴特点**

色彩多样,块状,软嫩鲜咸香。

## 练习题

( )1. 以下哪种方法会使成品的质量有外酥香、内鲜嫩的特点?

A. 干煎　B. 烘烤　C. 油炸　D. 烩煮

( )2. 下列哪一项是决定菜肴质量的重要标志?

A. 咸味　B. 香气　C. 鲜味　D. 风味

( )3. 以下哪一项不是爱尔兰烩羊肉的原料?

A. 羊肉　B. 土豆　C. 胡萝卜　D. 卷心菜

( )4. 海鲜、鸡肉、水果、蔬菜为主料的 Risotto 通常用哪种酒调味?

A. 干红葡萄酒　B. 干白葡萄酒

C. 朗姆酒　D. 白兰地

( )5. 新鲜的鸡蛋外壳完好,表面如何?

A. 光滑　B. 毛糙　C. 油亮　D. 湿润

( )6. 焖制菜肴可以在烤箱中进行,烤箱的温度一般设定在多少为宜?

A. 165℃　B. 170℃　C. 175℃　D. 180℃

( )7. 制作罗宋汤的原料除了牛肉、土豆、洋葱、胡萝卜、卷心菜、番茄、大蒜头等,还有下列哪一种原料?

A. 生姜　B. 小葱　C. 丁香　D. 红菜头

( )8. 罗宋汤是哪里的名汤?

A. 意大利　B. 美国　C. 法国　D. 俄罗斯

# 第五节 第五周实训菜肴

**本节学习目标**

学习三文鱼酿黄瓜的制作方法及制作要点。
学习海鲜巧达汤的制作方法及制作要点。
学习煮鱼蘑菇奶油沙司的制作方法及制作要点。
学习烤鸭腿黑醋汁的制作方法及制作要点。
掌握酿馅黄瓜的处理技巧。
掌握巧达汤的制作流程和制作技术。
掌握蘑菇奶油沙司的制作流程和制作技术。
掌握黑醋汁的制作技术。
熟悉三文鱼酿黄瓜、Chowder、蘑菇奶油沙司、黑醋汁等相关知识。

## 一、三文鱼酿黄瓜 Cucumber Roulades

菜肴类型:开胃菜　　烹制时间:10 分钟
准备时间:10 分钟　　制作份数:6 人份

**相关知识**

三文鱼酿黄瓜

三文鱼酿黄瓜是一种不需要热加工的、在蔬菜水果中酿馅的开胃菜,直接将冷食原料填入蔬菜、水果中,再作装饰的开胃小品。

**主要工具**

| | | | |
|---|---|---|---|
| 厨刀 | Chef's Knife | 汤匙 | Tablespoon |
| 砧板 | Cutting Board | 沙拉盘 | Salad Plate |
| 搅拌盆 | Mixing Bowl | | |

**制作原料**

| | | |
|---|---|---|
| 黄瓜 | Cucumber | 2 根 |
| 奶油奶酪 | Cream Cheese | 150 克 |
| 烟三文鱼 | Smoked Salmon | 120 克 |

| | | |
|---|---|---|
| 新鲜莳萝 | Fresh Dill | 1枝 |
| 盐和胡椒粉 | Salt and Pepper | 适量 |

**制作步骤**

烟三文鱼切成小片。

将黄瓜去皮切成12段,用挖球器将每段黄瓜中间挖去三分之二深度的黄瓜肉,不挖通。

奶油奶酪搅软化调味。

装在黄瓜的中间凹洞中,上面放上三文鱼片。

用莳萝叶装饰。

**温馨提示**

黄瓜表面可以间隔刨去皮,留一些绿色的皮。

奶油奶酪也可以用酸奶油替换,改变口味。

**菜肴特点**

白绿红,圆体形,鲜咸味浓,脆嫩适口。

## 二、海鲜巧达汤 Seafood Chowder

| | |
|---|---|
| 菜肴类型:汤菜 | 烹制时间:30分钟 |
| 准备时间:10分钟 | 制作份数:4人份 |

**相关知识**

Chowder

Chowder是富含多种原料的浓稠而丰富的汤,有的像炖菜,而许多巧达汤就是简单的奶油汤,区别在于不用将原料打成浆状,只是保持块状。许多巧达汤是以鱼、贝类和蔬菜为基本原料的,而大多数汤还加有土豆和牛奶或奶油。Chowder一词由法文Chaudière(大锅)而来。

**主要工具**

| | | | |
|---|---|---|---|
| 厨刀 | Chef's Knife | 搅拌盆 | Mixing Bowl |
| 砧板 | Cutting Board | 汤匙 | Tablespoon |
| 木铲 | Spatula | 汤盅 | Soup Plate |

**制作原料**

| | | |
|---|---|---|
| 净鱼肉 | Fish Fillet | 120克 |

| | | |
|---|---|---|
| 明虾 | Prawns | 12 只 |
| 蛤蜊 | Clams | 20 只 |
| 黄油 | Butter | 20 克 |
| 洋葱 | Onion | 60 克 |
| 土豆 | Potato | 60 克 |
| 胡萝卜 | Carrot | 60 克 |
| 鱼汤 | Fish Stock | 1 升 |
| 面酱 | Roux | 30 克 |
| 玉米粒 | Niblet | 20 克 |
| 牛奶 | Milk | 50 毫升 |
| 盐和胡椒粉 | Salt and Pepper | 少许 |

**制作步骤**

鱼肉切成丁，洋葱、胡萝卜、土豆去皮切成丁。

鱼肉、明虾、蛤蜊分别汆水。明虾去壳，蛤蜊去壳洗净。

在沙司锅中加热黄油，将洋葱、土豆、胡萝卜炒香；加入鱼汤煮沸，煮至蔬菜熟，加入面酱搅打均匀，用文火煮 20 分钟至蔬菜软。

加入牛奶、玉米粒、鱼肉、明虾、蛤蜊肉等煮片刻。

将汤用盐、胡椒粉调味。

装入汤盅，撒上欧芹碎点缀。

**温馨提示**

鱼肉不能煮太久，否则会碎而不成形。

为保持虾贝类的鲜嫩，不能煮太久。

用此方法可以制作曼哈顿蛤肉汤。

可用汆鱼肉、明虾、蛤蜊的水替代基础汤，增加汤菜的鲜味。

**菜肴特点**

奶白色，汤体浓稠，海鲜味浓，软嫩适口。

## 三、煮鱼蘑菇奶油沙司 Poached Boneless Fish Mushroom Cream Sauce

菜肴类型：主菜　　　　　　　烹制时间：30 分钟

准备时间:10 分钟　　　　　　制作份数:2 人份

**相关知识**

蘑菇奶油沙司

蘑菇奶油沙司(Mushroom Cream Sauce)是奶油沙司与蘑菇的混合物,蘑菇一般是片状的,也有打成蓉状的蘑菇奶油沙司(法式)。

**主要工具**

| | | | |
|---|---|---|---|
| 厨刀 | Chef's Knife | 木铲 | Spatula |
| 砧板 | Cutting Board | 过滤网 | Strainer |
| 沙司锅 | Sauce Pan | 汤匙 | Tablespoon |
| 煎锅 | Frying Pan | 餐盘 | Dinner Plate |
| 削皮刀 | Beak Knife | | |

**制作原料**

| | | |
|---|---|---|
| 比目鱼柳 | Boneless Sole Fish | 300 克 |
| 干白酒 | Dry White Wine | 50 毫升 |
| 调味蔬菜 | Mirepoix | 50 克 |
| 蘑菇 | Mushroom | 100 克 |
| 黄油 | Butter | 30 克 |
| 淡奶油 | Whipping Cream | 100 毫升 |
| 大蒜头 | Garlic | 1 瓣 |
| 盐和胡椒粉 | Salt and Pepper | 适量 |
| 橄榄形土豆 | Anglaise Potato | 4 只 |
| 莳萝 | Dill | 适量 |

**制作步骤**

将鱼片用盐、胡椒粉腌渍;调味蔬菜切成片,大蒜去皮切碎,蘑菇切片;土豆用小刀削成橄榄形。

在汤锅中加入水,放入调味蔬菜,煮沸,加入干白酒、鱼柳,用温煮的方法煮约 10 分钟至熟。

在沙司锅内加水和橄榄土豆,将土豆用小火煮熟,撇去水分,加入少许黄油,撒上盐和胡椒粉、莳萝调味即成。

在煎锅中熔化黄油,加入大蒜、蘑菇炒,把蘑菇和大蒜炒至脱水,直至水分收干；加入适量鱼汤煮至浓缩，加入淡奶油煮至浓稠，加盐和胡椒粉调味成蘑菇奶油沙司。

将鱼柳装盘，淋上蘑菇奶油沙司，配上煮橄榄土豆。

**温馨提示**

可以使用一些淀粉(如土豆粉、淀粉)等，将沙司增稠。

**菜肴特点**

白色、块状、汁浓，奶香味、微咸、软嫩。

## 四、烤鸭腿黑醋汁　Roasted Duck Leg with Black Vinegar Sauce

菜肴类型：主菜　　烹制时间：30 分钟
准备时间：10 分钟　　制作份数：1 人份

**相关知识**

黑醋汁

黑醋汁(Black Vinegar Sauce)，用黑醋和糖煮制而成的一种汁，煮制时可以添加所需的香料，可用于调味和点缀。

**主要工具**

| 厨刀 | Chef's Knife | 煎锅 | Frying Pan |
|---|---|---|---|
| 砧板 | Cutting Board | 木铲 | Spatula |
| 烤盘 | Roasting Pan | 汤匙 | Tablespoon |
| 沙司锅 | Sauce Pan | 餐盘 | Dinner Plate |

**制作原料**

| 鸭腿 | Duck Leg | 1 只 |
|---|---|---|
| 盐和胡椒粉 | Salt and Pepper | 适量 |
| 干红酒 | Dry Red Wine | 10 毫升 |
| 调味蔬菜 | Mirepoix | 100 克 |
| 香蕉 | Banana | 半支 |
| 茄子 | Eggplant | 1 条 |
| 樱桃番茄 | Cherry Tomato | 3 粒 |
| 混合香料 | Mixed Herbs | 2 克 |
| 黑醋 | Black Vinegar | 50 毫升 |

白糖　　　Sugar　　　15 克

📖 制作步骤

烤箱预热至 180℃。

将洋葱、西芹、胡萝卜去皮切块,香蕉去皮对半切,茄子切斜长片。

将鸭腿用盐、胡椒粉、红酒、混合香料、洋葱、胡萝卜、西芹腌渍。

进入烤箱烤上色并至熟。

煎锅加热油,将香蕉、茄子扒上色至成熟;番茄在低温油锅中炸脱皮。

在沙司锅中加入黑醋、白糖煮至浓稠。

将鸭腿切成块装盘,配扒香蕉、扒茄子、炸樱桃番茄,浇上黑醋汁。

📖 温馨提示

鸭腿在腌渍时,可用叉在无皮的一面插几下,便于入味。

📖 菜肴特点

金黄色,块状,香酸甜,软嫩适口。

## 练习题

(　　)1. 巧达汤(Chowder) 原属哪一类汤肴?

A. 牛肉汤　　B. 蔬菜汤

C. 海鲜汤　　D. 羊肉汤

(　　)2. 下列哪一种不是鱼贝类巧达汤可能加入的原料?

A. 土豆　　B. 牛奶

C. 奶油　　D. 牛肉汤

(　　)3. 调味方法有很多,除了定时调味、辅助调味还有以下哪一种?

A. 直接　　B. 间接

C. 季节性　　D. 基础

(　　)4. 奶油沙司的主要原料是面粉、牛奶、淡奶油,除此外还有以下哪一样?

A. 椰子油　　B. 大豆油

C. 菜籽油　　D. 黄油

(　　)5. 烹调过程中所产生的一些汁液是否能算作沙司?

A. 可以　　B. 不可以

C. 部分可以　　D. 大部分可以

(　　)6. 以下哪一样原料在温煮原料时,比沸煮时的量要少些?

A. 基本调味料　　B. 蔬菜香料

C. 调味香料　　D. 水或基础汤

(　　)7. 以下哪一种烹调方法的操作要点是温度在150～190℃,原料形状要小,而且刀口要均匀?

A. 煎　　B. 炒

C. 焗　　D. 烩

(　　)8. 炸制原料的油温最高不要超过多少为宜?

A. 185℃　　B. 195℃

C. 205℃　　D. 215℃

# 第六节　第六周实训菜肴

**本节学习目标**

学习浓味鸡蛋的制作方法及制作要点。
学习牛肉蔬菜巴利汤的制作方法及制作要点。
学习培根鱼卷的制作方法及制作要点。
学习猪排酿西梅的制作方法及制作要点。
掌握酿馅鸡蛋的处理技巧。
掌握牛肉蔬菜巴利汤的制作流程。
掌握鱼卷的制作流程和制作技术。
掌握猪排的处理技术。
熟悉浓味鸡蛋、茄膏、卷、西梅等相关知识。

## 一、浓味鸡蛋　Favorite Topped Deviled Eggs

菜肴类型:开胃菜　　烹制时间:15 分钟
准备时间:15 分钟　　制作份数:4 人份

**相关知识**

浓味鸡蛋

浓味鸡蛋(Deviled Eggs),也称怪味鸡蛋、魔鬼鸡蛋,做法简单,主要突出鲜咸酸辣,是西餐中的一道非常受欢迎的开胃冷菜。

**主要工具**

| | | | |
|---|---|---|---|
| 厨刀 | Chef's Knife | 削皮刀 | Beak Knife |
| 砧板 | Cutting Board | 汤匙 | Tablespoon |
| 沙司锅 | Sauce Pan | 沙拉盘 | Salad Plate |
| 搅拌盆 | Mixing Bowl | | |

**制作原料**

| | | |
|---|---|---|
| 优酸乳 | Yogurt | 30 毫升 |

| | | |
|---|---|---|
| 鸡蛋 | Egg | 4只 |
| 蛋黄酱 | Mayonnaise | 30毫升 |
| 酸黄瓜 | Pickle Relish | 20克 |
| 法式芥末酱 | Dijon Mustard | 适量 |
| 盐和胡椒粉 | Salt and Pepper | 适量 |
| 红椒粉 | Paprika | 适量 |

**制作步骤**

在沙司锅中，放入鸡蛋，加水没过鸡蛋，加适量的盐，煮开后用微沸的水煮10分钟左右，捞出鸡蛋冷却。

将优酸乳倒入搅拌盆中，酸黄瓜切碎末。

鸡蛋去壳，横腰对切，挖出蛋黄，蛋白整形待用。

将蛋黄过筛，添加到优酸乳中，搅拌均匀成蛋黄混合物。

用小刀把切开的蛋白切成齿状。

将酸黄瓜、蛋黄酱、芥末、盐、胡椒粉、红椒粉加到蛋黄混合物中，搅拌均匀成馅料。

将馅料装入蛋白内，冷藏。

装盘，用绿色材料装饰（可撒上鸡蛋白碎和辣椒粉、香菜叶）。

**温馨提示**

建议选择新鲜的鸡蛋，同时在煮制过程中轻轻转动水，以保证蛋黄在鸡蛋的中间，切开时蛋白四周的厚薄一致。

**菜肴特点**

白、黄褐色，半个鸡蛋，咸酸微辣，软嫩细腻。

## 二、牛肉蔬菜巴利汤　Vegetable Beef Barley Soup

菜肴类型：汤菜　　烹制时间：25分钟

准备时间：10分钟　　制作份数：2人份

**相关知识**

番茄膏

番茄膏（Tomato Paste），也称茄膏，是鲜番茄的酱状浓缩制品，呈鲜红色酱体，具番茄的特有风味，是一种富有特色的调味品，浓稠状，一般不直接入口。番茄膏由成熟红番茄经破碎、打浆、去除皮和籽等粗硬物质后浓缩、杀菌、装罐而成。

番茄膏比番茄酱或番茄沙司(Tomato Ketchup or Tomato Sauce)来得浓稠。瓶装的 Tomato Ketchup 可直接食用,其他的用于烹调中的调味和调色。

### 主要工具

| | | | |
|---|---|---|---|
| 厨刀 | Chef's Knife | 汤锅 | Soup Pot |
| 砧板 | Cutting Board | 汤勺 | Soup Ladle |
| 搅拌盆 | Mixing Bowl | 汤盅 | Soup Plate |
| 木铲 | Spatula | | |

### 制作原料

| | | |
|---|---|---|
| 烤牛肉 | Roasted Beef | 50 克 |
| 麦仁 | Barley | 20 克 |
| 洋葱 | Onion | 20 克 |
| 西芹 | Celery | 10 克 |
| 胡萝卜 | Carrot | 10 克 |
| 香叶 | Bay Leaf | 1 片 |
| 番茄膏 | Tomato Paste | 20 克 |
| 土豆 | Potato | 20 克 |
| 牛肉汤 | Beef Stock | 800 毫升 |
| 盐和胡椒粉 | Salt and Pepper | 适量 |
| 植物油 | Vegetable Oil | 10 毫升 |

### 制作步骤

麦仁用水浸泡,涨发软。

熟牛肉切成丁,洋葱、西芹、胡萝卜、土豆切成丁,土豆冷水浸泡防止变褐色。

沙司锅加热油,将洋葱炒香,加入西芹和胡萝卜、香叶炒透,加入茄膏炒上色,加入牛肉汤、土豆丁、麦仁煮至麦仁软、土豆酥。

加入熟牛肉丁稍煮,调味,装入汤盅。

### 温馨提示

汤体略稠,麦仁需浸泡 12 小时,麦仁不能煮烂,只是煮软。

### 菜肴特点

汤体色彩丰富,软嫩酥,香浓。

## 三、培根鱼卷　Rolled Fish and Bacon with Ginger Cream Sauce

菜肴类型：主菜　　烹制时间：25 分钟
准备时间：10 分钟　　制作份数：1 人份

### 📖 相关知识

卷

卷(Roll)就是在片状的原料上放置不同的馅心，卷成圆形状的卷，也可根据需要卷成其他形状，或取决于馅料的形状。馅料可以是蓉状的、丝状的等。

### 📖 主要工具

| | | | |
|---|---|---|---|
| 厨刀 | Chef's Knife | 煎锅 | Frying Pan |
| 砧板 | Cutting Board | 汤匙 | Tablespoon |
| 沙司锅 | Sauce Pan | 餐盆 | Dinner Plate |
| 木铲 | Spatula | | |

### 📖 制作原料

| | | |
|---|---|---|
| 鲜香菇 | Fresh Shiitake | 50 克 |
| 龙利鱼柳 | Sole Fish Fillet | 120 克 |
| 培根 | Bacon | 2 片 |
| 大罗勒叶 | Basil | 10 片 |
| 盐和胡椒粉 | Salt and Pepper | 适量 |
| 芦笋 | Asparagu | 2 支 |
| 樱桃番茄 | Cherry Tomato | 2 粒 |
| 姜 | Ginger | 10 克 |
| 红葱 | Red Onion | 5 克 |
| 白酒醋 | White Wine Vinegar | 5 毫升 |
| 干白酒 | Dry White Wine | 5 毫升 |
| 淡奶油 | Whipping Cream | 50 毫升 |
| 黄油 | Butter | 10 克 |
| 橄榄油 | Olive Oil | 10 毫升 |

### 📖 制作步骤

生姜、洋葱切碎，樱桃番茄对半切开，芦笋切段氽熟过冷水。鲜香菇切成丝,用黄油炒至水分收干,调味。

鱼柳用盐、胡椒粉调味,培根煎熟。

将鱼柳原来有皮面朝上放在砧板上,放上培根片,铺上罗勒叶,再放上香菇丝,从一头将鱼卷包起来,用牙签固定或用锡纸包裹。

将鱼柳卷温煮10~12分钟至熟,或蒸烤10分钟至熟。

在沙司锅中,将姜碎、葱碎、醋、干白酒一起煮至几乎收干,再加入淡奶油收浓后,调味离火,加入少许软化黄油增稠。

将芦笋炒热,樱桃番茄炒熟,盐和胡椒粉调味。

将鱼卷装盘,配上樱桃番茄、芦笋,淋上姜味奶油汁。

温馨提示

鱼柳最好选择比目鱼类,方便包卷,不易破碎。

用锡纸包卷,对外形的保护会好些。

菜肴特点

色泽洁白,圆柱形,鲜香软嫩。

## 四、猪排酿西梅 Loin of Pork with Prunes

菜肴类型:主菜　　烹制时间:20分钟

准备时间:20分钟　　制作份数:1人份

相关知识

西梅

西梅(Prune)原产于法国西南部的La Petite D'Agen,属水果品种。其表皮呈深紫色,果肉呈琥珀色。现在美国加州产量较大,中国的南方地区也有出产。为蔷薇科李属,欧洲李种。西梅果实营养丰富,富含维生素、矿物质、抗氧化剂及膳食纤维,不含脂肪和胆固醇,是现代人健康的最佳果品,故有“奇迹水果”“功能水果”之美誉。

西梅有新鲜和干制两种,西梅既可以作为水果,也可入菜,如用来做沙拉、西点、配料都非常适合。

主要工具

| 厨刀 | Chef's Knife | 木铲 | Spatula |
|---|---|---|---|
| 砧板 | Cutting Board | 食品夹 | Food Tong |

| | | | |
|---|---|---|---|
| 搅拌盆 | Mixing Bowl | 餐盘 | Dinner Plate |
| 烤盘 | Roasting Pan | | |

### 制作原料

| | | |
|---|---|---|
| 净猪排 | Loin of Pork | 120 克 |
| 西梅 | Prune | 30 克 |
| 洋葱 | Onion | 20 克 |
| 玉桂粉 | Cinnamon | 少许 |
| 糖 | Sugar | 少许 |
| 胡萝卜 | Carrot | 15 克 |
| 大蒜 | Garlic | 15 克 |
| 西芹 | Celery | 15 克 |
| 香叶 | Bay Leaf | 1 片 |
| 色拉油 | Salad Oil | 15 毫升 |
| 盐和胡椒粉 | Salt and Pepper | 适量 |
| 干白酒 | Dry White Wine | 20 毫升 |
| 黄油 | Butter | 10 克 |
| 烧汁 | Gravy | 50 毫升 |
| 奶油土豆泥 | Cream Mashed Potato | 30 克 |
| 面糊炸花菜 | Fried Cauliflower | 30 克 |

### 制作步骤

烤箱预热至 200℃。

将洋葱、胡萝卜、西芹、大蒜头去皮切碎,西梅去核切小丁。

猪排切厚片,侧面切一小口,外小内大的口袋,拍松,用盐、胡椒粉调味。

用煎锅加热黄油,将洋葱碎、大蒜头碎炒至浅黄色后,加入胡萝卜碎、西芹碎炒透,调味备用。

在搅拌盆内放入部分西梅丁,加入炒过的碎料和玉桂粉、糖、盐、胡椒粉拌匀,然后塞入猪排口袋内,多余部分撒在猪排上面。

猪排放在垫有蔬菜香料的烤盘内,放上香叶,烤 15 分钟至熟并上色。

将西梅丁和白酒稍煮,加入烧汁煮片刻,调味。

将猪排切成片,装盘,配上土豆泥,炸花菜。西梅烧汁浇在猪排边上即可。

📖 温馨提示

烤箱先预热,根据原料的多少确定烤箱的温度和烤制的时间。烤制的时间不要太久,以防猪排水分流失太多,质地干硬。

猪排开口口袋两面的厚薄要均匀。

西梅可以选择新鲜的,也可用干制品。蔬菜可自由选择。

📖 菜肴特点

金黄色,大片状,厚薄均匀,味美鲜香,软嫩汁多。

## 练习题

(　　)1. 沸煮的温度始终保持多少?

A. 95℃　　B. 96℃　　C. 98℃　　D. 100℃

(　　)2. 以下哪一种原料是浓味鸡蛋需要的原料之一?

A. 橄榄油　　B. 植物油

C. 淡奶油　　D. 蛋黄酱

(　　)3. Barley 是指下列哪种原料?

A. 小麦　　B. 大麦　　C. 大米　　D. 小米

(　　)4. 西餐中所指蔬菜香料除了洋葱、西芹外,还包括哪一种原料?

A. 大蒜　　B. 韭葱

C. 胡萝卜　　D. 小葱

(　　)5. 同一原料内部受热的快慢与以下哪一项有直接的关系?

A. 含水量　　B. 几何形状

C. 火候时大时小　　D. 烹调用具

(　　)6. 烤箱(Oven)是哪种导热法?

A. 传导法　　B. 对流法

C. 辐射法　　D. 感应法

(　　)7. 下列何种原料更适合制作烩菜?

A. 牛里脊　　B. 牛外脊　　C. 牛腿肉　　D. 牛腩肉

(　　)8. 番茄膏与番茄酱或番茄沙司(Tomato Ketchup or Tomato Sauce)相比有什么特点?

A. 颜色红　　B. 颜色淡　　C. 浓度稀　　D. 浓度稠

# 第七节 第七周实训菜肴

**本节学习目标**

学习法式尼斯沙拉的制作方法及制作要点。
学习海鲜汤的制作方法及制作要点。
学习杏仁鱼柳的制作方法及制作要点。
学习鸡肉红酒樱桃汁的制作方法及制作要点。
掌握海鲜汤的制作流程和制作技术。
掌握樱桃红酒汁的制作技术。
掌握杏仁鱼柳的制作流程和橙味奶油沙司的制作技术。
熟悉尼斯沙拉、Bisgue、虾贝、杏仁、樱桃汁等相关知识。

## 一、法式尼斯沙拉 Salad Nicoise

菜肴类型:沙拉　　烹制时间:30 分钟
准备时间:10 分钟　　制作份数:2 人份

**相关知识**

尼斯沙拉

尼斯沙拉是法国传统沙拉,以法国尼斯(地中海沿岸法国南部城市)的名字命名。

**主要工具**

| | | | |
|---|---|---|---|
| 厨刀 | Chef's Knife | 汤匙 | Tablespoon |
| 砧板 | Cutting Board | 沙拉盘 | Salad Plate |
| 搅拌盆 | Mixing Bowl | | |

**制作原料**

| | | |
|---|---|---|
| 土豆 | Potato | 120 克 |
| 四季豆 | Green Bean | 60 克 |
| 球生菜 | Head Lettuce | 60 克 |
| 罐头金枪鱼 | Canned Tuna | 40 克 |

| | | |
|---|---|---|
| 黑水榄 | Ripe Pitted Olive | 2个 |
| 鸡蛋 | Egg | 1只 |
| 番茄 | Tomato | 1个 |
| 鳀鱼柳 | Anchovy | 4条 |
| 酸豆 | Tamarindus | 15克 |
| 油醋汁 | Vinegar Dressing | 80毫升 |

📖 **制作步骤**

将土豆煮熟或蒸熟,四季豆氽水至熟,鸡蛋在有盐的开水中煮10分钟,捞出过冷水。

将土豆去皮切成条状或楔形,四季豆切成5厘米长的段,放入冰箱冷藏待用,番茄切成楔形块,鸡蛋去壳切成楔形,橄榄切圈片。

将冷藏过的生菜用手撕成碎片,约一口大小,装沙拉盘中间。

将土豆和四季豆混合后,分别装入沙拉盘的生菜上。

将鳀鱼柳、橄榄、鸡蛋块、番茄片、酸豆分别放在沙拉上,将金枪鱼放在沙拉的中心。上菜时,浇上法国沙拉酱。

📖 **温馨提示**

土豆须带皮蒸煮。

蔬菜的大小要一致。

调味汁不要过早浇上,以防蔬菜出水。

📖 **菜肴特点**

色彩鲜明,自然松弛,脆嫩咸酸。

## 二、海鲜汤　Seafood Bisque

菜肴类型:汤菜　　烹制时间:30分钟

准备时间:10分钟　　制作份数:4人份

📖 **相关知识**

Bisque

Bisque(比斯克)是用虾贝类为原料制成的奶油汤,也可用大米作为增稠剂,不过现在经常使用油面酱或油脂面粉糊作为增稠剂。比斯克汤的制作方法与奶油汤的制作方法基本相同,只是稍复杂些,需要准备的原料价格比较高，是一种高档的汤菜。

虾贝

虾贝类与一般的鱼有很大的区别。它们一般无脊椎骨骼，而具有较硬的外壳，如鲍鱼、扇贝、贻贝、蛤蜊、牡蛎、明虾、龙虾、蟹等。

📖 主要工具

| | | | |
|---|---|---|---|
| 厨刀 | Chef's Knife | 蛋抽 | Egg Whisk |
| 砧板 | Cutting Board | 搅拌机 | Hand Blender |
| 汤锅 | Soup Pot | 过滤网 | Strainer |
| 铲子 | Spatula | 汤盅 | Soup Plate |

📖 制作原料

| | | |
|---|---|---|
| 明虾 | Prawn | 150 克 |
| 比目鱼肉或三文鱼 | Flatfish or Salmon | 150 克 |
| 蛤蜊 | Clam | 150 克 |
| 蔬菜香料 | Mirepoix | 50 克 |
| 大蒜头 | Garlic | 1 个 |
| 香叶 | Bay Leaf | 1 片 |
| 番茄膏 | Tomato Paste | 30 克 |
| 藏红花 | Saffron | 1 小撮 |
| 干白酒 | Dry White Wine | 40 毫升 |
| 鱼汤 | Fish Stock | 1 升 |
| 大米 | Rice | 30 克 |
| 橄榄油 | Olive Oil | 20 毫升 |
| 鲜百里香 | Fresh Thyme | 1 枝 |
| 法棍面包 | Baguette | 4 片 |
| 黄油 | Butter | 60 克 |
| 盐和胡椒粉 | Salt and Pepper | 适量 |

📖 制作步骤

将明虾去头去壳，分别留用；蛤蜊汆熟，去壳洗净。

三文鱼切成大丁，蔬菜香料切成块，2 瓣大蒜头切片，其余切成碎末。

藏红花用少量干白酒浸泡，法棍面包切斜片。

在沙司锅中加热油，将虾头和虾壳炒 4～5 分钟，至虾头和壳变红。加入蔬菜香料、大蒜头片、香叶炒至蔬菜变软,加入茄膏炒上色,加入干白酒和藏红花、水、大米,用大火煮开后,改文火煮至大米、蔬菜软烂,取出虾头和虾壳。

稍冷片刻,将汤体用搅拌机打成非常细腻的汤体,并过滤。

调整汤的浓度,用盐、胡椒粉调味。

黄油软化加入蒜末调匀,抹在法棍面包上,入炉烤至金黄色。

把鱼肉、虾肉、蛤蜊放入汤体中,中火煮熟。

盛入汤盅,撒上新鲜百里香,放上蒜香法棍面包即可。

**温馨提示**

鲜虾一定要将沙肠去掉,否则会影响口味。

大米一定要煮糊化。

如果不用大米,可以用面粉替代(在炒制时加入),也可以在后期(过筛前后)使用油面酱。

用此方法可以制作龙虾比斯克汤、比斯克虾汤。

为了降低成本,可以减少虾肉的用量,多加些虾壳可以增加鲜味;还可用少量的甜红椒粉替换一部分番茄酱,为比斯克汤上色增味。

**菜肴特点**

浅红色,有光泽,汤体浓稠,海鲜味浓,汤汁细腻。

## 三、杏仁鱼柳 Fillet of Fish with Almond

菜肴类型:主菜　　烹制时间:20 分钟

准备时间:10 分钟　　制作份数:1 人份

**相关知识**

杏仁

杏仁(Almond),蔷薇科植物杏的种子,植株原产于中亚、西亚、地中海地区,引种于暖温带地区。杏仁有苦甜之分,甜杏仁可以作为休闲小吃,也可入菜点;苦杏仁一般用来入药,并有小毒,不能多吃。烹饪上常见的是一种已经加工成片状的,称杏仁片。

**主要工具**

| 搅拌盆 | Mixing Bowl | 蛋抽 | Egg Whisk |
| --- | --- | --- | --- |
| 煎锅 | Frying Pan | 沙司锅 | Sauce Pan |

| 铲子 | Spatula | 餐盆 | Dinner Plate |
|---|---|---|---|

### 制作原料

| 鱼柳 | Fillet of Fish | 1片 |
|---|---|---|
| 杏仁片 | Almond | 50克 |
| 盐和胡椒粉 | Salt and Pepper | 适量 |
| 柠檬汁 | Lemon Juice | 5毫升 |
| 干白酒 | Dry White Wine | 15毫升 |
| 鸡蛋 | Egg | 1只 |
| 面粉 | Flour | 适量 |
| 土豆泥 | Mashed Potato | 80克 |
| 鲜莳萝叶 | Fresh Dill | 1片 |
| 橙汁 | Orange Juice | 100克 |
| 淡奶油 | Whipping Cream | 50毫升 |
| 炸鱼皮 | Fried Fish Skin | 1片 |
| 植物油 | Vegetable Oil | 15毫升 |

### 制作步骤

将鱼柳用盐、胡椒粉、柠檬汁、干白酒腌渍30分钟,鸡蛋打散。

把鱼柳拍上面粉,粘上鸡蛋液,裹上杏仁片。

煎锅加热油,将鱼柳煎至成熟并上色。

土豆泥做成饼,煎上色。

橙汁倒入沙司锅中,加入少许干白酒煮开,浓缩至三分之一,加入淡奶油煮浓稠,用盐调味,成橙味奶油沙司。

将土豆泥饼装盘,上放鱼柳,淋上橙味奶油沙司,可用鲜莳萝、炸鱼皮、京葱丝点缀。

### 温馨提示

如果煎会使颜色过深,可先煎后烤至成熟;鱼皮的处理应尽可能将皮上的肉去尽,拍粉炸。

### 菜肴特点

表面金黄,沙司橘黄浓稠,块状咸酸微甜,脆嫩适口。

## 四、鸡肉红酒樱桃汁 Grilled Honey Chicken with Cherry Sauce

菜肴类型:主菜　　　　烹制时间:30 分钟
准备时间:10 分钟　　　制作份数:2 人份

### 相关知识

樱桃汁

樱桃汁(Cherry Sauce),是以樱桃为主要原料,经红酒煮制,樱桃的清甜味与红酒等融为一体,经用玉米淀粉增稠,成为一款黏稠的、绛红色的沙司,可用于西点和西餐及冷冻类甜食。

### 主要工具

| | | | |
|---|---|---|---|
| 厨刀 | Chef's Knife | 木铲 | Spatula |
| 砧板 | Cutting Board | 汤勺 | Soup Ladle |
| 沙司锅 | Sauce Pan | 餐盘 | Dinner Plate |
| 烤盘 | Roasting Pan | | |

### 制作原料

| | | |
|---|---|---|
| 干红酒 | Dry Red Wine | 25 毫升 |
| 红糖 | Brown Sugar | 15 毫升 |
| 红酒醋 | Red Wine Vinegar | 10 毫升 |
| 橙汁 | Orange Juice | 10 毫升 |
| 橙皮碎 | Grated Orange Rind | 适量 |
| 樱桃 | Sweet Cherry | 50 克 |
| 玉米淀粉 | Cornstarch | 5 克 |
| 水 | Water | 适量 |
| 蜂蜜 | Honey | 10 毫升 |
| 柠檬汁 | Lemon Juice | 10 毫升 |
| 鸡脯或鸡腿 | Chicken Breast or Leg | 2 块 |
| 盐和胡椒粉 | Salt and Pepper | 适量 |

### 制作步骤

烤箱预热至 200℃;红樱桃对半切开,去核。

将蜂蜜和柠檬汁混合,搅拌均匀,备用。

鸡肉用盐和胡椒调味。将鸡肉放在烤盘的架上，进入烤箱烤 25 分钟，每 5 分钟在鸡肉上刷一次蜂蜜混合物，其间需要将鸡肉翻转烤制，将鸡肉烤制成熟。

在一个沙司锅中，将红酒、红糖、红酒醋、橙汁、橙皮碎煮开，煮 5 分钟。加入樱桃，小火煮 10 分钟，并不断搅拌。

把玉米淀粉和水混合，搅拌均匀，慢慢加入樱桃混合物中，煮沸后直至稠厚，在此期间要不断搅拌，成为红酒樱桃沙司。

将鸡肉切块装盘，淋上红酒樱桃汁，配上蔬菜。

**温馨提示**

樱桃不能煮太久。

**菜肴特点**

金黄色，汁酱红色，块状，咸鲜微酸，软嫩适口。

## 练习题

(　　)1. 传统的比斯克汤常用什么作为汤的增稠剂？
A. 淀粉　B. 土豆　C. 大米　D. 大麦

(　　)2. 尼斯沙拉除了土豆、四季豆、生菜、鸡蛋、番茄、黑水榄等原料外，通常还有下列哪一种？
A. 三文鱼　B. 金枪鱼
C. 比目鱼　D. 鲈鱼

(　　)3. 虾的质量除了根据其外形、肉质，还要根据以下哪个方面来确定？
A. 色泽　B. 触须
C. 表皮　D. 虾头

(　　)4. 以下哪一种是西餐中常用的香料？
A. 茴香　B. 花椒
C. 桂皮　D. 香叶

(　　)5. 通常海鲜汤加入少许哪种酒可增加美味？
A. 米酒　B. 朗姆酒
C. 绍兴酒　D. 白兰地

(　　)6. 鱼肉表面拍上面粉后，粘上蛋液的目的是什么？
A. 便于上色　B. 美观

C. 方便粘上后面的原料　　D. 只是一种手法

(　　)7. 下列哪一项不是苦杏仁的解释?

A. 可入药　　B. 有小毒

C. 不能多吃　　D. 休闲小吃

(　　)8. 餐盘、杯类边缘破损,应如何处理?

A. 可以直接使用　　B. 不可以使用

C. 可作其他用途　　D. 送给别人

# 第八节　第八周实训菜肴

**本节学习目标**

学习面包沙拉的制作方法及制作要点。
学习鸡肉韭葱汤的制作方法及制作要点。
学习莳萝烩海鲜的制作方法及制作要点。
学习菲力牛排波米兹沙司的制作方法及制作要点。
掌握莳萝烩海鲜的制作流程和制作技术。
掌握煎牛排成熟度的控制和波米兹沙司的制作技术。
熟悉面包沙拉、大米粉、烩、波米兹沙司等相关知识。

## 一、面包沙拉　Bread Salad(Panzanella)

菜肴类型:沙拉　　　　烹制时间:10 分钟
准备时间:40 分钟　　　制作份数:4 人份

**相关知识**

面包沙拉

面包沙拉(Panzanella),也称 Tuscan Panzanella,是意大利的传统沙拉,由面包、番茄、黄瓜等组成,也有用番茄沙司替代番茄的。此沙拉的特点是保持面包的外脆里嫩。

**主要工具**

厨刀　Chef's Knife　　　汤匙　Tablespoon
砧板　Cutting Board　　沙拉盘　Salad Plate
搅拌盆　Mixing Bowl

**制作原料**

| 番茄 | Tomato | 4 只 |
|---|---|---|
| 大蒜 | Garlic | 1 只 |
| 面包 | Bread | 4 片 |

| | | |
|---|---|---|
| 黄瓜 | Cucumber | 1 根 |
| 红洋葱 | Red Onion | 1 只 |
| 法国香菜 | French Parsley | 1 束 |
| 橄榄油 | Olive Oil | 150 毫升 |
| 香醋 | Balsamic Vinegar | 50 毫升 |
| 水瓜柳 | Caper | 20 克 |
| 罗勒 | Basil | 1 束 |
| 盐和胡椒粉 | Salt and Pepper | 适量 |

📖 **制作步骤**

烤箱预热至 180℃。

将洋葱切小粒,黄瓜切成片,大蒜头去皮切成蒜泥,番茄一切为二。

把蒜泥抹在番茄上,放在烤盘上,进入烤箱烤至番茄干萎。

面包放在烤盘上,进入焗炉将面包焗至上色,然后将面包撕成小块,放入搅拌盆中。

再加入番茄、黄瓜、洋葱、香菜、盐、胡椒粉、水瓜柳、醋、橄榄油拌匀。

装入沙拉盘中,放上罗勒叶装饰即可。

📖 **温馨提示**

不要选择籽多的番茄。

拌好后的沙拉不要放置太久,以防蔬菜脱水。

📖 **菜肴特点**

色彩多样,鲜咸味,堆放自然,脆嫩适口。

## 二、鸡肉韭葱汤 Chicken and Leek Soup

菜肴类型:汤菜　　　　　　烹制时间:35 分钟

准备时间:20 分钟　　　　　制作份数:4 人份

📖 **相关知识**

大米粉

大米粉(Rice Flour),是由大米碾磨而制成的粉。大米粉分为熟粉和生粉,又分为糯米粉和粳米粉。糯米粉具有黏稠性。此汤中的大米粉为粳米粉。

### 主要工具

| 厨刀 | Chef's Knife | 搅拌机 | Hand Blender |
|---|---|---|---|
| 砧板 | Cutting Board | 过滤网 | Strainer |
| 汤锅 | Soup Pot | 汤匙 | Tablespoon |
| 沙司锅 | Sauce Pan | 汤盅 | Soup Plate |

### 制作原料

| 鸡脯肉 | Chicken Breast | 500 克 |
|---|---|---|
| 蔬菜香料 | Mirepoix | 50 克 |
| 水 | Water | 1 升 |
| 韭葱 | Leek | 60 克 |
| 白色小蘑菇 | Small White Mushroom | 80 克 |
| 黄油 | Butter | 25 克 |
| 大米粉 | Rice Flour | 16 克 |
| 淡奶油 | Whipping Cream | 25 克 |
| 蛋黄 | Egg Yolk | 1 只 |
| 盐和胡椒粉 | Salt and Pepper | 适量 |
| 熟牛舌 | Cooked Oxtongue | 25 克 |

### 制作步骤

将鸡肉和韭葱洗净;把鸡肉和蔬菜香料放入水中煮 15 分钟,取出鸡肉,汤过滤。

将韭葱切成片,蘑菇洗净,一半切成丝,一半切成片。

在沙司锅中加热黄油,把蘑菇片和韭葱炒出汁,加入煮鸡的汤,煮约 30 分钟。

用少许热汤将大米粉溶解,慢慢加入汤中,边加边搅拌,煮至汤体变稠,用搅拌机打成蓉状,加入一半奶油,煮开后过滤。

将蛋黄加入另一半奶油中混合,加入少许热汤,倒入汤中,低温加热,不沸腾,调味。

将鸡肉切成丝,牛舌切成丝,蘑菇丝用黄油炒熟。

把蘑菇丝、牛舌丝、鸡肉丝放入汤盅,然后盛上热汤。

### 温馨提示

没有大米粉,可用等量土豆粉替代。

没有牛舌,可用火腿替代。

📖 菜肴特点

白色,浓稠状,味鲜,奶香浓郁,滑软细腻。

## 三、莳萝烩海鲜 Seafood Stew with Dill Cream Sauce

菜肴类型:主菜　　烹制时间:20 分钟
准备时间:10 分钟　　制作份数:2 人份

📖 相关知识

烩

烩是把加工成形的原料,放入用本身原汁调成的浓稠沙司中,加热至成熟的一种烹调方法。

根据烩制过程中使用沙司的不同,烩可分为:白烩,以白沙司或奶油沙司为基础,如白汁烩鸡等;红烩,以布朗沙司或番茄沙司为基础,如红烩牛肉、古拉士牛肉等;黄烩,以白沙司为基础,调入奶油、蛋黄等,如黄汁烩鸡等;混合烩,利用菜肴本身的颜色制作,如咖喱鸡等。

📖 主要工具

| | | | |
|---|---|---|---|
| 厨刀 | Chef's Knife | 汤匙 | Tablespoon |
| 砧板 | Cutting Board | 餐盘 | Dinner Plate |
| 沙司锅 | Sauce Pan | | |

📖 制作原料

| | | |
|---|---|---|
| 净鱼肉 | Fish Fillet | 150 克 |
| 大虾 | Prawn | 80 克 |
| 扇贝 | Scallop | 80 克 |
| 奶油沙司 | Cream Sauce | 120 毫升 |
| 洋葱 | Onion | 30 克 |
| 大蒜 | Garlic | 2 瓣 |
| 黄油 | Butter | 20 克 |
| 白葡萄酒 | Dry White Wine | 20 毫升 |
| 白兰地酒 | Brandy | 适量 |
| 莳萝 | Dill | 1 束 |

淡奶油　　Whipping Cream　　20 毫升
盐和胡椒粉　　Salt and Pepper　　适量

📖 制作步骤

大虾去头去壳，去泥肠，洗净；鲜扇贝肉洗净。

净鱼肉和大虾切成丁，洋葱和大蒜切成末。

在沙司锅中加热黄油，将葱蒜末炒香，放入海鲜肉稍炒，烹入白兰地和白葡萄酒，放入奶油沙司和莳萝热透，调入盐和奶油煮开。

装盘，用莳萝点缀。

📖 温馨提示

鱼柳要切得大小一致，便于成熟度一致。

海鲜不能烩得时间太久，否则口感会差。

要选择厚薄适中、细腻无颗粒的奶油沙司。

用此法可制作其他海鲜类和肉类菜肴，如白汁烩鸡等。

尽量选择肉感硬的鱼肉，制作过程中不易破碎，如深海鱼类。

📖 菜肴特点

白色，块状，味鲜香，肉质嫩。

## 四、菲力牛排波米兹沙司　Grilled Filet Mignon Bearnaise Sauce

菜肴类型：主菜　　烹制时间：20 分钟
准备时间：10 分钟　　制作份数：4 人份

📖 相关知识

波米兹沙司

波米兹沙司（Bearnaise Sauce）是一种由黄油、鸡蛋黄、小洋葱头和他拉根为原料做成的沙司，是传统的沙司，在外表上是淡黄色、不透明、光滑的似奶油状的沙司，用于搭配肉类菜肴，使之味道更鲜美。

波米兹沙司的基础沙司是荷兰沙司（Hollandaise Sauce），可以在荷兰沙司的基础上添加他拉根、干白酒、胡椒碎、红葱头制成。

📖 主要工具

厨刀　　Chef's Knife　　蛋抽　　Egg Whisk
砧板　　Cutting Board　　食物夹　　Food Tong

| | | | |
|---|---|---|---|
| 沙司锅 | Sauce Pan | 汤匙 | Tablespoon |
| 煎锅 | Frying Pan | 餐盘 | Dinner Plate |

**制作原料**

| | | |
|---|---|---|
| 菲力牛排 | Filet Mignon | 4 块 |
| 色拉油 | Salad Oil | 50 克 |
| 黄油 | Butter | 75 克 |
| 盐和胡椒粉 | Salt and Pepper | 适量 |
| 波米兹沙司 | Bearnaise Sauce | 适量 |
| 白醋 | White Vinegar | 50 毫升 |
| 白葡萄酒 | White Wine | 50 毫升 |
| 胡椒碎 | Crushed Pepper | 10 克 |
| 小葱头 | Shallot | 20 克 |
| 他拉根 | Tarragon | 10 克 |
| 水 | Water | 15 毫升 |
| 鸡蛋黄 | Egg Yolks | 3 只 |
| 清黄油 | Unsalted Butter | 200 克 |
| 盐和黑胡椒粉 | Salt and Black Pepper | 适量 |
| 欧芹 | Parsley | 10 克 |

**制作步骤**

扒炉预热。

去除菲力牛排多余的脂肪和筋膜,整理成形,将牛排撒上盐、胡椒粉调味,刷上一层植物油。

将葱头去皮切碎,他拉根切碎。

在沙司锅内,把醋、酒、胡椒、葱头和他拉根煮沸浓缩至三分之一,加入水、蛋黄,在小火上搅拌 3～4 分钟,直到搅打起泡沫;加入熔化的黄油,搅打至酱汁变稠,用盐和胡椒粉调味。将调味汁过滤,撒上欧芹制成波米兹沙司。

在扒炉上加入少许植物油,将菲力牛排放在扒炉上,扒上焦纹,改成小火扒至所需的成熟度。

将牛排摆放在餐盘内,熔化黄油淋在牛排上。

将波米兹沙司浇在牛排上,配上炸薯条和时令蔬菜。

### 📖 温馨提示

保证牛排形状的完整性，牛排厚薄均匀、周边整齐不碎；要将牛排两面刷上植物油，以防扒时粘连。

扒制时，不要随意翻动，致使不易上色。

主、配菜的搭配比例要恰当；沙司放入沙司盅内，单跟。

### 📖 菜肴特点

褐色，块状，味鲜香微酸，肉质嫩。

## 练 习 题

(　　)1. 下列哪一项不是烩海鲜要掌握的要点？

A. 海鲜切大小一致　　B. 烩制时间不能太久

C. 沙司的浓度要适中　　D. 选择软嫩的鱼肉

(　　)2. 波米兹沙司的原料，除了干白酒、白醋、小葱头、他拉根、鸡蛋黄等外，还有什么？

A. 有盐黄油　　B. 无盐黄油

C. 普通黄油　　D. 清黄油

(　　)3. 下列哪项不是煎制牛排时要注意的事项？

A. 牛排厚薄要均匀　　B. 形状的完整性

C. 两面刷上植物油　　D. 要勤翻身

(　　)4. 制作鸡肉韭葱汤时，没有大米粉可用什么替代？

A. 等量面粉替代　　B. 等量生粉替代

C. 等量糯米粉替代　　D. 等量土豆粉替代

(　　)5. 由于烩制过程中使用沙司的不同，以下哪一项不是烩的烹调方法？

A. 白烩　　B. 红烩　　C. 青烩　　D. 混合烩

(　　)6. 下列哪道菜不可盛放于银器？

A. 胡萝卜　　B. 烤牛排　　C. 水波蛋　　D. 炒芦笋

(　　)7. 铁扒炉的金属条要保持清洁，制作菜肴时要刷上什么？

A. 水　　B. 酒　　C. 油　　D. 调味汁

(　　)8. 下列哪一样特性可烹制肉冻、鸡冻、鱼冻等？

A. 蛋白质凝胶　　B. 脂肪凝结

C. 糖凝固　　D. 无机盐与脂肪反应

# 第九节　第九周实训菜肴

**本节学习目标**

学习金枪鱼沙拉的制作方法及制作要点。
学习黑豆汤的制作方法及制作要点。
学习奶酪蘑菇蛋奶酥的制作方法及制作要点。
学习培根兔肉卷的制作方法及制作要点。
掌握奶酪蘑菇蛋奶酥的制作流程和制作技术。
掌握培根兔肉卷的制作技术。
熟悉金枪鱼、黑豆、蛋奶酥、兔肉等相关知识。

## 一、金枪鱼沙拉　Tuna Salad

菜肴类型:沙拉　　烹制时间:20 分钟
准备时间:20 分钟　　制作份数:4 人份

**相关知识**

金枪鱼

金枪鱼(Tuna)又称鲔鱼、吞拿,是一种鲭科的海洋生物,大部分属于鲔属。鲔鱼大多体长、粗壮而圆,肉色为红色,是一种很受欢迎的海产食物,经济价值较佳。常见的金枪鱼有新鲜的和罐装的,新鲜的可做冷菜和热菜,罐装的一般可作为开胃菜、沙拉等。

**主要工具**

厨刀　Chef's Knife　　汤匙　Tablespoon
砧板　Cutting Board　　沙拉盘　Salad Plate
搅拌盆　Mixing Bowl

**制作原料**

| 混合生菜 | Lettuce Mesculin | 120 克 |
|---|---|---|
| 罐装金枪鱼 | Canned Tuna | 200 克 |

| | | |
|---|---|---|
| 洋葱 | Onion | 30 克 |
| 西芹 | Celery | 50 克 |
| 红圆椒 | Pimiento | 70 克 |
| 青圆椒 | Green Bell Pepper | 70 克 |
| 黑水榄 | Ripe Pitted Olive | 4 个 |
| 法国汁 | French Dressing | 150 毫升 |

📖 **制作步骤**

将生菜用手撕成碎块,西芹、洋葱去皮切成小块,红椒、青椒切成小块,黑水榄切成片。

把西芹、葱、青椒、红椒放入搅拌盆,搅拌均匀。

将生菜装盘垫底,把拌好的洋葱等堆放在生菜上,放上金枪鱼块,淋上法国汁。

用香菜做装饰。

📖 **温馨提示**

蔬菜可以切成粗丝状。

沙拉要自然堆放。

调味汁不要过早淋上。

📖 **菜肴特点**

色彩多样,堆放自然,鲜咸微酸,脆嫩适口。

## 二、黑豆汤 Black Bean Soup

菜肴类型:汤菜　　　　烹制时间:20 分钟

准备时间:20 分钟　　　制作份数:4 人份

📖 **相关知识**

黑豆

黑豆为豆科植物大豆(Glycine max)的黑色种子,又称乌豆。黑豆具有高蛋白、低热量的特性。黑豆均为干硬的,有青仁黑豆、黄仁黑豆、恒春黑豆。黑豆的浸泡时间比较长,要提前 5 个小时浸泡才能烹制食用。用温热的水浸泡,可加快浸泡时间。

### 主要工具

| | | | |
|---|---|---|---|
| 厨刀 | Chef's Knife | 汤锅 | Soup Pot |
| 砧板 | Cutting Board | 汤勺 | Soup Ladle |
| 搅拌盆 | Mixing Bowl | 汤盅 | Soup Plate |
| 木铲 | Spatula | | |

### 制作原料

| | | |
|---|---|---|
| 橄榄油 | Olive Oil | 30 毫升 |
| 洋葱 | Onion | 30 克 |
| 红圆椒 | Red Bell Pepper | 80 克 |
| 大蒜头 | Garlic | 2 瓣 |
| 孜然 | Ground Cumin | 适量 |
| 黑豆 | Black Bean | 300 克 |
| 鸡汤 | Chicken Broth | 1 升 |
| 盐和胡椒粉 | Salt and Pepper | 适量 |
| 烟熏火腿 | Smoked Ham | 60 克 |
| 酸奶油 | Sour Cream | 适量 |

### 制作步骤

黑豆洗净,浸泡至软,用压力锅煮熟或带水蒸熟。

洋葱去皮切成粒,红椒切粒,大蒜去皮切碎,烟熏火腿切成粒。

在沙司锅或汤锅中加热橄榄油,把蒜碎、洋葱粒和红椒粒炒至软,加入孜然炒几秒钟。

添加黑豆和鸡汤,用小火煮 20 分钟至黑豆酥软。

用盐和胡椒调味。

装入汤盅,用烟熏火腿、酸奶油装饰。

### 温馨提示

如果汤太稠,用鸡汤稀释,然后调整调味。

如果需要可加入少许腌辣椒(Pickled Jalapeno)做装饰。

### 菜肴特点

红褐色,微稠,味鲜香微咸,软嫩适口。

## 三、奶酪蘑菇蛋奶酥 Cheese Mushroom Souffle

菜肴类型:主菜　　　　　　烹制时间:25 分钟
准备时间:20 分钟　　　　制作份数:4 人份

### 相关知识

蛋奶酥

蛋奶酥(Souffle) 又称苏芙来、梳乎厘,是一种法式甜品。由面粉、鸡蛋的蛋白部分、牛奶和糖等成分调好后在烤箱中烤熟。这种点心在烤的过程中逐渐膨胀,因此烤好后又松又软,稍凉便会回缩。因此 Souffle 大多是热食,通常这种点心会连同烤模一起送到餐桌上。作为菜肴,用咸的调味品替换了甜味蛋奶酥中的糖,保留了甜点蛋奶酥的膨胀特性。

### 主要工具

| 厨刀 | Chef's Knife | 烤盘 | Roasting Pan |
|---|---|---|---|
| 砧板 | Cutting Board | 烤模 | Cake Mould |
| 沙司锅 | Sauce Pan | 汤匙 | Tablespoon |
| 木铲 | Spatula | 餐盘 | Dinner Plate |

### 制作原料

| 黄油 | Butter | 75 毫升 |
|---|---|---|
| 鲜蘑菇 | Fresh Mushroom | 250 克 |
| 洋葱 | Onion | 15 毫升 |
| 豆蔻粉 | Nutmeg Powder | 适量 |
| 盐和胡椒粉 | Salt and Pepper | 适量 |
| 面粉 | Flour | 45 克 |
| 牛奶 | Milk | 250 毫升 |
| 雪利酒 | Sherry | 30 毫升 |
| 鸡蛋 | Egg | 5 个 |
| 瑞士奶酪 | Swiss Cheese | 180 克 |

### 制作步骤

烤箱预热至 180℃。

将洋葱去皮切碎、蘑菇切碎,奶酪擦碎,蛋清蛋黄分开,烤模涂上黄油。

在沙司锅中熔化黄油,加入蘑菇和洋葱炒至脱水,约 5 分钟,加入豆蔻粉、盐和胡椒粉调味;加入面粉,搅拌至混合。加入牛奶和雪利酒搅拌均匀离火,逐渐加入蛋黄,一次一个搅拌均匀。

在另一个搅拌盆内,把蛋白打至硬性发泡。

将蛋清泡加到蘑菇混合物中,直到完全混合,再加入大约五分之四的瑞士奶酪碎混合均匀。

混合物用汤匙小心地舀到烤模内,撒上剩余的奶酪碎。

放入烤盘,在烤盘内注入适量的水,进入烤箱,隔水烤 25 分钟左右,直至膨胀成熟,表面金黄色。带烤模一起装盘即可。

**温馨提示**

加入面粉后一定要煮透煮熟。

隔水烤的水量最好有烤模高度的七八成,易于面糊膨胀起发。

温度可根据烤箱内烘烤原料的多少来升降。

**菜肴特点**

金黄色,特定烤模型,蓬松,鲜香软嫩。

## 四、培根兔肉卷 Rolled Bacon and Rabbit Meat

菜肴类型:主菜　　烹制时间:20 分钟

准备时间:10 分钟　　制作份数:4 人份

**相关知识**

兔肉

兔肉(Rabbit Meat)包括家兔肉和野兔肉两种,家兔肉又称为菜兔肉。兔肉属于高蛋白质、低脂肪、少胆固醇的肉类,兔肉含蛋白质高达 20%,比一般肉类高,但脂肪和胆固醇含量却低于许多肉类。

**主要工具**

| 厨刀 | Chef's Knife | 蛋抽 | Egg Whisk |
| --- | --- | --- | --- |
| 砧板 | Cutting Board | 食物夹 | Food Tong |
| 沙司锅 | Sauce Pan | 汤匙 | Tablespoon |
| 煎锅 | Frying Pan | 餐盘 | Dinner Plate |

#### 制作原料

| | | |
|---|---|---|
| 兔肉 | Rabbit Meat | 150 克 |
| 培根 | Bacon | 2 片 |
| 菠菜叶 | Spinach leaf | 50 克 |
| 雪利酒 | Sherry | 50 毫升 |
| 核桃仁 | Walnut Kernel | 30 克 |
| 布朗汁 | Brown Sauce | 100 毫升 |
| 香叶 | Bay Leaf | 1 片 |
| 百里香 | Thyme | 适量 |
| 黄油 | Butter | 50 克 |
| 盐和胡椒粉 | Salt and Pepper | 适量 |
| 干葱头 | Shallot | 2 粒 |
| 紫卷心菜 | Purple Cabbage | 100 克 |

#### 制作步骤

烤箱预热至 200℃。

兔肉切成大片,干葱头切碎。

兔肉用一半干葱末、香叶、百里香、雪利酒、盐和胡椒粉腌渍。

菠菜叶焯水,冷却,沥干水分。

用煎锅将核桃仁用黄油略炒,加入红酒,用小火煮片刻。

将培根排叠成片,上面放兔肉片,把菠菜叶铺在上面,再放上核桃仁,将培根卷起,做成卷,包紧,用牙签封口。

将兔肉卷在高温的扒炉上扒上色,进入烤箱烤约 15 分钟至熟。

在沙司锅中加热少许油,将另一半干葱头末炒香,加入雪利酒煮片刻,加入布朗汁浓缩后,用盐和胡椒粉调味成汁。

把卷心菜丝炒熟,调味即可。

把兔肉卷切块装盘,浇上葱头雪利酒汁,边上配上炒紫卷心菜丝。

#### 温馨提示

紫卷心菜炒制时加点醋或柠檬汁,以保持蔬菜的颜色。

用此方法可以做出多种培根肉卷,如猪肉、鸡肉、牛肉等。

#### 菜肴特点

红褐色,圆柱状,味鲜香,肉质外脆里嫩。

## 练习题

(　　)1. 蛋奶酥(Souffle)又称苏芙来,在出炉后短时间内会如何?

A. 继续膨大　　B. 下塌

C. 保持不变　　D. 颜色变深

(　　)2. 蛋奶酥制作过程中,为何要隔水烘烤?

A. 便于成熟

B. 保持温度均匀

C. 保持产品的适度

D. 保证制品四周不上色,制品往上发

(　　)3. 黑豆均为干硬的,下列哪一项不是黑豆?

A. 青仁黑豆　　B. 黄仁黑豆

C. 恒春黑豆　　D. 白仁黑豆

(　　)4. 金枪鱼是一种鲭科的海洋生物,大多体长、粗壮而圆,它的肉是什么颜色?

A. 白色　　B. 红色　　C. 粉色　　D. 淡黄色

(　　)5. 餐具橱柜适宜采用哪种材料制作?

A. 玻璃　　B. 木制　　C. 不锈钢　　D. 瓷砖

(　　)6. 自助餐热菜应盛装于下列哪种盛器中?

A. 瓷盘　　B. 玻璃盘

C. 保温锅　　D. 不锈钢锅

(　　)7. 炒蛋不宜存放于下列哪一种盘内?

A. 玻璃盘　　B. 不锈钢盘

C. 瓷盘　　D. 银盘

(　　)8. 烤箱使用过后,何时清洗最合适?

A. 立即清洗　　B. 冷却至微热时清洗

C. 完全冷却后清洗　　D. 以后洗

# 第十节 第十周实训菜肴

**本节学习目标**

学习德式肉肠沙拉的制作方法及制作要点。
学习奶油栗蓉汤的制作方法及制作要点。
学习勃艮第海鲜酿肉的制作方法及制作要点。
学习黄油鸡卷的制作方法及制作要点。
掌握奶油栗蓉汤的制作流程和制作技术。
掌握黄油鸡卷的制作流程和制作技术。
熟悉 Knockwurst、栗子、焗、黄油鸡卷等相关知识。

## 一、德式肉肠沙拉 Bavarian Sausage Salad

菜肴类型:沙拉　　烹制时间:20 分钟
准备时间:10 分钟　　制作份数:4 人份

**相关知识**

Knockwurst
Knockwurst 是一种粗而短的德国大香肠。

**主要工具**

| | | | |
|---|---|---|---|
| 厨刀 | Chef's Knife | 汤匙 | Tablespoon |
| 砧板 | Cutting Board | 沙拉盘 | Salad Plate |
| 搅拌盆 | Mixing Bowl | | |

**制作原料**

| | | |
|---|---|---|
| 德式大肉肠 | Knockwurst | 250 克 |
| 生菜 | Lettuce | 80 克 |
| 酸黄瓜 | Small Pickle Cucumber | 2 根 |
| 洋葱(中等) | Medium Onion | 1 只 |
| 白醋 | White Vinegar | 45 毫升 |

| | | |
|---|---|---|
| 芥末酱 | Mustard | 15 毫升 |
| 植物油 | Vegetable Oil | 30 毫升 |
| 盐和胡椒粉 | Salt and Pepper | 适量 |
| 匈牙利红粉 | Paprika | 适量 |
| 糖 | Sugar | 适量 |
| 水瓜柳 | Caper | 20 克 |
| 欧芹 | Parsley | 10 克 |

**制作步骤**

煮熟或蒸熟的大香肠,冷却后切成小方块,酸黄瓜切小片,洋葱去皮切成短丝,生菜撕成小块,香菜切碎。

将大香肠块、酸黄瓜片和洋葱丝放入搅拌盆,加入醋、芥末、植物油、盐、胡椒粉、辣椒粉、糖和生菜块搅拌均匀。

把拌好的沙拉装入沙拉盘中,撒上续随子和切碎的香菜。

**温馨提示**

建议使用法式第戎芥末。

在快上菜时,再调味、搅拌、装盘,以防蔬菜出水。

**菜肴特点**

色彩多样,堆放自然,鲜咸味,脆嫩适口。

## 二、奶油栗蓉汤　Creamy Chestnut and Smoked Ham Soup

菜肴类型:汤菜　　烹制时间:25 分钟

准备时间:20 分钟　　制作份数:6 人份

**相关知识**

栗子

栗子(Chestnut),是栗树的果实。栗是山毛榉科栗属中的乔木或灌木总称,从几米至几十米高的大部分种类的栗树,都能结可食用的坚果——栗子。栗子是一种香甜佳果。

**主要工具**

| | | | |
|---|---|---|---|
| 厨刀 | Chef's Knife | 沙司锅 | Sauce Pan |
| 砧板 | Cutting Board | 汤匙 | Tablespoon |

| | | | |
|---|---|---|---|
| 木铲 | Spatula | 汤盅 | Soup Plate |

### 制作原料

| | | |
|---|---|---|
| 栗子 | Chestnut | 500 克 |
| 黄油 | Butter | 60 毫升 |
| 烟熏火腿 | Smoked Ham | 100 克 |
| 欧洲防风根 | Parsnip | 2 根 |
| 胡萝卜 | Carrot | 2 根 |
| 苹果 | Apple | 2 个 |
| 韭葱 | Leek | 2 根 |
| 匈牙利红粉 | Hungarian Paprika | 5 克 |
| 鸡汤 | Chicken Stock | 1.2 升 |
| 淡奶油 | Whipping Cream | 350 毫升 |
| 蛋黄 | Egg Yolk | 2 只 |
| 盐和胡椒粉 | Salt and Pepper | 适量 |

### 制作步骤

将栗子破壳，在沸水中煮 10 分钟，剥去壳，去除内膜。

烟熏火腿切成丝，防风根、胡萝卜、苹果去皮切成片，韭葱的白色部分切成片。

将煮熟的栗子放在食物处理器中，搅打成泥状。

用黄油中火炒火腿、防风根、胡萝卜、苹果和韭葱大约 10 分钟。

加入栗子泥和适量辣椒粉、鸡汤，煮开后，转小火煮约 20 分钟，把鸡蛋黄加入奶油中打散，然后再加到汤中，搅拌直到汤变稠。

用盐和胡椒粉调味。

把汤装入汤盅，撒上剩余的匈牙利红粉。

### 温馨提示

栗子要搅打得细腻点，如果需要可以用过滤器过滤。

### 菜肴特点

浅褐色，浓稠状，鲜咸香，细腻滑润。

## 三、勃艮第海鲜酿肉　Moules Farcies a la Bourguignonne

菜肴类型：主菜　　　　烹制时间：15 分钟

准备时间:20 分钟　　　　　　制作份数:1 人份

### 相关知识

香草与香料

香草,常称为芳香植物,是一种具有药用、食用价值的香味植物,同时也有萃取精油的功用。香料是一种能嗅出香气或尝出香味的物质,是配置香精或直接给产品加香的物质。

在西餐菜肴中经常使用的香草常指芳香植物(多为草木植物)的叶,如薄荷、罗勒、百里香、迷迭香、欧芹、鼠尾草、他拉根、莳萝、芝麻菜等。香料常指芳香植物的花蕾、果实、花、植物皮、种子、根等,如香叶、胡椒、蒜、姜、辣椒、豆蔻、小茴香、肉桂、丁香等。

### 主要工具

| | | | |
|---|---|---|---|
| 厨刀 | Chef's Knife | 搅拌盆 | Mixing Bowl |
| 砧板 | Cutting Board | 煎锅 | Roasting Pan |
| 木铲 | Spatula | 汤匙 | Tablespoon |
| 烤盘 | Frying Pan | 餐盘 | Dinner Plate |

### 制作原料

| | | |
|---|---|---|
| 贻贝 | Mussels | 4 个 |
| 红葱头 | Shallot | 1 只 |
| 黄油 | Butter | 20 克 |
| 干白酒 | Dry White Wine | 20 毫升 |
| 法式蜗牛黄油 | French Snail Butter | 适量 |
| 黄油 | Butter | 30 克 |
| 欧芹 | Parsley | 15 克 |
| 大蒜头 | Garlic | 6 克 |
| 红葱头 | Shallot | 6 克 |
| 杏仁粉 | Almond Powder | 3 克 |
| 榛仁粉 | Hazelnut Powder | 3 克 |
| 柠檬汁 | Lemon Juice | 适量 |
| 白兰地 | Brandy | 适量 |
| 盐和胡椒粉 | Salt and Pepper | 适量 |

### 📖 制作步骤

烤箱预热至200℃。

将红葱头、大蒜头去皮切碎，欧芹切碎，贻贝洗净。

在搅拌盆内，加入软化黄油和欧芹碎、蒜末、少许红葱头碎、杏仁粉、榛仁粉、柠檬汁、白兰地、盐、胡椒粉搅拌均匀，成法式蜗牛黄油，冷藏。

红葱头碎用黄油炒，然后加入洗净的贻贝，加入干白酒，煮几分钟至贻贝张口；取出贻贝肉，贝壳备用。

取少量冷藏的法式蜗牛黄油馅，放在贝壳里，再放上贝肉，上面再覆盖法式蜗牛黄油。

将其放在撒有粗盐的烤盘里，入烤箱将表面烤上色即可。

### 📖 温馨提示

法式蜗牛黄油不宜太多，否则会太油腻。

焗制的火力要大点，表面上色即可。

如果没有榛仁粉和杏仁粉，可以省去不用。

用此法可焗制蜗牛。

为了表面的颜色均匀，可将表面的法式蜗牛黄油抹光滑平整些。

### 📖 菜肴特点

表面金黄，略带绿色，贻贝形，味鲜美，肉质嫩。

## 四、黄油鸡卷　Chicken Kiev

菜肴类型：主菜　　烹制时间：15分钟

准备时间：20分钟　　制作份数：1人份

### 📖 相关知识

黄油鸡卷

黄油鸡卷(Chicken Kiev)，是一道著名的、传统的俄式菜肴，Kiev(基辅)现为乌克兰首都。此菜肴非常油润、鲜香。传统的做法是将鸡脯肉的侧面开一个口子，从这口子将黄油混合物塞入，然后用牙签封口。口子必须封严实，以防鸡卷在炸制过程中黄油流失。

### 📖 主要工具

厨刀　Chef's Knife　　漏勺　Skimmer

| | | | |
|---|---|---|---|
| 砧板 | Cutting Board | 汤匙 | Tablespoon |
| 煎锅 | Frying Pan | 餐盘 | Dinner Plate |

### 📖 制作原料

| | | |
|---|---|---|
| 带骨去皮的鸡脯肉 | Bone Chicken Breast | 1块 |
| 黄油 | Butter | 20克 |
| 盐和胡椒粉 | Salt and Pepper | 适量 |
| 欧芹 | Parsley | 2克 |
| 面粉 | Flour | 20克 |
| 鸡蛋 | Egg | 1只 |
| 面包糠 | Breadcrumb | 30克 |
| 面包 | Bread | 1块 |
| 胡萝卜 | Carrot | 10克 |
| 四季豆 | Green Bean | 20克 |

### 📖 制作步骤

鸡脯肉去皮,留一段翅膀骨也去皮整理干净,面包切成中间凹形的托。

胡萝卜去皮切成条,四季豆切成条,欧芹切碎。

黄油和盐、胡椒粉、欧芹碎搅拌均匀,做成锥形待用。

将鸡脯肉片切成大树叶形的薄片,中间厚,边上薄,用盐、胡椒粉调味,放上黄油,卷成一头尖、一头稍圆带骨的形状。

拍上面粉,粘上蛋液,裹上面包糠。

在150℃的油温中炸成金黄色并至成熟。

胡萝卜条和四季豆氽水,沥干水分。

在煎锅中用少量的黄油炒热,加盐、胡椒粉调味。

把面包托放入140℃的油锅中炸成金黄色。

把面包托放入餐盘中,上面放鸡卷,边上配上蔬菜,用黑醋汁点缀。

### 📖 温馨提示

必须要用鸡脯肉,可以不带鸡翅骨。

成形后鸡卷四周的肉厚薄应一样,在制作包卷时一定要注意。

成品切割后,黄油应成液体状。

四季豆与胡萝卜的长度要一致。也可用其他蔬菜。

### 菜肴特点

表面金黄,形似梭,味鲜香,质嫩油润。

## 练习题

(　　)1. 科学配菜不但要求色、香、味、形的搭配合理,还应怎样?
A. 毛利率合理　　B. 营养搭配合理
C. 成本合理　　D. 烹调方法合理

(　　)2. 点菜供餐的最大特点是什么?
A. 上菜迅速　　B. 固定供应
C. 现做现卖　　D. 灵活、随意性大

(　　)3. 三明治原意指哪个地方的城市?
A. 苏格兰　　B. 法国　　C. 意大利　　D. 英格兰

(　　)4. 下面哪一项不是使用标准菜谱的优点?
A. 确保质量口味一致　　B. 确保成本一致
C. 确保外观色泽一致　　D. 提升营养价值

(　　)5. 以下哪一项不是黄油鸡卷成品的描述?
A. 表面金黄　　B. 外脆内油润
C. 厚薄均匀　　D. 清香酸甜

(　　)6. 下列哪种面粉的蛋白质含量最高?
A. 高筋面粉　　B. 中筋面粉
C. 低筋面粉　　D. 澄粉

(　　)7. 根据流出的液汁判断烤肉是否成熟,下列哪一项是正确的?
A. 无色液汁　　B. 红色液汁
C. 粉色液汁　　D. 褐色液汁

(　　)8. 厨房最佳室温应在多少度?
A. 10～15℃　　B. 15～20℃
C. 20～25℃　　D. 25～30℃

# 第十一节　第十一周实训菜肴

**本节学习目标**

学习瑙尔沙拉的制作方法及制作要点。
学习牛尾浓汤的制作方法及制作要点。
学习锡纸包鱼柳的制作方法及制作要点。
学习酥皮牛柳的制作方法及制作要点。
掌握牛尾浓汤的制作流程和制作技术。
掌握酥皮牛柳的制作流程和制作技术。
熟悉奶油蛋黄酱、雪利酒、锡纸、酥皮等相关知识。

## 一、瑙尔沙拉　Salad a la Noel

菜肴类型:沙拉　　烹制时间:10 分钟
准备时间:10 分钟　　制作份数:4 人份

**相关知识**

奶油蛋黄酱

奶油蛋黄酱(Chantilly)是一种淡奶油和其他原料的混合调味汁。混合蛋黄酱可用于菜肴,混合蛋黄淇淋沙司可用于甜点。口味远胜于这两者中任何单一的调味汁,一般比例为1:1。也可用酸奶油替代淡奶油。

**主要工具**

| 厨刀 | Chef's Knife | 汤匙 | Tablespoon |
|---|---|---|---|
| 砧板 | Cutting Board | 沙拉盘 | Salad Plate |
| 搅拌盆 | Mixing Bowl | | |

**制作原料**

| 生菜 | Lettuce | 80 克 |
|---|---|---|
| 甜橙 | Orange | 1 个 |
| 香蕉 | Banana | 1 根 |

| | | |
|---|---|---|
| 核桃仁 | Walnut Kernel | 60 克 |
| 淡奶油 | Whipping Cream | 40 毫升 |
| 蛋黄酱 | Mayonnaise | 40 毫升 |
| 香菜 | Coriander | 适量 |

📖 **制作步骤**

烤箱预热至 170℃。

将甜橙去皮,切成楔形片,香蕉去皮切成片。

核桃仁放入烤盘,进入烤箱烤熟,约 6 分钟。

在搅拌盘中放入蛋黄酱和淡奶油(可打发),轻轻搅拌均匀。

生菜撕成大块放入沙拉盘,混合放上甜橙片、香蕉片、核桃仁。

将混合酱装入裱花袋,裱在沙拉上,用香菜装饰。

📖 **温馨提示**

不要选择太熟的水果。

水果切割的大小要均匀一致。

📖 **菜肴特点**

色彩鲜艳,堆放自然,清香酸甜,软嫩爽口。

## 二、牛尾浓汤 Oxtail Soup

菜肴类型:汤菜　　烹制时间:30 分钟

准备时间:10 分钟　　制作份数:2 人份

📖 **相关知识**

雪利酒

雪利酒(Sherry)是一款世界名酒,雪利酒(西班牙语:Jerez,英语:Sherry)是一种由产自西班牙南部安达卢西亚赫雷斯-德拉夫隆特拉(Jerez de la Frontera)的白葡萄所酿制的加强葡萄酒,是葡萄酒中的上品。雪利是赫雷斯的英文地名。有淡色的菲诺(Fino)和浓色的欧罗索(Oloroso)两大类,酒精度为 15～22 度,含糖量为 0～160 克/升。雪利酒常见于餐用,也在烹调中用于清汤、菜肴的调味、增香。

📖 **主要工具**

厨刀　Chef's Knife　　汤勺　Soup Ladle

| | | | |
|---|---|---|---|
| 砧板 | Cutting Board | 木铲 | Spatula |
| 汤锅 | Soup Pot | 汤匙 | Tablespoon |
| 沙司锅 | Sauce Pan | 汤盅 | Soup Plate |

### 制作原料

| | | |
|---|---|---|
| 牛尾 | Oxtail | 2段 |
| 牛清汤 | Consomme | 500毫升 |
| 麦仁 | Barley | 20克 |
| 洋葱 | Onion | 30克 |
| 胡萝卜 | Carrot | 20克 |
| 白萝卜 | White Radish | 20克 |
| 土豆 | Potato | 40克 |
| 大蒜头 | Garlic | 2瓣 |
| 番茄膏 | Tomato Paste | 20克 |
| 面粉 | Flour | 20克 |
| 香叶 | Bay Leaf | 1片 |
| 黄油 | Butter | 20克 |
| 雪利酒 | Sherry | 少许 |
| 盐和胡椒粉 | Salt and Pepper | 适量 |

### 制作步骤

将牛尾清洗干净,切成段,加水、蔬菜香料、香叶煮熟软。

将麦仁洗净,清水浸泡透,煮熟冲凉待用。

将洋葱、胡萝卜、白萝卜、土豆去皮切丁,大蒜头切片。

把洋葱丁、蒜片炒香,加入面粉炒透,再加入番茄膏炒透,然后加入牛清汤、胡萝卜丁、白萝卜丁、土豆丁、麦仁焖熟。

加入牛尾、酒煮制,将牛尾、蔬菜煮酥软。

用盐和胡椒粉调味。

装入汤盅,可用法香做装饰。

### 温馨提示

牛尾需要处理得非常干净,如是带皮的,表面用明火燎过,刮净表面,清洗干净,氽水后再煮至酥软。可以整段,也可以去骨切丁。

**菜肴特点**

汤体棕红，香浓稠，软滑嫩。

## 三、锡纸包鱼柳　Fish in Foil

| | |
|---|---|
| 菜肴类型：主菜 | 烹制时间：20 分钟 |
| 准备时间：10 分钟 | 制作份数：4 人份 |

**相关知识**

锡纸

一种像银的膜状金属纸，实际上是铝箔。铝箔纸(Aluminium Foil)，也称为锡纸(Silver Paper)，是用铝箔轧机加工而成的厚度在 0.2 毫米以下的一种薄片，主要用于厨房煮食、盛装食物，或用来制作一些可以简单清洁的包装用纸。大部分的铝箔纸一面光亮，另一面亚光。食品用的铝箔纸双面皆可包裹食物，通常建议以光亮面包裹，以提升热传导效果。

**主要工具**

| | | | |
|---|---|---|---|
| 厨刀 | Chef's Knife | 锡纸 | Silver Paper |
| 砧板 | Cutting Board | 餐盘 | Dinner Plate |

**制作原料**

| | | |
|---|---|---|
| 鲈鱼柳 | Boneless Bass | 120 克 |
| 小形洋葱 | Small Onion | 50 克 |
| 小形青椒 | Small Green Pepper | 50 克 |
| 柠檬 | Lemon | 1 只 |
| 欧芹 | Parsley | 10 克 |
| 红椒粉 | Paprika | 适量 |
| 盐和胡椒粉 | Salt and Pepper | 适量 |
| 柠檬汁 | Lemon Juice | 10 毫升 |

**制作步骤**

烤箱预热至 230℃。

将鱼柳切成块，用盐、胡椒粉调味。

将洋葱去皮切成圈片，青椒切成圈片，柠檬切成片。

将 30 厘米长、宽的锡纸放在砧板上，放上鱼柳、洋葱片、青椒片、柠檬片、欧芹、红椒粉、盐和胡椒粉、柠檬汁。

把锡纸像折信封一样折叠好,放在烤盘上,进入烤箱内烤 15 分钟,直至成熟。

把锡纸包装入盘中,打开包装,翻折成深盘形。

📖 温馨提示

鱼柳可以是大的整片。

锡纸一定要包严实,不能使汁流出。

📖 菜肴特点

鱼肉洁白,块状,鲜香,软嫩。

## 四、酥皮牛柳 Beef Wellington

菜肴类型:主菜　　烹制时间:30 分钟

准备时间:10 分钟　　制作份数:2 人份

📖 相关知识

酥皮

酥皮(Crispy Dough),也称清酥面,是一种成品层次非常清晰松脆的面团。它是由面粉、黄油、鸡蛋、盐和水等调制而成的面团。此种面皮常用于西点,制作松脆的点心,同时也可用于菜肴上包裹馅料的外包装原料,具有酥松脆香的特点。

📖 主要工具

| 厨刀 | Chef's Knife | 烤盘 | Roasting Pan |
|---|---|---|---|
| 砧板 | Cutting Board | 漏勺 | Skimmer |
| 沙司锅 | Sauce Pan | 汤匙 | Tablespoon |
| 煎锅 | Frying Pan | 餐盘 | Dinner Plate |

📖 制作原料

| 蘑菇 | Mushroom | 120 克 |
|---|---|---|
| 洋葱 | Onion | 60 克 |
| 黄油 | Butter | 15 毫升 |
| 盐和胡椒粉 | Salt and Pepper | 适量 |
| 牛柳 | Beef Tenderloin | 150 克 |

| 植物油 | Vegetable Oil | 10 毫升 |
| --- | --- | --- |
| 酥皮 | Crispy Dough | 200 克 |
| 黑椒汁 | Black Pepper Sauce | 50 毫升 |

**制作步骤**

烤箱预热至 200℃。

将洋葱去皮、切碎，蘑菇切成小片。

用沙司锅加热黄油，把洋葱、蘑菇炒至脱水，加盐和胡椒粉，倒入搅拌盆，冷却后盖上盖子，进入冰箱冷藏。

将牛柳调味，在煎锅中加热植物油，用高温将牛柳四周都煎上色，离火。

把酥皮擀成大薄片，放上冷藏的蘑菇馅料，再放入牛柳块，包卷薄酥皮面片，包好封口，盖上保鲜膜，静置 15 分钟。

去掉保鲜膜，刷上蛋液，进入烤箱烤 20～25 分钟，至面皮成熟上色。

将酥皮牛柳切块装盘，浇上加热的黑椒汁，配上蔬菜即可。

**温馨提示**

酥皮不要太厚，有 2～3 毫米就可以了。

烤箱要预热，烤制的温度 200℃左右，烤制时可先高后低(220～170℃)。

同样的方法可以制作酥皮鸡及酥皮鱼。

**菜肴特点**

表面金黄，圆块状，味鲜香，外脆里嫩。

## 练习题

(　　)1. 下列哪一项是奶油蛋黄酱(Chantilly) 大致的奶油和蛋黄酱混合比例?

A. 1∶1　　B. 1∶2　　C. 2∶5　　D. 5∶2

(　　)2. 制作酥皮牛柳的酥皮厚薄应控制在多少?

A. 1～2 毫米　　B. 2～3 毫米

C. 3～4 毫米　　D. 4～5 毫米

(　　)3. 牛尾浓汤是哪个国家的传统菜肴?

A. 法国　　B. 意大利　　C. 英国　　D. 美国

(　　)4. 牛尾浓汤制作时需要用到下列哪种酒?

A. 干白酒　　B. 干红酒　　C. 白兰地　　D. 雪利酒

(　　)5. 下列哪一项不是制作酥皮的原料?

A. 面粉　　B. 黄油　　C. 水　　D. 发酵粉

(　　)6. 烤制酥皮菜肴的温度应控制在多少?

A. 170～180℃　　B. 180～190℃

C. 190～200℃　　D. 200～220℃

(　　)7. 下列哪一项不是一般冷冻肉的解冻方法?

A. 微波解冻　　B. 沸水解冻

C. 水泡解冻　　D. 自然解冻

(　　)8. 下列哪种原料不可用室温储存?

A. 面粉　　B. 白糖　　C. 香料　　D. 淡奶油

# 第十二节　第十二周实训菜肴

**本节学习目标**

学习番茄胶冻的制作方法及制作要点。
学习蔬菜烩鱼的制作方法及制作要点。
学习煎大虾美式沙司的制作方法及制作要点。
学习鸡肉明虾卷的制作方法及制作要点。
掌握番茄胶冻的制作流程和制作技术。
掌握鸡肉明虾卷的制作流程和制作技术。
掌握美式沙司的制作技术。
熟悉酸奶酪、Mulligan Stew、美式沙司、奶油罗勒汁等相关知识。

## 一、番茄胶冻　Tomato Aspic

菜肴类型:开胃菜　　烹制时间:80 分钟
准备时间:10 分钟　　制作份数:4 人份

**相关知识**

酸奶酪

酸奶酪(Yogurt),是牛奶制品中的一员,是酸奶的后续产品。酸奶酪经常用于西点和西餐的制作中。酸奶酪特别适合用来制作蔬菜和土豆片的蘸汁或沙拉的调味汁。

**主要工具**

| | | | |
|---|---|---|---|
| 厨刀 | Chef's Knife | 蛋抽 | Egg Whisk |
| 砧板 | Cutting Board | 模具 | Mould |
| 搅拌盆 | Mixing Bowl | 汤匙 | Tablespoon |
| 搅拌机 | Hand Blender | 沙拉盘 | Salad Plate |
| 沙司锅 | Sauce Pan | | |

**制作原料**

| | | |
|---|---|---|
| 番茄 | Tomato | 500 克 |

| | | |
|---|---|---|
| 水 | Water | 100 毫升 |
| 西芹 | Celery | 100 克 |
| 洋葱 | Onion | 50 克 |
| 盐 | Salt | 10 克 |
| 辣酱 | Chilli Sauce | 5 克 |
| 鱼胶片 | Gelatin | 80 克 |
| 酸奶酪 | Yogurt | 120 克 |
| 蜂蜜 | Honey | 适量 |
| 罗勒叶碎 | Chopped Basil | 适量 |
| 橙皮碎 | Orange Zest | 适量 |
| 罗勒叶 | Fresh Basil | 若干 |

**制作步骤**

将鱼胶片用冷水软化,沥去水分。

将番茄、西芹、洋葱洗净切成块,用搅拌机打成泥状。

倒入沙司锅,加入水煮约 10 分钟,加入盐、胡椒粉、辣椒酱和鱼胶搅拌均匀。

将以上的番茄混合物倒入胶冻模具中,晾凉后放入冰箱冷藏,约 1 小时后凝固成形。

将酸奶酪、蜂蜜、罗勒叶碎、橙皮碎搅拌均匀,制成调味汁。

将成形的番茄胶冻扣入沙拉盘中,胶冻上面浇上罗勒酸奶酪调味汁,用罗勒叶点缀。

**温馨提示**

注意鱼胶片与液体的比例,鱼胶片太少影响凝固,太多则会使胶冻太硬,影响口感。

**菜肴特点**

红白相间,酸味适中,嫩软爽口。

## 二、蔬菜烩鱼 Fish and Vegetables(Mulligan Stew)

菜肴类型:主菜　　烹制时间:15 分钟

准备时间:10 分钟　　制作份数:4 人份

### 相关知识

Mulligan Stew

Mulligan Stew 是蔬菜烩肉、蔬菜烩鱼或荤素杂烩。

### 主要工具

| | | | |
|---|---|---|---|
| 厨刀 | Chef's Knife | 汤匙 | Tablespoon |
| 砧板 | Cutting Board | 餐盘 | Dinner Plate |
| 沙司锅 | Sauce Pan | | |

### 制作原料

| | | |
|---|---|---|
| 植物油 | Vegetable Oil | 30 克 |
| 洋葱 | Onion | 30 克 |
| 西芹 | Celery | 70 克 |
| 胡萝卜 | Carrot | 70 克 |
| 西葫芦 | Zucchini | 150 克 |
| 番茄 | Tomato | 180 克 |
| 水 | Water | 250 毫升 |
| 罗勒 | Basil | 少许 |
| 大蒜头粉 | Garlic Powder | 5 克 |
| 盐和胡椒粉 | Salt and Pepper | 适量 |
| 鱼柳 | Fish Fillet | 500 克 |

### 制作步骤

鱼柳切成大片。

将洋葱、西芹、胡萝卜、南瓜、番茄去皮切成碎末，罗勒切碎。

在沙司锅中加热油，放入洋葱炒片刻，加入西芹、胡萝卜、南瓜炒 1 分钟。

加入番茄、水、罗勒、大蒜头粉、盐和胡椒煮至原料成熟。

把鱼片放入蔬菜汁中，盖上锅盖，煮 3 分钟至鱼柳成熟。

将鱼柳装盘，淋上蔬菜粒汁。

### 温馨提示

蔬菜可以切成 1 寸长、火柴棍粗细的、均匀的短丝。

鱼肉不要煮太久，翻动鱼片时要小心，防止鱼肉破碎。

### 菜肴特点

色彩分明,颗粒均匀,鱼肉软嫩,块状,蔬菜味浓。

## 三、煎大虾美式沙司 Pan-Fried Prawn with American Sauce

菜肴类型:主菜　　烹制时间:25 分钟
准备时间:10 分钟　　制作份数:2 人份

### 相关知识

美式沙司

美式沙司(American Sauce),是一款以香味蔬菜为主的深红色沙司,类似于蔬菜烩的制作方法,只是此沙司添加了番茄酱、红酒和培根,颜色与蔬菜烩的色彩分明不同,口味上也较突出酸味。此沙司常用于海鲜鱼类菜肴,还用于少量的冷生菜。

### 主要工具

| 厨刀 | Chef's Knife | 煎锅 | Frying Pan |
|---|---|---|---|
| 砧板 | Cutting Board | 汤匙 | Tablespoon |
| 木铲 | Spatula | 餐盘 | Dinner Plate |
| 沙司锅 | Sauce Pan | | |

### 制作原料

| 大虾 | Prawns | 4 只 |
|---|---|---|
| 盐和胡椒粉 | Salt and Pepper | 适量 |
| 柠檬汁 | Lemon Juice | 10 毫升 |
| 面粉 | Flour | 50 克 |
| 黄油 | Butter | 25 克 |
| 布朗汁 | Brown Sauce | 150 毫升 |
| 培根 | Bacon | 50 克 |
| 胡萝卜 | Carrot | 50 克 |
| 番茄 | Tomato | 80 克 |
| 西芹 | Celery | 50 克 |
| 蘑菇 | Mushroom | 50 克 |
| 洋葱 | Onion | 30 克 |

| | | |
|---|---|---|
| 番茄酱 | Tomato Ketchup | 20克 |
| 干红酒 | Dry Red Wine | 40毫升 |
| 香叶 | Bay Leaf | 1片 |
| 糖 | Sugar | 适量 |

**制作步骤**

将大虾去头去壳，留一段尾壳，背部开刀，取出沙肠，洗净，用柠檬汁、盐和胡椒粉腌渍。

将洋葱、西芹、胡萝卜、番茄去皮切小片，蘑菇切小片，培根切片。

用沙司锅加热黄油，加入培根片炒香，加入洋葱、胡萝卜炒至蔬菜脱水，加入番茄酱，炒至出红油，加入西芹、番茄、蘑菇炒片刻。

加入布朗沙司、干红酒、盐和胡椒粉、糖、香叶，用文火煮20分钟，成美式沙司。

将大虾四周拍上面粉。

在煎锅内加热少量黄油，把大虾两面煎上色。

把大虾放入美式沙司中煮2分钟至大虾熟。

将大虾装盘，淋上美式沙司即成。

**温馨提示**

处理大虾时，须将大虾的筋膜剁断，以防煎制时大虾收缩扭曲。

美式沙司不能制作太稠，否则像煮蔬菜了。

**菜肴特点**

深红色，汤汁流体，鲜香微酸咸，软嫩适口。

## 四、鸡肉明虾卷 Chicken Roll with Walnut and Prawn

菜肴类型：主菜　　烹制时间：20分钟

准备时间：10分钟　　制作份数：1人份

**相关知识**

*奶油罗勒汁*

奶油罗勒汁(Basil Cream Sauce)，传统的做法是用奶油沙司加入鲜罗勒叶碎组成，现在大多是用淡奶油和罗勒叶浓缩而成。

### 主要工具

| | | | |
|---|---|---|---|
| 厨刀 | Chef's Knife | 食物夹 | Food Tong |
| 砧板 | Cutting Board | 汤匙 | Tablespoon |
| 沙司锅 | Sauce Pan | 餐盘 | Dinner Plate |
| 木铲 | Spatula | | |

### 制作原料

| | | |
|---|---|---|
| 鸡脯肉 | Chicken Breast | 1片 |
| 盐和胡椒粉 | Salt and Pepper | 适量 |
| 迷迭香 | Rosemary | 2克 |
| 干白酒 | Dry White Wine | 10毫升 |
| 菠菜叶 | Spinach Leaf | 若干片 |
| 核桃仁 | Walnut Kernel | 15克 |
| 明虾 | Prawn | 2只 |
| 土豆 | Potato | 50克 |
| 淡奶油 | Whipping Cream | 60毫升 |
| 罗勒 | Basil Leaf | 2片 |

### 制作步骤

烤箱预热至180℃。

明虾去头去壳,鸡脯肉整理成厚薄均匀的大片,土豆去皮切成丝,罗勒叶切碎。

核桃仁放入烤盘,进入烤箱烤5分钟上色成熟,切碎。

将鸡胸肉和去壳明虾用盐、胡椒粉、迷迭香、干白酒腌渍10分钟。

在鸡脯肉上覆上一层菠菜叶,撒上核桃仁碎、去壳明虾,用锡纸包裹成卷。

用温煮法将锡纸包裹的鸡肉明虾卷煮熟(煮约12分钟)。

在沙司锅中放入淡奶油、罗勒叶碎煮成浓稠状,盐、胡椒粉调味。

土豆丝在150℃油温中炸熟成金黄色。

将鸡胸卷切成段装盘,配上炸土豆丝。

奶油罗勒汁浇在鸡脯肉上即可,配上其他蔬菜。

### 温馨提示

锡纸包卷要紧实,以防煮制时水渗入及原汁流出。

鸡卷不要煮太久，以防鸡肉太老。

**菜肴特点**

红白绿色相间，圆柱形，味鲜香，肉质嫩。

## 练 习 题

（　　）1. 以下哪一项不是美式沙司的特点？

A. 深红色　　B. 汤汁流体

C. 鲜香微酸咸　　D. 鲜嫩可口

（　　）2. Basil Cream Sauce 意思是什么？

A. 奶油莳萝汁　　B. 奶油罗勒汁

C. 奶油他拉根汁　　D. 奶油薄荷汁

（　　）3. 酸奶酪（Yogurt）的生产是用哪种奶发酵凝结而成的？

A. 牛奶　　B. 羊奶

C. 牛羊混合奶　　D. 马奶

（　　）4. 西餐烹调使用的醋大多是由下列哪种原料发酵制造的？

A. 大米　　B. 水果　　C. 花草　　D. 玉米

（　　）5. 新鲜牛奶最佳的保存温度是多少？

A. 0～5℃　　B. 6～8℃

C. 9～10℃　　D. 11～12℃

（　　）6. 番茄沙司除了其他原料外，还有以下哪一样原料？

A. 淡奶油　　B. 黄油

C. 植物油　　D. 芝麻油

（　　）7. 哪一款式的早餐品种丰富，比较流行？

A. 欧洲式　　B. 意大利式

C. 俄国式　　D. 英美式

（　　）8. 现在非常流行的自助餐起源于哪里？

A. 东欧　　B. 西欧　　C. 南欧　　D. 北欧

# 第十三节　第十三周实训菜肴

**本节学习目标**

学习蘑菇沙拉的制作方法及制作要点。
学习苏格兰羊肉汤的制作方法及制作要点。
学习煮鱼柳香槟汁的制作方法及制作要点。
学习红酒汁焖猪肉卷的制作方法及制作要点。
掌握苏格兰羊肉汤的制作流程和制作技术。
掌握香槟汁的制作流程和制作技术。
掌握红酒汁焖猪肉卷的制作技术。
熟悉蘑菇沙拉、苏格兰羊肉汤、香槟汁、焖等相关知识。

## 一、蘑菇沙拉　Mushroom Salad

菜肴类型:沙拉　　烹制时间:10 分钟
准备时间:10 分钟　　制作份数:6 人份

**相关知识**

蘑菇沙拉

蘑菇沙拉(Mushroom Salad),是以蘑菇为主要原料制作的沙拉,这种沙拉所选择的蘑菇必须是新鲜、无斑点的。蘑菇可以是生食的,也可以是氽熟的。鲜蘑菇可以用加有柠檬汁的纯净水浸泡后,沥去水分再使用,以保持其色泽。

**主要工具**

| 厨刀 | Chef's Knife | 汤匙 | Tablespoon |
|---|---|---|---|
| 砧板 | Cutting Board | 沙拉盘 | Salad Plate |
| 搅拌盆 | Mixing Bowl | | |

**制作原料**

| 球生菜 | Iceberg Lettuce | 半只 |
|---|---|---|

| | | |
|---|---|---|
| 波士顿生菜 | Boston Lettuce | 半棵 |
| 黄瓜 | Cucumber | 1 根 |
| 四季豆 | Green Been | 250 克 |
| 蘑菇 | Mushroom | 250 克 |
| 法汁 | French Dressing | 60 毫升 |

**制作步骤**

四季豆切成段,在开水锅中氽熟,捞出冷却。

生菜洗净,撕成大片,黄瓜去皮切成片。

将生菜、黄瓜、四季豆放入保鲜袋或容器中,进入冰箱冷藏。在冰箱储存4～6 小时。

将蘑菇处理干净,削去黑点及不可食用的部分,用干净的毛巾擦拭干净,切成厚片。

将所有原料放入搅拌盆内用法汁拌匀,装盘。

**温馨提示**

脆性原料须处理干净后,进冰箱冷藏,以保证原料的脆性口感。

**菜肴特点**

色彩分明,堆放自然,酸咸适中,脆嫩爽口。

## 二、苏格兰羊肉汤 Scotch Broth

菜肴类型:汤菜　　烹制时间:30 分钟

准备时间:20 分钟　　制作份数:4 人份

**相关知识**

*苏格兰羊肉汤*

苏格兰羊肉汤是一种有着大量汤料的汤,起源于苏格兰,但现在已经名扬全球。主要成分通常是炖羊肉、大麦、根菜类,如胡萝卜、萝卜和干豆类(最常使用的是干豆瓣和红扁豆)及韭葱和卷心菜(通常是快完成煮制时添加,以保持质地、颜色)。

**主要工具**

| | | | |
|---|---|---|---|
| 厨刀 | Chef's Knife | 砧板 | Cutting Board |
| 汤锅 | Soup Pot | 汤匙 | Tablespoon |

搅拌盆　Mixing Bowl　　　　汤盅　Soup Plate

### 📖 制作原料

| | | |
|---|---|---|
| 羊腿肉 | Lamb Shank | 200 克 |
| 苏格兰威士忌 | Scotch Whisky | 30 毫升 |
| 汤或水 | Broth or Water | 1 升 |
| 大麦仁 | Barley | 30 克 |
| 黄油 | Butter | 20 克 |
| 洋葱 | Onion | 60 克 |
| 胡萝卜 | Carrot | 40 克 |
| 西芹 | Celery | 40 克 |
| 韭葱 | Leek | 20 克 |
| 萝卜 | Radish | 20 克 |
| 香叶 | Bay Leaf | 1 片 |
| 盐和胡椒粉 | Salt and Pepper | 适量 |
| 香菜 | Coriander | 适量 |

### 📖 制作步骤

将大麦用水浸泡洗净,加盖用文火煮软。

将洋葱、胡萝卜、西芹、萝卜、韭葱去皮切成小丁。

将羊肉切成小块,用清水洗净;在汤锅中加入汤或水煮沸,放入羊肉烫煮2 分钟,捞出羊肉,沥去水分。

在沙司锅内熔化黄油,先将羊肉放入炒至水分收干,放入洋葱等蔬菜丁、香叶炒至脱水,蔬菜变软,水分收干,加入白兰地煮片刻。

加入汤或水,大麦仁煮开后,转文火继续煮 30 分钟,至羊肉、蔬菜酥软。

加入适量的盐、胡椒粉调味。

盛入汤盅,撒上些切碎的香菜。

### 📖 温馨提示

羊肉丁(成熟后)与蔬菜丁的大小要一致。

羊肉须先煮烫过,去膻味。

蔬菜须炒至脱水,炒香后再放入汤或水。

### 📖 菜肴特点

色彩多样,丁块大小均匀,鲜香,酥软。

## 三、煮鱼柳香槟汁　Boiled Fish Fillet Champagne Sauce

菜肴类型:主菜　　烹制时间:15 分钟
准备时间:10 分钟　　制作份数:1 人份

### 相关知识

香槟汁

香槟汁(Champagne Sauce),是被称为料理之神的费南得·波伊特(Fernand Point)留下的创意酱汁。费南得·波伊特是一个法国餐馆的老板,被认为是现代法国烹饪之父。香槟汁是在第一次世界大战后所创,它是香槟酒、奶油沙司和荷兰沙司的混合体。

### 主要工具

| 厨刀 | Chef's Knife | 蛋抽 | Egg Whisk |
|---|---|---|---|
| 砧板 | Cutting Board | 汤勺 | Soup Ladle |
| 沙司锅 | Sauce Pan | 汤匙 | Tablespoon |
| 过滤网 | Strainer | 餐盘 | Dinner Plate |

### 制作原料

| 鱼柳 | Fish Fillet | 160 克 |
|---|---|---|
| 黄油 | Butter | 适量 |
| 洋葱 | Onion | 20 克 |
| 蘑菇 | Mushroom | 2 只 |
| 番茄 | Tomato | 20 克 |
| 欧芹 | Parsley | 5 克 |
| 香槟酒 | Champagne | 30 毫升 |
| 淡奶油 | Whipping Cream | 100 毫升 |
| 荷兰汁 | Hollandaise Sauce | 50 毫升 |
| 盐和胡椒粉 | Salt and Pepper | 适量 |

### 制作步骤

将洋葱、番茄去皮切碎,蘑菇切片,欧芹切碎。

沙司锅加热黄油,撒上洋葱碎,放上盐、胡椒粉、鱼柳、蘑菇片、番茄粒、香槟酒,煮沸,加盖焖熟(可以进入烤箱焖)。

将鱼柳取出保温。

汤汁中加入淡奶油煮至浓稠,离火过滤。

再加入软化的少量黄油增稠,加入调味和荷兰汁调匀,即成香槟汁。

将鱼柳装盘,淋上香槟酱汁,入焗炉焗上色即成。

📖 温馨提示

鱼柳不能焖煮太熟。

香槟沙司不能做太稀,否则不易上色。

可用喷火枪(Flame Gun)将沙司表面喷上色。

📖 菜肴特点

金黄色,块状,鲜香浓郁,软嫩适口。

## 四、红酒汁焖猪肉卷 Braised Pork Loin Roll with Red Wine Sauce

菜肴类型:主菜　　烹制时间:20 分钟

准备时间:15 分钟　　制作份数:1 人份

📖 相关知识

捆

捆即捆扎,用棉绳将烹饪原料以符合菜肴的特定要求的方式捆扎整齐,便于固定原料原有形状或改变原料原有的形状,以确保原料在受热过程中保持所需形状的一种技法。原料大多是畜肉类、鱼类、禽类,以及大、薄且不规则的肉类部位。

📖 主要工具

| 厨刀 | Chef's Knife | 沙司锅 | Sauce Pan |
|---|---|---|---|
| 砧板 | Cutting Board | 煎锅 | Frying Pan |
| 木铲 | Spatula | 汤匙 | Tablespoon |
| 搅拌盆 | Mixing Bowl | 餐盘 | Dinner Plate |
| 汤勺 | Soup Ladle | | |

📖 制作原料

| 猪外脊 | Boneless Pork Chop | 150 克 |
|---|---|---|
| 肥膘 | Pork Back Fat | 30 克 |
| 菠菜叶 | Spinach Leaf | 15 克 |

| 葱头 | Onion | 10 克 |
|---|---|---|
| 胡萝卜 | Carrot | 10 克 |
| 西芹 | Celery | 10 克 |
| 鲜蘑菇 | Mushroom | 10 克 |
| 干红酒 | Dry Red Wine | 30 毫升 |
| 布朗汁 | Brown Sauce | 50 毫升 |
| 黄油 | Butter | 25 克 |
| 盐和胡椒粉 | Salt and Pepper | 适量 |
| 煮土豆 | Boiled Potato | 1 只 |

**制作步骤**

烤箱预热至 180℃。

将葱头、西芹、胡萝卜、蘑菇切成粗细均匀的丝。

用黄油将洋葱丝、胡萝卜丝、西芹丝、鲜蘑菇丝炒香,加入干红酒、盐、胡椒粉调味,作为馅料。

猪外脊切成大片,用盐、胡椒粉调味,铺上肥膘,再铺上一层烫过的菠菜叶,放上馅料,卷成卷,用绳子扎紧。

在煎锅中加热黄油,把肉卷煎上色,加入基础汤,盖上盖子,入烤箱焖约 12 分钟至成熟。

在沙司锅中加入干红酒、葱头碎煮,加布朗汁及焖肉原汁煮成汁,用盐、胡椒粉调味,用黄油调整浓度。

把肉卷切成厚片,装盘,配上煮土豆(或炒面条),淋上调味汁即可。

**温馨提示**

可用小火在炉子上焖制,也可用锡纸封好进入烤箱焖制。

用绳子捆扎肉卷的松紧要适度。

**菜肴特点**

棕色,酒香浓郁,软嫩适口。

## 练习题

(　　)1. 如需保持蘑菇的白色,应如何处理?

A. 用水清洗　　B. 用水煮

C. 加盐腌渍　　D. 柠檬水浸泡

( )2. 这样的菜单——蔬菜汤、炸鱼条、咖喱鸡、面包布丁、咖啡,属于以下哪种形式?

A. 自助餐 B. 早餐套餐
C. 鸡尾酒会 D. 午餐套餐

( )3. 以下哪一项是鸡尾酒会的特点?

A. 设固定座位 B. 设休息座
C. 不设座位 D. 设聊天座

( )4. 下列哪项不是西餐肉类原料捆扎的目的?

A. 增进风味 B. 美化外观
C. 容易切割 D. 易于烹调

( )5. 以下哪项工作是库存管理的中心环节?

A. 清点盘存 B. 入库离库
C. 入库验收 D. 储存保管

( )6. 爱尔兰炖肉(Irish Stew)是用哪种主材料制作的?

A. 猪肉 B. 牛肉 C. 鹿肉 D. 羊肉

( )7. 下列哪一项是英美式早餐炒蛋的英文名称?

A. Scrambled Egg B. Fried Egg
C. Boiled Egg D. Poached Egg

( )8. 土豆用水煮熟后的最佳冷却方法是下列哪一种?

A. 冷水冲 B. 冷风吹
C. 温水冲 D. 入冰箱

# 第十四节　第十四周实训菜肴

**本节学习目标**

学习田园沙拉的制作方法及制作要点。
学习柠檬蛋黄鸡汤的制作方法及制作要点。
学习煎鲷鱼柳配卷心菜蛤蜊酱汁的制作方法及制作要点。
学习焖牛肉卷的制作方法及制作要点。
掌握柠檬蛋黄鸡汤的制作流程和制作技术。
掌握蛤蜊酱汁的制作流程和制作技术。
掌握焖牛肉卷的制作流程和制作技术。
熟悉田园沙拉、Avgolemono、蛤蜊酱汁、焖牛肉卷等相关知识。

## 一、田园沙拉　Garden Salad

菜肴类型:沙拉　　烹制时间:10 分钟
准备时间:10 分钟　　制作份数:6 人份

**相关知识**

田园沙拉

田园沙拉(Garden Salad),也称花园沙拉、蔬菜沙拉,是一种纯蔬菜的沙拉,其蔬菜都是非常新鲜的。田园沙拉可搭配的调味品,有基本油醋汁、法国汁、蛋黄酱、意大利汁、千岛汁和蓝纹奶酪调味汁等。

**主要工具**

| | | | |
|---|---|---|---|
| 厨刀 | Chef's Knife | 汤匙 | Tablespoon |
| 砧板 | Cutting Board | 沙拉盘 | Salad Plate |
| 搅拌盆 | Mixing Bowl | | |

**制作原料**

| | | |
|---|---|---|
| 叶生菜 | Leaf Lettuce | 250 克 |
| 洋葱 | Onion | 80 克 |
| 樱桃番茄 | Cherry Tomato | 200 克 |

| | | |
|---|---|---|
| 黄瓜 | Cucumber | 120 克 |
| 胡萝卜 | Carrot | 80 克 |
| 西芹 | Celery | 80 克 |
| 法汁 | French Dressing | 100 毫升 |

📖 **制作步骤**

将叶生菜洗净,撕成块,冷藏。

黄瓜去皮切片,洋葱去皮切成丝,西芹斜着切成薄片,胡萝卜去皮切成薄片,番茄对切开。

将所有蔬菜原料放入大的搅拌盆中拌匀。

将拌好的蔬菜装入沙拉盘中,上菜时淋上法式调味汁或单跟。

📖 **温馨提示**

沙拉所用原料清洗后,必须沥干水分。

📖 **菜肴特点**

色彩鲜明,块片状,脆嫩,微咸酸。

## 二、柠檬蛋黄鸡汤 Chicken Soup Avgolemono

菜肴类型:汤菜　　烹制时间:20 分钟

准备时间:10 分钟　　制作份数:1 人份

📖 **相关知识**

Avgolemono

Avgolemono(希腊文),被称为柠檬蛋黄鸡汤,是用鸡蛋黄和柠檬汁混合煮制的浓稠肉汤。在阿拉伯烹饪中,它被称为 Tarbiya 或 Beidabi-Lemoune(鸡蛋与柠檬);在土耳其语中是 Terbiye;在西班牙裔犹太人的烹饪中,被称为 Agristada 或 Salsa Blanco;意大利烹饪中被称为 Bagna Brusca,Brodettato 或 Brodo Brusco。Avgolemono 同样也可以作为一种沙司来使用。在一些中东的菜系中,它被用于鸡或鱼的沙司。意大利的犹太人,将此作为意大利面或肉的酱汁。

📖 **主要工具**

| | | | |
|---|---|---|---|
| 厨刀 | Chef's Knife | 砧板 | Cutting Board |
| 沙司锅 | Sauce Pan | 汤匙 | Tablespoon |

| | | | |
|---|---|---|---|
| 搅拌盆 | Mixing Bowl | 汤盅 | Soup Plate |
| 蛋抽 | Egg Whisk | | |

📖 制作原料

| | | |
|---|---|---|
| 鸡汤 | Chicken Broth | 1 升 |
| 大米 | White Rice | 50 克 |
| 鸡蛋 | Egg | 2 只 |
| 柠檬 | Lemon | 1 只 |
| 盐和胡椒粉 | Salt and Pepper | 适量 |

📖 制作步骤

把肉汤加入大米和盐煮开后，转小火煮至大米熟烂，煮约 20 分钟。

蛋清和蛋黄分开；把蛋清打发打硬，加入蛋黄搅拌均匀，慢慢将柠檬汁加入，边加边搅拌，慢慢加入 500 毫升温热的鸡汤，搅拌均匀；然后将鸡蛋混合物倒入大米鸡汤中混合均匀，不用煮开。

将大米鸡蛋汤盛入汤盘，用柠檬皮碎和罗勒叶做装饰。

📖 温馨提示

作为汤，它通常可以用鸡汤，也可以是肉汤（通常是羊肉汤）、鱼汤或蔬菜汤制作。增稠用的大米可以用其他增稠原料替代，如土豆等。

通常用整个鸡蛋，也可以只用蛋黄。

如有需要，可在加入鸡蛋前将汤体打成浆状。

📖 菜肴特点

淡黄色，汤体浓稠，咸鲜味，软滑。

## 三、煎鲷鱼柳配卷心菜蛤蜊酱汁　Pan-Fried Sea Bream with Cabbage and Clam Sauce

| | |
|---|---|
| 菜肴类型：主菜 | 烹制时间：20 分钟 |
| 准备时间：10 分钟 | 制作份数：1 人份 |

📖 相关知识

蛤蜊酱汁

蛤蜊调味汁（Clam Sauce），以前通行红肉配红酒、白肉配白酒、肉类搭配肉类高汤、鱼类搭配鱼类高汤等固定的饮食烹饪模式，肉类与鱼贝类有明显的区别。现代的法国烹饪,鱼贝类搭配肉类酱汁是相当普遍的。肉类的浓郁甘甜正是鱼类所欠缺的,因此此款调味汁与鱼类或肉类相搭配都是不错的选择。此种调味汁有红、白之分。红的可用红酒、番茄酱等,白色或本色可用奶油或白酒等制作。

### 主要工具

| | | | |
|---|---|---|---|
| 厨刀 | Chef's Knife | 煎锅 | Frying Pan |
| 砧板 | Cutting Board | 汤匙 | Tablespoon |
| 沙司锅 | Sauce Pan | 餐盘 | Dinner Plate |
| 木铲 | Spatula | | |

### 制作原料

| | | |
|---|---|---|
| 鲷鱼柳 | Bream Fillet | 120 克 |
| 面粉 | Flour | 适量 |
| 卷心菜 | Cabbage | 80 克 |
| 黄油 | Butter | 15 克 |
| 鸡高汤 | Chicken Stock | 150 毫升 |
| 大蛤蜊 | Clam | 6 只 |
| 芥末 | Mustard | 5 克 |
| 橄榄油 | Olive Oil | 20 毫升 |
| 细香葱 | Chive | 适量 |
| 柠檬汁 | Lemon Juice | 5 毫升 |
| 盐和胡椒粉 | Salt and Pepper | 适量 |

### 制作步骤

鲷鱼柳调味,卷心菜切成粗丝。

蛤蜊氽水,取肉,洗净。

沙司锅加热黄油,将卷心菜炒至脱水,加入少量汤水煮熟,调味。

沙司锅中放入鸡汤煮至浓缩,放入芥末、蛤蜊肉,调味,离火,加入橄榄油、细香葱碎、柠檬汁。

将鱼柳拍上面粉,煎上色并成熟。

把卷心菜装盘中,放上鱼柳,淋上蛤蜊调味汁。

### 温馨提示

拍粉是方便鱼上色,且不太会粘锅和不易破碎。

### 菜肴特点

金黄色,块状,鲜嫩香。

## 四、焖牛肉卷　Braised Beef Roll

菜肴类型:主菜　　烹制时间:20 分钟
准备时间:10 分钟　　制作份数:1 人份

### 相关知识

焖牛肉卷

焖牛肉卷是将牛肉大片做成卷,内卷香料、蔬菜等,用绳子将其扎紧,再将表面煎或炸上色,然后加入香味蔬菜及酒等,在小火或烤箱中烹制成熟,汤汁过滤后调味成汁。

### 主要工具

| | | | |
|---|---|---|---|
| 厨刀 | Chef's Knife | 食物夹 | Food Tong |
| 砧板 | Cutting Board | 汤匙 | Tablespoon |
| 沙司锅 | Sauce Pan | 餐盘 | Dinner Plate |
| 木铲 | Spatula | | |

### 制作原料

| | | |
|---|---|---|
| 牛肉 | Beef | 150 克 |
| 盐和胡椒粉 | Salt and Pepper | 适量 |
| 鲜面包 | Fresh Bread | 30 克 |
| 柠檬皮 | Lemon Skin | 10 克 |
| 欧芹 | Parsley | 8 克 |
| 百里香 | Thyme | 少许 |
| 清汤 | Stock | 适量 |
| 蛋黄 | Egg Yolk | 1 个 |
| 黄油 | Butter | 20 克 |
| 洋葱 | Onion | 50 克 |
| 番茄 | Tomato | 50 克 |
| 香叶 | Bay Leaf | 1 片 |

📖 制作步骤

烤箱预热至160℃。

将鲜面包掰碎,柠檬皮擦碎,欧芹切碎;洋葱去皮切块,番茄切块,黄油熔化;牛肉切成大片。

将面包碎、柠檬皮碎、欧芹碎、百里香、盐、胡椒粉、黄油、蛋黄拌匀成馅。

在牛肉大片上抹上面包混合馅,做成卷,用绳子扎紧,撒上盐和胡椒粉,煎上色。

在焖锅内加入洋葱块、番茄块、香叶、清汤、红酒,加盖放入烤箱焖熟。

将牛肉去绳子,切成片状装盘,浇上焖牛肉的原汁(过滤后,调整浓度),配上蔬菜即可。

📖 温馨提示

焖制时也可以盖上盖子,用小火在炉子上焖制。

📖 菜肴特点

浅褐色,厚片状,鲜嫩香。

## 练习题

(　　)1. 下列哪一种调味汁不适用于田园沙拉(Garden Salad)?

A. 法国汁　　B. 意大利汁

C. 千岛汁　　D. 奶油沙司

(　　)2. 柠檬蛋黄鸡汤是哪个国家的菜肴?

A. 法国　　B. 意大利

C. 西班牙　　D. 希腊

(　　)3. 下列哪一项不是鱼柳拍面粉的目的?

A. 方便鱼上色　　B. 不太会粘锅

C. 便于调味　　D. 不易破碎

(　　)4. 奶酪的最佳品尝温度是以下哪种?

A. 高温　　B. 低温

C. 室温　　D. 体温

(　　)5. 煎使用的是何种导热法?

A. 传导法　　B. 对流法

C. 辐射法　　D. 感应法

(　　)6. 下列哪一项是原料切割最细小的?

A. Chop　　B. Dice

C. Brunoise　　D. Mince

(　　)7. 食物烹调前用来汆的水温是多少?

A. 150℃　　B. 120℃

C. 100℃　　D. 90℃

(　　)8. 下列哪种原料更适合烩制?

A. 芦笋　　B. 牛里脊

C. 羊排　　D. 鸡肉

# 第十五节　第十五周实训菜肴

**本节学习目标**

学习香橙萝卜沙拉的制作方法及制作要点。
学习西班牙冷汤的制作方法及制作要点。
学习烤鱼柳三味沙司的制作方法及制作要点。
学习芒果猪排卷辣味番茄沙司的制作方法及制作要点。
掌握西班牙冷汤的制作流程和制作技术。
掌握辣味番茄沙司及三味沙司的制作技术。
掌握芒果猪排卷的制作流程和制作技术。
熟悉菊苣、Gazpacho、三味沙司、辣味番茄沙司等相关知识。

## 一、香橙萝卜沙拉　Orange Radish Salad

菜肴类型:沙拉　　烹制时间:10 分钟
准备时间:10 分钟　　制作份数:4 人份

**相关知识**

菊苣

菊苣(Chicory),是生菜的一个品种,外形细长,形似大白菜,叶子卷曲。菊苣常见的有淡粉色叶子和白色叶子,略有苦味,可与其他生菜一起食用。

**主要工具**

厨刀　Chef's Knife　　汤匙　Tablespoon
砧板　Cutting Board　　沙拉盘　Salad Plate
搅拌盆　Mixing Bowl

**制作原料**

| 甜橙 | Orange | 4 只 |
|---|---|---|
| 小红萝卜 | Red Radishe | 4 个 |
| 黑橄榄 | Black Spanish Olive | 110 克 |
| 橄榄油 | Olive Oil | 120 毫升 |

| | | |
|---|---|---|
| 柠檬汁 | Lemon Juice | 30毫升 |
| 菊苣 | Chicory | 160克 |
| 孜然 | Ground Cumin | 适量 |
| 盐和胡椒粉 | Salt and Pepper | 适量 |

📖 制作步骤

甜橙去皮,去除白色的膜,取肉切成段;小红萝卜洗净切成薄片,橄榄切成片,生菜撕成片。

在沙拉盘中先放上生菜,混合堆上甜橙、萝卜、橄榄,中间高、四周低。

搅拌盆内加入橄榄油、柠檬汁、孜然和盐、胡椒粉搅匀成调味汁。

将调味汁浇在沙拉上或装入沙司盅内跟沙拉上桌。

📖 温馨提示

可用意大利汁替换。

可使用罗莎红叶生菜。

📖 菜肴特点

色彩鲜明,块片状,脆软,微咸酸。

## 二、西班牙冷汤 Cold Gazpacho Soup

菜肴类型:汤菜　　　　烹制时间:30分钟

准备时间:10分钟　　　制作份数:6人份

📖 相关知识

Gazpacho

Gazpacho(伽斯巴乔),是一款西班牙风味的冷汤。制作时,把黄瓜、番茄、青椒等生鲜蔬菜和调味料等一起搅打成细腻的浆状。冷藏后味道十分爽口,是夏季一道可口的开胃品。

📖 主要工具

| | | | |
|---|---|---|---|
| 厨刀 | Chef's Knife | 过滤网 | Strainer |
| 砧板 | Cutting Board | 汤匙 | Tablespoon |
| 搅拌盆 | Mixing Bowl | 汤盅 | Soup Plate |
| 搅拌机 | Hand Blender | | |

📖 制作原料

| | | |
|---|---|---|
| 黄瓜 | Cucumber | 250 克 |
| 番茄 | Tomato | 500 克 |
| 青椒 | Green Pepper | 60 克 |
| 洋葱 | Onion | 120 克 |
| 大蒜头 | Garlic | 2 瓣 |
| 面包屑 | Breadcrumb | 60 克 |
| 番茄酱 | Tomato Ketchup | 20 克 |
| 辣椒汁 | Tabasco | 适量 |
| 橄榄油 | Olive Oil | 50 毫升 |
| 水 | Water | 300 毫升 |
| 红酒醋 | Red Wine Vinegar | 40 毫升 |
| 盐和胡椒粉 | Salt and Pepper | 适量 |

📖 制作步骤

将黄瓜、番茄去皮去籽切成块,洋葱去皮切成块,青椒切成块,大蒜头去皮去芽切片。留一部分黄瓜、番茄、青椒作为装饰物。

把以上原料放入搅拌机,搅打成浆状。

再加入鲜面包屑、番茄酱、辣椒汁、水、橄榄油、红酒醋、盐、胡椒粉一起打成细腻的汁,然后过滤,将其冷藏。

再将装饰用的黄瓜带皮去籽切成 5 毫米的丁,番茄去皮去籽切成 5 毫米的丁,青椒去籽切成 5 毫米的丁。

将冷汤装入冷的汤盅中,中间放上装饰蔬菜丁。

📖 温馨提示

可用蛋黄酱替换橄榄油,使口味更滑润可口。

📖 菜肴特点

橘红色,浓稠状,滑润爽口。

## 三、烤鱼柳三味沙司 Fish Fillet with Cream, Pesto and Tabasco Tomato Sauce

菜肴类型:主菜　　　　烹制时间:40 分钟

准备时间:10 分钟　　　　　　　　制作份数:1 人份

### 相关知识

三味沙司

三味沙司,是三种不同味道、不同颜色的沙司出现在同一个菜肴上,使菜肴的色彩多样、味道多样,突出了菜肴的色、味、形。

### 主要工具

| 厨刀 | Chef's Knife | 木铲 | Spatula |
|---|---|---|---|
| 砧板 | Cutting Board | 搅拌盆 | Mixing Bowl |
| 沙司锅 | Sauce Pan | 蛋抽 | Egg Whisk |
| 烤盘 | Roasting Pan | 餐盘 | Dinner Plate |
| 汤勺 | Soup Ladle | | |

### 制作原料

| 鱼柳 | Fish Fillet | 150 克 |
|---|---|---|
| 盐和胡椒粉 | Salt and Pepper | 适量 |
| 柠檬汁 | Lemon Juice | 5 毫升 |
| 干白酒 | Dry White Wine | 10 毫升 |
| 小土豆 | Small Potato | 1 只 |
| 黑椒碎 | Black Pepper | 15 克 |
| 蛋清 | Egg White | 1 只 |
| 香蒜沙司 | Pesto | 50 克 |
| 番茄沙司 | Tomato Sauce | 80 克 |
| 辣椒汁 | Tabasco | 适量 |
| 鲜罗勒叶 | Fresh Basil | 适量 |
| 奶油沙司 | Cream Sauce | 80 克 |
| 芥末酱 | Mustard Seed Paste | 15 克 |
| 杏仁片 | Almond Sliced | 20 克 |
| 薄荷叶 | Mint Leaf | 适量 |

### 制作步骤

烤箱预热至 170℃。

鱼柳用酒、盐、胡椒粉、柠檬汁腌渍,罗勒切碎。

在沙司锅中放入土豆,加入冷水没过土豆,煮熟,冷却去皮切厚片。

在搅拌盆中将蛋清打发至硬。

厚的香蒜酱加打发蛋清适量,拌匀成汁。

奶油沙司加热后加入适量芥末酱,拌匀成汁。

番茄沙司加入适量辣椒汁和罗勒碎,拌匀成汁。

将土豆片放入煎锅,加入少量油,将土豆两面煎上色,撒上盐和黑椒碎。

鱼柳拍上面粉,煎至七成熟,放在烤盘中,分段浇上三种调味汁,撒上杏仁片,进入烤箱烤上色,并至成熟。

将土豆片放入餐盘,上面放上烤好的鱼柳,用薄荷叶点缀。

📖 温馨提示

三种颜色的沙司均应调制得稍稠点。

📖 菜肴特点

表面白红绿相间,咸鲜微辣,软嫩。

## 四、芒果猪排卷辣味番茄沙司 Pork Chop Roll Mango with Red Chili Sauce

菜肴类型:主菜　　烹制时间:20 分钟

准备时间:15 分钟　　制作份数:2 人份

📖 相关知识

辣味番茄沙司

辣味番茄沙司(Red Chili Sauce),是一种将番茄沙司和辣椒酱完美结合的酱汁,所用辣味原料基本采用红辣椒或辣椒粉,也有用辣椒汁的。

📖 主要工具

| 厨刀 | Chef's Knife | 搅拌盆 | Mixing Bowl |
| --- | --- | --- | --- |
| 砧板 | Cutting Board | 汤勺 | Soup Ladle |
| 沙司锅 | Sauce Pan | 汤匙 | Tablespoon |
| 煎锅 | Frying Pan | 餐盘 | Dinner Plate |
| 木铲 | Spatula | | |

📖 制作原料

| 去骨猪外脊 | Boneless Pork Loin | 250 克 |
| --- | --- | --- |

| | | |
|---|---|---|
| 鲜芒果 | Mango | 3只 |
| 盐和胡椒粉 | Salt and Pepper | 适量 |
| 芥末酱 | Mustard | 25克 |
| 欧芹 | Parsley | 20克 |
| 扒番茄 | Grilled Tomato | 1只 |
| 炸生姜片 | Fried Ginger Slice | 20克 |
| 辣椒番茄沙司 | Red Chili Sauce | 适量 |
| 洋葱 | Onion | 20克 |
| 大蒜头 | Garlic | 2瓣 |
| 辣椒粉 | Chili Powder | 20克 |
| 孜然 | Cumin | 1克 |
| 阿里根奴 | Oregano | 5克 |
| 水 | Water | 200毫升 |
| 蜂蜜 | Honey | 适量 |
| 盐 | Salt | 适量 |
| 番茄酱 | Tomato Ketchup | 30克 |
| 橄榄油 | Olive Oil | 15毫升 |

### 制作步骤

芒果去皮切成条状,猪外脊切成大片,欧芹切碎;洋葱、大蒜切碎。

将猪外脊大片拍松,用盐和胡椒粉调味,抹上芥末酱,撒上欧芹碎,放上去皮的芒果肉,卷紧,用抹过油的锡纸包裹住,两头卷紧。

将猪肉卷放入温水中煮熟或烤箱中烤熟。

在沙司锅内加热少许油,加入洋葱、大蒜、辣椒粉、孜然和阿里根奴,炒至洋葱柔软;加水、蜂蜜、盐、番茄酱煮沸成辣椒番茄沙司。

将猪肉卷去锡纸,切段装盘,配上扒番茄、炸生姜片。

辣味番茄沙司浇在盘子上或浇在猪肉卷上,用黑醋点缀。

### 温馨提示

可用耐高温保鲜膜替代锡纸,将猪肉卷紧,温煮至熟。

### 菜肴特点

肉白、汁红浓稠,咸酸辣,软嫩适口。

## 练 习 题

(　　)1. Red Chili Sauce 是指下列哪种沙司?
A. 红辣椒　　B. 辣酱
C. 豆瓣酱　　D. 辣味番茄沙司

(　　)2. 伽斯巴乔(Gazpacho)是哪个国家的一款冷汤?
A. 西班牙　　B. 意大利　　C. 法国　　D. 英国

(　　)3. 下列哪种烹调方法在运用之前,要将原料用油进行初步热加工?
A. 煮　　B. 焖　　C. 蒸　　D. 扒

(　　)4. 焗制菜肴在原料上面的沙司要浇得厚薄均匀,还需要沙司怎样?
A. 多些　　B. 少些　　C. 稠些　　D. 稀些

(　　)5. 制作水波蛋时,水煮开后应该先加入以下哪一种原料?
A. 盐　　B. 白醋　　C. 白酒　　D. 色拉油

(　　)6. 以下哪一项是在烤制牛外脊或大块西冷时,首先该操作的步骤?
A. 刷糖浆　　B. 用油煎上色
C. 炸上色　　D. 煮至三成熟

(　　)7. 以下哪种沙司是制作丁香焗火腿的原料?
A. 千岛汁　　B. 太太沙司
C. 蛋黄酱　　D. 蜂蜜沙司

(　　)8. 下列哪一项是面包糠炸原料的裹衣程序?
A. 面粉—蛋液—面包糠　　B. 面浆—蛋液—面包糠
C. 蛋液—面粉—面包糠　　D. 蛋液—面浆—面包糠

# 第十六节 第十六周实训菜肴

**本节学习目标**

学习煎鱼萝卜沙拉的制作方法及制作要点。
学习鸡杂蔬菜汤的制作方法及制作要点。
学习西班牙海鲜饭的制作方法及制作要点。
学习炸浜格鸡的制作方法及制作要点。
掌握鸡杂蔬菜汤的制作流程和制作技术。
掌握西班牙海鲜饭的制作技术。
掌握炸浜格鸡的制作流程和制作技术。
熟悉煎鱼沙拉、鸡杂汤、西班牙海鲜饭、Crépinette等相关知识。

## 一、煎鱼萝卜沙拉 Fried Fish and Turnip Salad

菜肴类型:沙拉　　烹制时间:20分钟
准备时间:10分钟　　制作份数:2人份

**相关知识**

煎鱼沙拉

煎鱼沙拉,是指用煎或烤或扒熟的鱼肉制作的沙拉,增加了沙拉的另一种焦香味,既增强食欲,也增添了别样的色泽,是其他拌制沙拉所缺乏的。用煎、烤、炸、扒制作的沙拉原料,一般肉类、禽类、鱼类等均可使用。

**主要工具**

| | | | |
|---|---|---|---|
| 厨刀 | Chef's Knife | 木铲 | Spatula |
| 砧板 | Cutting Board | 汤匙 | Tablespoon |
| 搅拌盘 | Mixing Bowl | 沙拉盘 | Salad Plate |
| 煎锅 | Frying Pan | | |

**制作原料**

| | | |
|---|---|---|
| 生菜 | Lettuce | 50克 |
| 小萝卜 | Radish | 100克 |

| | | |
|---|---|---|
| 红洋葱 | Red Onion | 50 克 |
| 鼠尾草 | Sage | 少许 |
| 酒醋 | Wine Vinegar | 30 毫升 |
| 盐和胡椒粉 | Salt and Pepper | 适量 |
| 糖 | Sugar | 适量 |
| 橄榄油 | Olive Oil | 45 毫升 |
| 鱼柳 | Fish Fillet | 170 克 |
| 面粉 | Flour | 30 克 |
| 黄油 | Butter | 20 克 |

**制作步骤**

清洗生菜和萝卜,沥干水分;萝卜切成细条,生菜撕成块。

洋葱去皮切成丝,鼠尾草切碎。

醋与鼠尾草、盐、胡椒和糖混合成酸甜味,加入橄榄油、生菜和洋葱、萝卜混合均匀。

将鱼用盐调味,拍上面粉。

在煎锅内加热黄油,将鱼块煎上色并至成熟。

把混合蔬菜装入盘中,将鱼块切成小块放在混合蔬菜上。

**温馨提示**

鱼柳拍上面粉,方便煎制时不易破碎。

蔬菜切割要粗细均匀。

**菜肴特点**

色彩鲜明,条、块状,咸鲜微酸,软嫩脆爽口。

## 二、鸡杂蔬菜汤　Chicken Giblet Vegetable Soup

菜肴类型:汤菜　　烹制时间:35 分钟

准备时间:10 分钟　　制作份数:4 人份

**相关知识**

鸡杂汤

鸡杂汤(Giblet Soup),是用家禽的内脏(如心、肝、胃),添加了去除异味的香味蔬菜、香料来制作的汤。

📖 主要工具

| 厨刀 | Chef's Knife | 木铲 | Spatula |
| --- | --- | --- | --- |
| 砧板 | Cutting Board | 汤勺 | Soup Ladle |
| 沙司锅 | Sauce Pan | 汤盅 | Soup Plate |

📖 制作原料

| 鸡杂 | Giblet | 2对 |
| --- | --- | --- |
| 水 | Water | 1升 |
| 盐和胡椒粉 | Salt and Pepper | 适量 |
| 胡萝卜 | Carrot | 60克 |
| 洋葱 | Onion | 30克 |
| 西芹 | Celery | 60克 |
| 番茄汁 | Tomato Juice | 150克 |
| 欧芹 | Parsley | 10克 |
| 红椒粉 | Paprika | 适量 |
| 快熟燕麦片 | Quick-Cooking Oatmeal | 25克 |

📖 制作步骤

将洋葱、胡萝卜、西芹去皮切成小丁。

内脏处理后洗净,放在一个沙司锅中,加入水和盐,煮开,煮约15分钟。加入洋葱、胡萝卜、西芹丁、番茄汁,小火煮约20分钟。取出内脏,切成小块。

然后将内脏放回到汤内,加入燕麦片,搅拌均匀,煮5分钟。

将汤装入汤盅,用欧芹装饰。

📖 温馨提示

可用等量番茄替代番茄汁,或使用番茄膏(须减量)。

📖 菜肴特点

浅红色,汤体浓稠,鲜咸微酸,滑润适口。

## 三、西班牙海鲜饭 Spanish Seafood Paella

菜肴类型:米饭　　烹制时间:35分钟

准备时间:30分钟　　制作份数:4人份

### 相关知识

西班牙海鲜饭

西班牙海鲜饭是西班牙颇具特色的饮类食品,是西班牙的国菜之一,它使用一种名为Paella的平底锅,采用包括大米、海鲜、肉类、蔬菜、汤汁等原料制作而成。除了使用大米制作菜肴,西班牙人也使用意大利面条来制作Paella,被称为Fideua等。

### 主要工具

| | | | |
|---|---|---|---|
| 厨刀 | Chef's Knife | 木铲 | Spatula |
| 砧板 | Cutting Board | 汤勺 | Soup Ladle |
| 沙司锅 | Sauce Pan | 餐盘 | Dinner Plate |

### 制作原料

| | | |
|---|---|---|
| 藏红花 | Saffron | 1小撮 |
| 干白酒 | Dry White Wine | 30毫升 |
| 鱼汤 | Fish Stock | 900毫升 |
| 鱿鱼 | Squid | 400克 |
| 橄榄油 | Olive Oil | 30毫升 |
| 鱼柳 | Fish Fillet | 200克 |
| 蒜瓣 | Garlic Clove | 2粒 |
| 洋葱 | Onion | 50克 |
| 红椒粉 | Paprika | 适量 |
| 红椒 | Red Pepper | 1只 |
| 长粒大米 | Long-Grain Rice | 250克 |
| 番茄 | Tomato | 250克 |
| 冷冻豌豆 | Frozen Peas | 150克 |
| 贻贝 | Mussels | 12只 |
| 欧芹 | Parsley | 适量 |
| 盐和胡椒 | Salt and Pepper | 适量 |

### 制作步骤

把藏红花放入容器中加入干白酒,浸泡备用。

清洗鱿鱼,去除不可食用部分,清洗干净,然后切成细条;贻贝清洗干净;

鱼清洗干净,切成合适的块。

将洋葱、大蒜头去皮切碎,红辣椒切碎,番茄切碎,欧芹切碎。

在沙司锅中加热橄榄油,加入鱼块,迅速煎至四周浅金黄色,将鱼取出备用。在原锅中加入大蒜、洋葱和红辣椒,中火炒片刻,加入辣椒粉,继续炒至蔬菜变软,但不上色。

加入大米、藏红花、干白酒和适量鱼汤,边搅拌边煮至沸。当水分被大米吸收后,再加入剩余的汤水、番茄碎及汁,将鱼块、贻贝放在上面,小火煮 5 分钟,轻轻地放入鱿鱼,然后煮 15 分钟,或者煮至大米柔软,所有汤汁被吸收。

用盐和胡椒粉调味后离火,即成海鲜饭。

将海鲜饭装盘,撒上欧芹碎。

**温馨提示**

煮熟米饭的过程中,如有贻贝没有开口的请丢弃。或在烹制前,先将贻贝汆水,除去半个壳,洗净后再使用(放入米饭锅中时间需要推迟)。

煮饭的液体不能太多,否则米饭太软烂,影响口感。

海鲜可以有很多选择,鱼类、贝类、虾蟹类等均可替代使用。

**菜肴特点**

色彩多样,自然堆放,鲜咸香,软嫩适口。

## 四、炸浜格鸡 Crépinette de Volaille

菜肴类型:主菜　　烹制时间:30 分钟

准备时间:20 分钟　　制作份数:2 人份

**相关知识**

Crépinette

Crépinette(法文),是形状小而扁平的香肠,有时被称为香肠包裹。被包在里面的馅料可以是猪肉、鸡肉、牛肉、羊肉,甚至可以是松露,外包装可以是网状脂肪,也可以是其他薄型的原料,外包装的外面还需要裹上面包糠,煎或炸均可。

**主要工具**

| | | | |
|---|---|---|---|
| 厨刀 | Chef's Knife | 搅拌盘 | Mixing Bowl |
| 砧板 | Cutting Board | 漏勺 | Skimmer |
| 木铲 | Spatula | 汤勺 | Soup Ladle |

| 搅拌机 | Hand Blender | 汤匙 | Tablespoon |
| --- | --- | --- | --- |
| 煎锅 | Frying Pan | 餐盘 | Dinner Plate |
| 沙司锅 | Sauce Pan | | |

📖 **制作原料**

| 鸡脯肉 | Chicken Breast | 120 克 |
| --- | --- | --- |
| 洋葱 | Onion | 20 克 |
| 黄油 | Butter | 10 克 |
| 奶油沙司 | Cream Sauce | 30 毫升 |
| 干白酒 | Dry White Wine | 少许 |
| 鸡蛋 | Eggs | 2 只 |
| 面粉 | Flour | 120 克 |
| 面包糠 | Breadcrumb | 30 克 |
| 法式番茄沙司 | French Tomato Sauce | 适量 |
| 橄榄油 | Olive Oil | 15 毫升 |
| 培根 | Bacon | 10 克 |
| 胡萝卜 | Carrot | 10克 |
| 洋葱 | Onion | 10 克 |
| 番茄 | Tomato | 300 克 |
| 大蒜头 | Garlic | 1 瓣 |
| 清汤 | Stock | 100 毫升 |
| 糖 | Sugar | 适量 |
| 盐和胡椒粉 | Salt and Pepper | 适量 |

📖 **制作步骤**

鸡肉切成末,洋葱去皮切碎。

面粉、鸡蛋、水(或牛奶)、盐调制成面糊,煎成薄薄的浜格饼皮。

在沙司锅中加热黄油,将洋葱炒香,加入鸡肉末炒透,加入干白酒,奶油沙司煮熟,盐、胡椒粉调味,制成馅料待用。

将鸡肉馅包入浜格皮内,做成 5 厘米×8 厘米左右的包。

把浜格鸡肉包粘上蛋液,裹上面包糠,进入 170℃的油锅中炸成金黄色。

把鸡肉包装盘,配上蔬菜,浇上法式番茄沙司即可。

法式番茄沙司的制作程序:

将洋葱、大蒜头、胡萝卜去皮切碎，番茄去皮去籽切块。

用沙司锅加热橄榄油，加入洋葱、大蒜、胡萝卜炒香至脱水，加入面粉炒上色，加入清汤、番茄煮沸，转小火煮 2 小时。

用搅拌机打成浆状并过滤，倒回沙司锅内煮沸加糖、盐和胡椒粉调味，即成法式番茄沙司。

**温馨提示**

馅料最好冷却或冷藏后再使用。

面糊要调制细腻，没有颗粒，厚薄适中，浜格饼皮要做得薄点。

**菜肴特点**

表面金黄，鲜咸酸微甜，脆嫩适口。

## 练习题

(　　)1. Paella 是指下列哪一项？
A. 意大利比萨　　B. 意大利米饭
C. 法国米饭　　D. 西班牙海鲜饭

(　　)2. 炸浜格鸡是下列哪个国家的菜肴？
A. 德国　　B. 匈牙利　　C. 意大利　　D. 法国

(　　)3. 鸡杂汤中所使用的鸡杂是什么？
A. 鸡壳　　B. 鸡脖　　C. 鸡爪　　D. 鸡胗肝

(　　)4. 炸浜格鸡的外形是下列哪一种？
A. 似圆柱体　　B. 似扁形春卷　　C. 似圆饼状　　D. 似正方体

(　　)5. 如何处理海鲜饭中煮制后没有开口的贻贝类？
A. 直接使用　　B. 弃之不用
C. 去壳后用肉　　D. 去壳后做他用

(　　)6. 下列哪一项不是海鲜饭煮制后的特征？
A. 米饭颗粒松散　　B. 米饭略有硬芯
C. 软嫩适口　　D. 表面金黄

(　　)7. 华氏 356℉换算成摄氏度是多少？
A. 170℃　　B. 180℃　　C. 190℃　　D. 200℃

(　　)8. 英文菜谱上 Ingredients 是指什么？
A. 烹调方法　　B. 菜肴风味　　C. 服务方法　　D. 菜肴配方

# 第十七节　第十七周实训菜肴

**本节学习目标**

学习意式布鲁奇塔的制作方法及制作要点。
学习煎鱼西班牙沙司的制作方法及制作要点。
学习培根蘑菇饭的制作方法及制作要点。
学习香草羊排薄荷汁的制作方法及制作要点。
掌握意式布鲁奇塔的制作技术。
掌握培根蘑菇饭的制作流程和制作技术。
掌握香草羊排薄荷汁的制作流程和制作技术。
掌握薄荷沙司的制作技术。
熟悉布鲁奇塔、西班牙沙司、Risotto、薄荷沙司等相关知识。

## 一、意式布鲁奇塔　Italian Bruschetta

菜肴类型:开胃菜　　烹制时间:15 分钟
准备时间:10 分钟　　制作份数:12 人份

**相关知识**

布鲁奇塔

布鲁奇塔(Bruschetta),也称蒜末烤面包,是一款意大利开胃菜,始于 15 世纪。它包括烤面包片和抹在上面的蒜、橄榄油及顶部的盐、胡椒、醋、番茄、罗勒等原料。顶部的可变原料包括红辣椒、番茄、蔬菜、豆类、腌肉、奶酪,最常见、最受欢迎的是罗勒、新鲜番茄、大蒜和洋葱或干酪。蒜末烤面包通常作为零食或开胃菜。

**主要工具**

| 厨刀 | Chef's Knife | 搅拌盆 | Mixing Bowl |
| --- | --- | --- | --- |
| 砧板 | Cutting Board | 汤勺 | Soup Ladle |
| 烤盘 | Roasting Pan | 沙拉盘 | Salad Plate |

#### 制作原料

| | | |
|---|---|---|
| 意大利面包 | Italian Bread | 12 片(12 毫米厚) |
| 橄榄油 | Olive Oil | 30 毫升 |
| 大蒜 | Garlic | 5 瓣 |
| 顶部装饰料 | Topping | 适量 |
| 番茄 | Tomatoes | 2 只 |
| 大蒜 | Garlic | 5 瓣 |
| 意大利黑醋 | Balsamic | 10 毫升 |
| 新鲜罗勒 | Fresh Basil Leaves | 10 片 |
| 盐 | Salt | 适量 |
| 胡椒粉 | Ground Black Pepper | 适量 |

#### 制作步骤

烤箱预热至 190℃。

将大蒜去皮捣成蒜泥,加入橄榄油,放入搅拌盆,混合并加热。

把蒜蓉橄榄油混合物抹在面包片上,放面包片在烤盘中,进入烤箱烤至酥脆。

番茄去皮去籽切碎,大蒜头去皮切碎,罗勒叶切碎。

将番茄碎、大蒜碎、醋、罗勒叶碎、盐和胡椒一起拌匀。

盖在蒜末烤面包片上。

装入沙拉盘。

#### 温馨提示

不要让面包烤焦。

可用于头盘、自助餐等。

#### 菜肴特点

色彩鲜艳,块状,鲜微酸,馅软底脆。

## 二、煎鱼西班牙沙司 Pan-Fried Fish with Spanish Sauce

菜肴类型:主菜　　烹制时间:20 分钟

准备时间:10 分钟　　制作份数:1 人份

## 相关知识

西班牙沙司

西班牙沙司(Spanish Sauce)与 Espagnole Sauce 不同,它是可以直接用于菜肴的调味汁,而 Espagnole Sauce 基本作为其他沙司的基础。Spanish Sauce 是洋葱、番茄等蔬菜与 Espagnole Sauce 的混合体。

## 主要工具

| | | | |
|---|---|---|---|
| 厨刀 | Chef's Knife | 木铲 | Spatula |
| 砧板 | Cutting Board | 汤勺 | Soup Ladle |
| 沙司锅 | Sauce Pan | 餐盘 | Dinner Plate |
| 煎锅 | Frying Pan | | |

## 制作原料

| | | |
|---|---|---|
| 鲈鱼柳 | Bass Fillet | 150 克 |
| 盐和胡椒粉 | Salt and Pepper | 适量 |
| 干白酒 | Dry White Wine | 10 克 |
| 百里香 | Thyme | 少许 |
| 柠檬汁 | Lemon Juice | 10 毫升 |
| 黄油 | Butter | 30 克 |
| 面粉 | Flour | 20 克 |
| 鸡蛋 | Egg | 1 只 |
| 洋葱 | Onion | 30 克 |
| 青椒 | Green Pepper | 20 克 |
| 蘑菇 | Mushroom | 50 克 |
| 大蒜头 | Garlic | 20 克 |
| 红椒 | Red Pepper | 10 克 |
| 番茄酱 | Tomato Ketchup | 20 克 |
| 去皮番茄 | Peeled Tomato | 50 克 |
| 布朗沙司 | Brown Sauce | 100 毫升 |
| 土豆 | Potato | 50 克 |
| 柠檬片 | Lemon Slice | 1 片 |

## 制作步骤

土豆削成橄榄形,在加水的汤锅中煮沸后,用小火煮熟。

将洋葱去皮切丁,大蒜头去皮切片,番茄去皮去籽切丁,青红椒切丁,蘑菇切成片;鸡蛋放入盛器打散。

将鱼肉块用酒、盐、胡椒粉、百里香、柠檬汁腌渍。

在沙司锅中加热黄油,把洋葱丁、大蒜头片炒香,加入番茄酱炒上色,加入青椒丁、红椒丁炒透,加入蘑菇片、番茄丁稍炒,加入布朗沙司、干白酒煮透,调味成西班牙沙司。

将鱼柳拍上面粉,粘上蛋液。

在煎锅中加热黄油,用小火把鱼柳两面煎上色,并至成熟。

将鱼柳装入餐盘,浇上沙司,配上土豆和柠檬片即可。

**温馨提示**

煎制后未成熟的鱼柳可以在沙司中煮熟,但须微火煮制,防止鱼柳脱皮和破碎。

**菜肴特点**

棕红色,丁、块状,咸鲜微酸,软嫩。

## 三、培根蘑菇饭 Risotto with Bacon and Mushroom

菜肴类型:米饭　　烹制时间:35 分钟
准备时间:10 分钟　　制作份数:4 人份

**相关知识**

Risotto

Risotto 是一种以大米、肉汤、干酪、奶油及其他蔬菜制成的意大利调味饭。意大利调味饭,又称“意大利炖饭”或“意大利烩饭”,是意大利传统的米饭类菜肴,起源于盛产稻米的北部意大利。

**主要工具**

| | | | |
|---|---|---|---|
| 厨刀 | Chef's Knife | 木铲 | Spatula |
| 砧板 | Cutting Board | 汤匙 | Tablespoon |
| 沙司锅 | Sauce Pan | 餐盘 | Dinner Plate |

**制作原料**

| | | |
|---|---|---|
| 意大利米 | Arborio Rice | 250 克 |
| 洋葱 | Onion | 160 克 |

| | | |
|---|---|---|
| 培根 | Bacon | 240 克 |
| 青豆 | Peas | 100 克 |
| 干白酒 | Dry White Wine | 150 毫升 |
| 鲜蘑菇 | Fresh Mushroom | 100 克 |
| 盐和胡椒粉 | Salt and Pepper | 适量 |
| 鸡汤 | Chicken Stock | 适量 |
| 淡奶油 | Whipping Cream | 100 毫升 |
| 黄油 | Butter | 60 克 |
| 帕玛森奶酪 | Parmesan Cheese | 50 克 |

**制作步骤**

洋葱切成碎末,蘑菇洗净切成片状,培根切成小粒,帕玛森奶酪刨成丝状。

在沙司锅中加热黄油,将培根、洋葱碎炒香,加入蘑菇片炒透,加大米略炒,加入干白酒煮至收干,并不断地搅拌,加入鸡汤、青豆,煮开后换成小火,加盖焖煮 25 分钟。

加淡奶油、盐和胡椒粉调味。

装盘,撒上奶酪丝。

**温馨提示**

意式煮饭不能煮太熟,煮成类似于中国人所说的夹生饭,因西方人喜欢有嚼劲的米面类食物,不喜欢太软烂的米面类食物。可按用餐者的习惯来改变米饭的成熟度。

更换其中的辅料配料,可做成如火腿鸡肝饭、红花鲑鱼饭等。

**菜肴特点**

米饭白色略带黄色,颗粒状,味咸鲜香,略有硬芯。

## 四、香草羊排薄荷汁 Grilled Lamb Chop and Herb with Mint Sauce

菜肴类型:主菜　　烹制时间:20 分钟

准备时间:10 分钟　　制作份数:1 人份

**相关知识**

薄荷沙司

薄荷沙司(Mint Sauce)是一种传统的,用切碎的绿薄荷叶、醋或柠檬汁、糖等制成的酱汁。在西餐烹饪中习惯上常用于烤羊肉的调味汁。在有些食谱中还用薄荷沙司替代新鲜的薄荷叶。薄荷沙司还能用于吐司或面包上,或加到酸奶酪中作为沙拉的调味汁。

**主要工具**

| | | | |
|---|---|---|---|
| 厨刀 | Chef's Knife | 煎锅 | Frying Pan |
| 砧板 | Cutting Board | 汤匙 | Tablespoon |
| 沙司锅 | Sauce Pan | 餐盘 | Dinner Plate |
| 烤盘 | Roasting Pan | | |

**制作原料**

| | | |
|---|---|---|
| 羊排 | Lamb Chop | 2~3 根 |
| 盐和胡椒粉 | Salt and Pepper | 适量 |
| 芥末 | Mustard | 5 毫升 |
| 面包糠 | Bread Crumb | 10 克 |
| 混合香料 | Mixed Herb | 5 克 |
| 蒜头 | Garlic | 10 克 |
| 黄油 | Butter | 10 克 |
| 欧芹 | Parsley | 少许 |
| 薄荷汁 | Mint Sauce | 适量 |
| 薄荷叶 | Mint | 20 克 |
| 白醋 | White Vinegar | 200 克 |
| 糖 | Sugar | 80 克 |
| 水 | Water | 100 克 |

**制作步骤**

烤箱预热至 200℃。

大蒜去皮切碎,欧芹切碎,黄油软化,薄荷叶切碎。

面包糠、香料、欧芹、大蒜、黄油、盐、胡椒粉混合成蒜蓉面包糠。

将羊排修整齐,用盐、胡椒粉调味,在煎锅中用少许油,把羊排煎上色。

在羊排上抹上芥末酱,敷上蒜蓉面包糠。

进入烤箱烤至表面蒜蓉面包糠上色即成,或烤至羊排所需的成熟度。

用沙司锅把糖、水、白醋煮至糖熔化,放入薄荷碎搅匀,即成薄荷沙司。

将羊排装盘,浇上薄荷沙司,配上蔬菜。

📖 温馨提示

腌渍前将羊排肋骨上端的肉剔除干净。

根据所需羊排的成熟度,掌握烤制时间。

薄荷沙司可用玉米淀粉增稠。

📖 菜肴特点

褐、微绿,厚片状,咸鲜微酸、辛辣香,软嫩多汁。

## 练习题

(　　)1. Risotto 是哪一个国家的菜肴?
A. 意大利　B. 西班牙　C. 法国　D. 奥地利

(　　)2. 下列哪一项是西班牙沙司的颜色?
A. 粉红色　B. 棕红色　C. 淡黄色　D. 奶油色

(　　)3. 布鲁奇塔(Bruschetta)是哪国的菜肴?
A. 意大利　B. 西班牙　C. 法国　D. 英国

(　　)4. 薄荷沙司(Mint Sauce)是一种传统的沙司。以下哪一项不是薄荷沙司的原料?
A. 薄荷叶　B. 白醋　C. 白糖　D. 橄榄油

(　　)5. 除了菜肴价格外,标准菜谱的主要内容还有以下哪一项?
A. 营养　B. 分量　C. 食用量　D. 需求量

(　　)6. 下列哪一项能加快仓库库存食品周转速度,实现最佳经济效益?
A. 库存管理　B. 生产管理　C. 入库管理　D. 出库管理

(　　)7. 现代厨房管理除了产品成本控制外,最主要的还包括以下哪一项?
A. 计划管理　B. 质量管理
C. 卫生管理　D. 考勤管理

(　　)8. 荷兰沙司(Hollandaise Sauce)的主要油脂原料是以下哪一种?
A. 葵花油　B. 橄榄油　C. 起酥油　D. 清黄油

# 第十八节　第十八周实训菜肴

**本节学习目标**

学习明虾鸡尾杯的制作方法及制作要点。
学习燕麦片煎鱼柳的制作方法及制作要点。
学习土豆丸子的制作方法及制作要点。
学习土豆贻贝萨芭雍的制作方法及制作要点。
掌握明虾鸡尾杯的制作流程和制作技术。
掌握燕麦片的制作流程和制作技术。
掌握土豆丸子的制作流程和制作技术。
掌握萨芭雍沙司的制作技术。
熟悉鸡尾杯、燕麦片、Gnocchi、Sabayon 等相关知识。

## 一、明虾鸡尾杯　Prawn Cocktail

菜肴类型:开胃菜　　烹制时间:10 分钟
准备时间:20 分钟　　制作份数:6 人份

**相关知识**

鸡尾杯

鸡尾杯(Cocktail),原指鸡尾酒杯、鸡尾酒。用于此处意思是西餐中的头盘、开胃菜,是西餐冷菜的一个品种。通常用透明的鸡尾酒杯盛入生菜片或丝等垫底,放入煮熟的海鲜或水果等原料,再淋上蛋黄酱或千岛汁或鸡尾汁等调味,最后用香草或生菜、柠檬等装饰而成。

**主要工具**

| | | | |
|---|---|---|---|
| 厨刀 | Chef's Knife | 汤匙 | Tablespoon |
| 砧板 | Cutting Board | 鸡尾杯 | Cocktail Glass |
| 搅拌盆 | Mixing Bowl | | |

**制作原料**

| | | |
|---|---|---|
| 明虾 | Prawn | 400 克 |

| 西芹 | Celery | 80 克 |
|---|---|---|
| 鸡蛋 | Egg | 1 只 |
| 番茄 | Tomato | 1 只 |
| 菊苣 | Radicchio | 1 棵 |
| 罗马生菜 | Romaine Lettuce | 1 棵 |
| 鸡尾汁 | Cocktail Sauce | 300 克 |
| 柠檬 | Lemon | 1 只 |

**制作步骤**

明虾洗净,在沸水锅中煮熟,晾凉,去头去壳。

鸡蛋入锅,加水没过鸡蛋,加盐煮 8~10 分钟,取出冷却,去壳切成楔形。

西芹去皮切碎,生菜撕成碎块,番茄切成楔形。

柠檬切成楔形,在皮与肉之间,贴着皮切一刀至中间。

将明虾、西芹碎、鸡尾汁放入搅拌盆内,轻轻搅拌均匀。

生菜放入鸡尾杯中,放入拌好的明虾,边上放入楔形鸡蛋、楔形番茄。

杯边嵌上一片柠檬。

明虾上再淋些鸡尾汁,用蛋黄碎末、欧芹碎或鲜香菜等做装饰。

**温馨提示**

明虾不要煮过熟,以防影响口感。

鸡尾汁要适量。

可用有色的生菜做些装饰。

**菜肴特点**

粉红色,高脚鸡尾杯,咸鲜微酸,软嫩肥。

## 二、燕麦片煎鱼柳 Pan-Fried Fish Chop with Oat

菜肴类型:主菜　　　　烹制时间:20 分钟

准备时间:10 分钟　　　制作份数:1 人份

**相关知识**

燕麦片

燕麦片(Oat)是燕麦粒经过精细加工轧制而成的,扁平状,直径相当于黄豆粒,形状完整。经过处理的燕麦片有些散碎感,但仍能看出其原有形状。

此菜肴中的燕麦片替代了面包糠，作为原料最外层的包装，经过煎或炸，使其表面上色，并具有脆感。

**主要工具**

| | | | |
|---|---|---|---|
| 厨刀 | Chef's Knife | 沙司锅 | Sauce Pan |
| 砧板 | Cutting Board | 汤匙 | Tablespoon |
| 煎锅 | Frying Pan | 餐盘 | Dinner Plate |

**制作原料**

| | | |
|---|---|---|
| 鱼柳 | Fish Fillet | 120 克 |
| 柠檬 | Lemon | 1 只 |
| 干白酒 | Dry White Wine | 10 毫升 |
| 橄榄油 | Olive Oil | 20 毫升 |
| 盐和胡椒粉 | Salt and Pepper | 适量 |
| 面粉 | Flour | 30 克 |
| 鸡蛋 | Egg | 1 只 |
| 燕麦片 | Oat | 50 克 |
| 淡奶油 | Whipping Cream | 50 毫升 |
| 芥末酱 | Mustard | 10 毫升 |
| 香蒜沙司 | Pesto | 少许 |

**制作步骤**

鱼柳用柠檬汁、干白酒、盐和胡椒粉调味；鸡蛋打成蛋液。

把鱼柳拍上面粉，粘上蛋液，裹上燕麦片。

在煎锅中加热橄榄油，将鱼柳用小火煎上色，并成熟。

在沙司锅中加入淡奶油煮至浓稠，加入黄芥末酱混合稍煮片刻，调味即成芥末奶油沙司。

鱼柳装盘，配上蔬菜，浇上芥末奶油汁，用香蒜酱点缀。

**温馨提示**

面包糠换成燕麦片，是创新之举。同理还可以换成其他的原料。

**菜肴特点**

金黄色，块状，咸鲜香，外脆里嫩。

## 三、土豆丸子 Potato Gnocchi

菜肴类型:面食、配菜　　　　烹制时间:20 分钟
准备时间:50 分钟　　　　制作份数:2～4 人份

### 相关知识

Gnocchi

Gnocchi 意思是团子、面疙瘩,是意大利的一种面食,是由粗粒小麦粉或普通小麦面粉或土豆粉,和其他原料如鸡蛋、奶酪、南瓜等混合制成的面团。它与其他意大利面一样可制作沙拉、汤、主菜、配菜等。

### 主要工具

| 厨刀 | Chef's Knife | 研磨器 | Grater |
|---|---|---|---|
| 搅拌盆 | Mixing Bowl | 汤匙 | Tablespoon |
| 沙司锅 | Sauce Pan | 餐盘 | Dinner Plate |

### 制作原料

| 土豆 | Potato | 500 克 |
|---|---|---|
| 面粉 | Flour | 40 克 |
| 糖 | Sugar | 15 克 |
| 玉桂粉 | Cinnamon | 2 克 |
| 盐和胡椒粉 | Salt and Pepper | 适量 |
| 黄油 | Butter | 50 克 |
| 帕玛森奶酪 | Parmesan Cheese | 50 克 |
| 罗勒叶 | Basil Leaf | 适量 |

### 制作步骤

奶酪擦碎,面粉过筛。

把整个土豆放入汤锅,加入水没过土豆煮,煮约 45 分钟,煮至土豆熟;趁热去皮,捣成泥。

取搅拌盆,把土豆泥、面粉、糖、玉桂粉、盐、胡椒粉、少许奶酪搅拌均匀,揉成团,直至表面光滑。

放在案板上将其揉成 6 个大的面团。然后把每个面团揉成 1.5～1.8 厘米直径的长条,再将它切成 2.5 厘米长的段。

用叉子压出纹路，即成土豆面疙瘩坯。

在沙司锅中将水煮开，把土豆面疙瘩放入沸水煮，煮至疙瘩漂浮到水面，大约 1 分钟，捞出，沥干水分。

将土豆面疙瘩迅速放到加热熔化的黄油锅中，搅拌一下。

装入餐盘，撒上奶酪碎、罗勒叶。

**温馨提示**

土豆面疙瘩要做得软硬适中，不要太硬，以防煮不熟。

用此和面法可制作南瓜面疙瘩。

土豆可选择烤的方法，但必须是带皮的。也可选用土豆粉替代土豆。

**菜肴特点**

浅黄色，小块状，土豆味，鲜香，软嫩。

## 四、土豆贻贝萨芭雍　Steamed Mussels, Potatoes, Rosemary, Roasted Garlic Sabayon

菜肴类型：主菜　　　　烹制时间：15 分钟

准备时间：15 分钟　　　制作份数：4 人份

**相关知识**

Sabayon

Sabayon 即萨芭雍(原名 Zabaglione)，是一种意大利甜点，起源于浪漫水都威尼斯；其传统的做法是用蛋黄(有时用整个鸡蛋)、糖、甜葡萄酒(通常是马沙拉白葡萄酒 Marsala Wine)，混合打发至浓稠后，温热上桌。其迷人之处，除了做法食材极其简单外，还在于其特殊口感和让人微醺陶醉的滋味。最经典的方式，就是搭配新鲜的无花果一起享用。此处的萨芭雍，用咸味替代了甜味，干白酒替代了甜葡萄酒，作为热沙司用于菜肴。

**主要工具**

| | | | |
|---|---|---|---|
| 厨刀 | Chef's Knife | 过滤网 | Strainer |
| 砧板 | Cutting Board | 蛋抽 | Egg Whisk |
| 搅拌盆 | Mixing Bowl | 汤匙 | Tablespoon |
| 沙司锅 | Sauce Pan | 汤盅 | Soup Plate |
| 汤锅 | Soup Pot | | |

**制作原料**

| | | |
|---|---|---|
| 小土豆 | Small Potato | 600 克 |
| 白醋 | White Vinegar | 15 毫升 |
| 贻贝 | Mussel | 900 克 |
| 干白酒 | Dry White Wine | 100 毫升 |
| 迷迭香 | Rosemary | 4 枝 |
| 蛋黄 | Egg Yolks | 4 只 |
| 烤大蒜头酱 | Roasted Garlic Paste | 1 个 |
| 盐和胡椒粉 | Salt and Pepper | 适量 |
| 柠檬汁 | Lemon Juice | 适量 |

**制作步骤**

土豆(核桃大小)洗净,对切开,放入沙司锅中,加入水没过土豆,加盐、醋一起煮沸,转小火煮约 10 分钟,煮至熟,离火,控干水分。

把贻贝、干白酒和迷迭香放入沙司锅中,盖上盖子,在大火上焖煮,直至贻贝开口,3～4 分钟后离火保温,扔掉未开口的贻贝;汤汁过滤待用。

在一个搅拌盆内放入蛋黄、烤过的大蒜泥、盐和胡椒粉,用蛋抽搅拌至均匀细腻,加入煮贻贝的汤汁、柠檬汁,隔水加热搅拌盆,用蛋抽搅拌,直至液体起发成浓稠状,即成为萨芭雍汁。

将土豆放入浅汤盅内,四周围上贻贝,把萨芭雍汁淋在贻贝和土豆上,撒上迷迭香即可。

**温馨提示**

烤大蒜酱,可以将整个大蒜头(或用锡纸包裹)放入 200℃的烤箱中,烤约 45 分钟。稍微冷却,然后去皮将其捣成泥状。

**菜肴特点**

汁淡黄色,半壳贻贝,小块状土豆,鲜香软嫩。

## 练习题

(　　)1. 萨芭雍是一种酱汁,出自下列哪个国家?

A. 法国　　B. 意大利　　C. 西班牙　　D. 美国

(　　)2. 以下哪一项不是Gnocchi所指的意思?

A. 团子　　B. 面疙瘩　　C. 面食　　D. 面糊

(　　)3. 鸡尾杯是一种什么菜肴?

A. 沙拉　　B. 头盆　　C. 主菜　　D. 辅菜

(　　)4. 以下哪项不是鸡尾杯的调味汁?

A. 千岛汁　　B. 蛋黄酱

C. 鸡尾汁　　D. 太太汁

(　　)5. 波米兹沙司(Bearnaise Sauce)是由哪种调味汁调配而成的?

A. 番茄酱　　B. 蛋黄酱

C. 荷兰酱　　D. 波特雷斯酱

(　　)6. 如将荷兰沙司(Hollandaise Sauce)冷藏,其中哪样原料会因凝固而影响质量?

A. 蛋黄　　B. 柠檬汁　　C. 黄油　　D. 水

(　　)7. 属于葡萄酿造的汽酒,有着"酒皇"美誉的是哪款酒?

A. 白兰地　　B. 香槟酒

C. 朗姆酒　　D. 杜松子酒

(　　)8. 某一原料进货价是60元/千克,利用率是70%,销售毛利率是68%,180克/份的价格是多少?

A. 26元　　B. 44元　　C. 48元　　D. 57元

模块四

# 实训拓展篇

## 第一节　自助餐概述

### 一、自助餐概念　Buffet Concept

自助餐(Buffet),是源于西餐的一种就餐方式,是由客人自行选取食物、自我服务的一种进餐方式。

这种就餐形式起源于公元 8～11 世纪北欧的"斯堪的纳维亚式餐前冷食"。相传这是当时的海盗最先采用的一种进餐方式,至今世界各地仍有许多自助餐厅以"海盗"命名。当海盗有所收获的时候,便会设大型宴会庆祝,由于不习惯传统的西餐礼仪,他们就将各种菜肴、点心、酒水集中放在餐桌上,任取自己喜欢的食物,因此便发明了这种自选食物的方式。到了 18 世纪,这种方式在法国重新兴起,并在整个欧洲广泛流传。到了近代,西方国家的餐饮业者将其文明化和规范化,发展出现代的自助餐。

对酒店经营者来说,自助餐省去了顾客的餐桌服务,减少了服务员的使用,降低了用人成本。因此,这种自助式服务的用餐方式很受酒店经营者的欢迎,并很快在欧美各国流行起来。

20 世纪 80 年代,随着中国改革开放的深入发展,大批合资酒店的出现,将自助餐推到了中国人的眼前。自助餐以其丰富的菜式、合理的价格、用餐的简便,受到中国消费者的喜爱。

## 二、自助餐特点　Buffet Feature

自助餐的餐台可以设在餐厅的中间、靠墙边或靠柱子的地方，根据餐厅的格局考虑摆放位置。

自助餐一般不设用餐者固定餐桌（除非就餐者有特殊要求），没有固定的餐桌服务，不固定用餐者的座次（免排座次）。

自助餐可以库存尽出，节省费用，剩余原料利用最大化。

自助餐可以各取所需，对就餐者来说，比较随意，无需拘束。

自助餐餐台自始至终保持菜肴充足的量，以满足迟来的就餐者。

自助餐菜肴类别的区块划分明显。

自助餐的适用范围很广，早、中、晚均可采用。

## 三、自助餐类别　Buffet Category

### （一）西式自助餐

西式自助餐是用西餐的烹调方法制作的菜肴，它包含烤、焗、扒、炸、焖、烩、煮、蒸类等，同时必有一些开胃菜、沙拉、蔬菜、面包、西式汤菜及西式甜品等，是以刀、叉、匙为就餐工具的一种形式。西餐自助餐的盛器多具有大、多样化的特点，有镀银盘、镀金盘、镜面盘、水晶玻璃盘、盅、斗等各种富有特色的餐盘，有竹木制餐盘，还有现代、时尚的各种不锈钢保温锅、盆和保温灯等，为菜点的艺术造型提供了条件，同时美化了整个就餐环境。

### （二）中式自助餐

中式自助餐是以中式烹调法制作的菜肴，大多是以炒、炸、煨、煮、蒸、爆、熘等方法制成，同时配置中式的冷菜、米饭、面条、包子、饺子等；是以筷子、汤匙为主要就餐工具的一种就餐形式。中式自助餐从冷菜、热菜、蔬菜到点心全都是由中式菜肴组成的。

### （三）中西式自助餐

中西式自助餐是中式菜肴和西式菜肴同时出现在同一个餐台上的自助餐，整体布置与西餐自助餐没有太大的分别。自助餐的布置、用料及菜品的种类是西餐中的焖、烩、煮类菜肴，再配上些沙拉、面包、甜点、饮料作为辅助，同时增加中式菜肴中的冷菜、炒菜、蒸菜、点心等；又配以刀、叉、匙、筷作为就餐工具。各类食物区块划分明显。

## 四、自助餐筹划 Buffet Plan

### (一)自助餐的设计要点

1. 菜点突出自然。菜点里开胃菜、汤菜、沙拉、主菜、蔬菜、甜品一应俱全,应尽可能地显示原料自身的色彩。

2. 合理搭配原料,营养均衡。单一原料可以使菜点显得整齐、清爽,而合理搭配、组合原料更能使成菜色彩丰富、悦目宜人。自助餐应包含各种富含营养的菜点,如肉类、水产、蛋类、豆制品、果蔬、面食米饭类食品,不可都是面食,也不必都是牛肉、羊肉。

3. 科学烹制菜点,美化菜点。菜点原料本身色彩欠佳,通过添加适当品种和数量的调料,再经精心烹调,准确把握火候,成品会显得色泽明亮、芳香诱人。

4. 运用刀工恰当,成形整齐美观。通过不同的刀工技法,使原料整齐美观,便于烹调成熟一致。展现酒店厨师的高超厨艺,并方便客人取食。

5. 装盘造型美观。自助餐菜点都是集中、分类装盘,供客人零散取食。每单位的菜点数量都比较多,因此装盘更应注重美观、诱人。

6. 富含营养,口味丰富。为适应不同客人饮食习惯,自助餐菜点既要由富含不同营养素的原料烹制,同时要包含多种烹制方法,成品口味、质地特征还要丰富多彩,这样才能使消费者真正选择到既满足自身营养要求,又符合自己口味的菜点。

7. 选择适宜大批量制作的菜点。自助餐菜点不需单个烹制、即刻食用,它往往是同期烹制、集中出品,多人分时段取食。因此,制定自助餐菜单必须选择适宜大批量制作的菜点。

8. 选择久放色泽、口味质地变化不大的菜品。由于自助餐的营业时间较长,因此菜点通常都随出品时间的增长而质量下降,作为自助餐的提供者,应尽量选用对时间、火候要求不太高的菜点用于自助餐。

9. 控制原料及人工成本。酒店经营的目的是盈利,因此控制成本尤为重要。自助餐菜点一般原料使用量都比较大,既做到物尽其用,又做到降低劳动力的投入,同时保证菜品数量和质量,才能使利润最大化。

### (二)自助餐菜单制定原则

1. 以人为本,迎合消费者。了解自助餐就餐者的消费层次、风俗习惯、大致需求、前来就餐的目的等,以便酒店做好充分的准备,为就餐者提供满意的饮食。

2. 量力而行。酒店厨师水平、厨房设备设施条件在很大程度上会影响自助餐菜点出品质量和数量、节奏。因此,在选择自助餐菜点时应充分考虑这些因素,量力而行。

3. 突出特色菜点。自助餐虽为菜品全部陈列让消费者自选,但菜单制定时也应有意识安排一些酒店的特色菜点,以吸引客人、增强客人消费的认同感。

4. 依据标准,把握成本。制定自助餐菜单既要安排迎合客人口味的菜点,又不能无原则,不考虑成本消耗,提供超标准的菜点组合。固定经营的自助餐也好,专题、专场自助餐也好,都应根据饭店规定的毛利及成本率,严格核算,准确计划和使用成本,在不突破总成本的前提下,逐步按照菜品结构分解成本,开列具体菜品名称,规定主、配料名称及用量,最后再均衡、调整品种,完善确定菜单。

### (三)自助餐出品服务

自助餐虽然是消费者自取自食、自我服务的一种就餐形式,但是对经营者来说,仍要做到四个字:热、满、活、柔。

热:就是要保证所有热菜、热汤类品种保持应有的温度。

满:就是任何时候来的客人都能感觉到餐盘中的食物是满的。

活:就是要灵活,动起来,让客人随时感受到你的服务。

柔:就是服务要细腻、轻柔,不要产生噪音。

在自助餐筹划时仅考虑原料的使用、菜品的组合等是不全面、不充分的,菜品的销售、服务也应在筹划之中。

## 第二节　自助餐菜单实例及菜肴精选

### 一、自助餐菜单实例

**圣诞晚宴自助餐**

**Christmas Dinner Buffet**

**(一)开胃菜及沙拉　Appetizer & Salad**

| | |
|---|---|
| 什锦烟熏鱼柳 | Smoked Assorted Fish Fillet |
| 烤丁香火腿 | Roasted Ham with Clove |
| 脆皮烤乳猪配无花果肉和蜂蜜板栗 | Roasted Cracking Pig Fig & Honey Chestnut |
| 自制香草三文鱼肉批 | Homemade Salmon Fillet with Vanilla |
| 甜虾柚子塔 | Greenland Prawn North Pole Shrimps & Grapefruit Tart |
| 德式冻肉盘配甜薯皮 | Mixed Sausage Plate Served Sweet Potato |
| 鱼子酱配鸡蛋 | Caviar Served Egg |
| 法式鹅肝酱餐包 | French Goose's Liver Served Run |
| 中式冷菜六种 | Chinese Cold Dish 6 kinds |
| 扒野菌香芹沙拉 | Wild Mushroom with Celery Salad |
| 意式肠仔沙拉 | Sausages Salad |
| 德式刁草烟肉薯仔沙拉 | Bacon & Potato with Dill Salad |
| 菊苣沙拉 | Chicory Salad |
| 亚之竹芯沙拉 | Artichoke Head Salad |
| 缤纷田园生菜 | Mixed Lettuce |

**(二)调味汁　Dressing**

| | |
|---|---|
| 千岛汁 | Thousand Island Dressing |
| 法国汁 | French Dressing |
| 油醋汁 | Vinaigrette |

| | |
|---|---|
| 意大利汁 | Italian Dressing |

### (三)调味品　Condiments

| | |
|---|---|
| 蒜香面包丁 | Roasted Bread with Garlic |
| 帕玛森奶酪 | Parmesan Cheese |
| 烤烟肉末 | Roasted Bacon |

### (四)刺身　Sashimi

| | |
|---|---|
| 各款寿司卷 | Various Sushi |
| 鲜三文鱼刺 | Salmon Fillet Sashimi |
| 两款金枪鱼刺身 | Tunny Sashimi 2 kinds |
| 北极贝刺身 | North Pole shellfish Sashimi |
| 八爪鱼刺身 | Cuttlefish Sashimi |
| 日式鲍鱼 | Japanese Abalone |
| 醋鲭鱼 | Marinate Mackerel in Vinegar |
| 西柠鱼 | Fish Fillerby Green Lemon |
| 青口贝 | Green Mussel |
| 雪蟹腿 | Snow Crab's Leg |
| 帝王蟹 | Alaskan Crab |
| 梭子蟹 | Sea Crab |
| 大虾 | King Prawn |

### (五)调味品　Condiments

| | |
|---|---|
| 刺身醋 | Sashimi Vinegar |
| 柠檬角 | Lemon Wedge |
| 刺身酱油 | Sashimi Soy Sauce |
| 青芥末 | Green Mustard |
| 海鲜酱 | Seafood Sauce |

### (六)汤　Soup

| | |
|---|---|
| 奶油蘑菇汤配帝王蟹肉 | Cream Mushroom Soup Served Alaskan Crab Meat |
| 中式鸡丝鱼翅羹 | Sliced Chicken with Shark's Fin Thick Soup |

## (七)扒档 Fried and Simmered

| | |
|---|---|
| 黑胡椒汁烤上等肉腿牛排 | Roasted Beef Steak Served Black Pepper Sauce |
| 烤珍珠火鸡配金巴利汁和杏仁甘蓝 | Roasted Turkey Served Almond & Broccoli |

## (八)主菜 Main Dishes

| | |
|---|---|
| 蒜香牛肋排 | Baked Ox-Rib with Garlic |
| 黄油汁煎三文鱼块 | Pan-Fried Salmon with Butter |
| 德式猪手配酸椰菜 | Pig's knuckle German Style Served Pickled Broccoli |
| 薄荷汁烤羊排 | Roasted Mutton Chop Served Mint Sauce |
| 煨鹿排配红酒汁及什锦扒蔬菜 | Stewed Deer Steak with Red Wine Served Vegetable |
| 法式薯蓉焗蜗牛 | Baked French Snail Served with Mashed Potato |
| 炒绿甘蓝酿烟肉 | Fried Green Broccoli with Bacon |
| 响油鲜鲍鱼 | Stir-Fried Fresh Abalone |
| 二冬炒甲鱼 | Fried Turtle with Bamboo Shoots & Preserved Vegetable |
| 翡翠银杏果 | Fried Gingko with Vegetable |
| 什锦比萨 | Assorted Pizza |
| 海鲜炒饭 | Fried Rice with Seafood |

## (九)点心 Dessert

| | |
|---|---|
| 圣诞靴子蛋糕 | Christmas Boot Cake |
| 巧克力树根蛋糕 | Chocolate Log Cake |
| 姜饼 | Ginger Bread Cake |
| 圣诞曲奇 | Christmas Cookies |
| 南瓜奶酪蛋糕 | Pumpkin Cheese Cake |
| 烟肉蛋挞 | Smoked Bacon Tart |
| 西米布丁 | Sago Pudding |
| 草莓慕司 | Strawberry Mousse |

| | |
|---|---|
| 胡萝卜蛋糕 | Carrot Cake |
| 巧克力慕司 | Chocolate Mousse |
| 时令鲜果盘 | Season Fresh Fruit |
| 冰淇淋 | Ice Cream |

## 中西式自助晚餐
## Buffet Dinner

**(一)冷菜 Cold Dish**

| | |
|---|---|
| 水果沙拉 | Fruit Salads |
| 蔬菜沙拉 | Vegetables Salads |
| 俄罗斯蛋沙拉 | Traditional Russian Egg Salad |
| 德式冻肉盘 | Mixed Sausage Plate |
| 烟熏鸭胸 | Smoked Duck Breast |

**(二)生菜 Lettuce Bar**

| | |
|---|---|
| 黄瓜 | Green Cucumber |
| 小番茄 | Cherry Tomato |
| 球生菜 | Ball Romaine Lettuce |
| 长叶生菜(配千岛汁、沙拉酱、油醋汁、面包丁、烤大蒜、芝士粉) | Leaves Lettuce |

**(三)寿司 Assorted Maki Rolls**

| | |
|---|---|
| 手握寿司 | Nigi Sushi |
| 手卷寿司(配芥末、酱油、醋) | Temaki Sushi |

**(四)刺身 Sashimi**

| | |
|---|---|
| 三文鱼 | Salmon |
| 蛏子 | Razor Clam |
| 蛤蜊 | Clam |

| | |
|---|---|
| 鲷鱼(配酱油、醋、芥末、柠檬、自制海鲜酱) | Snapper |

**(五)中式冷菜　Chinese Cold Dish**

| | |
|---|---|
| 白切鸡 | Plain Chicken |
| 香干拌本芹 | Shredded Fragrant Bean Curd with Celery |
| 卤牛肉 | Spiced Beef |
| 炝西蓝花 | Boiled Broccoli |

**(六)热菜　Hot Dish**

| | |
|---|---|
| 蔬菜牛肉卷 | Beef Roll with Vegetables |
| 日式鸡肉串 | Grilled Chicken Steak Japanese Style |
| 烟肉土豆饼 | Potato Cake with Bacon |
| 鲜虾豆腐盅 | Delicious Shrimp with Bean Curd Cup |
| 西班牙炒面 | Fried Spaghetti Spanish Style |
| 蛋煎鲈鱼柳·香菜汁 | Fried Perch with Egg Coriander Sauce |
| 烟肉芦笋卷 | Asparagus Roll with Bacon |
| 洋葱盅酿野菌炖猪肉 | Stuffed Pork of Wild Fungus with Onion Cup |
| 蓝带猪排 | Pork Cordon Bleu |
| 蛤蜊蒸蛋 | Steamed Eggs Custard with Clams |
| 酱爆牛蛙 | Fried Frogs with Bean Sauce |
| 鸡汁娃娃菜 | Stewed Baby Cabbage in Broth |
| 腰豆玉米酿茄 | Stuffed Kidney Bean & Corn with Tomato |
| 咖喱牛肉 | Beef Curried |
| 蜂蜜烤南瓜 | Toast Pumpkin with Honey |
| 扬州炒饭 | Fried Rice Young Chow Style |

**(七)汤　Soups**

| | |
|---|---|
| 奶油蘑菇浓汤 | Creamy Mushroom Soup |
| 中式例汤 | Chinese Soup |

**(八)煲　Casserole**

| | |
|---|---|
| 笋干老鸭煲 | Braised Duck with Dried Bamboo in Casserole |
| 香辣小龙虾 | Spice Lobsterling |

| | |
|---|---|
| 金华筒骨煲 | Special Pork Ribs in Casserole Jin Hua Style |

**(九)扒档 Fried and Simmered**

| | |
|---|---|
| 白花菜 | Cauliflower |
| 香菇 | Shiitake |
| 洋葱 | Onion |
| 茄子 | Eggplant |
| 小黄鱼 | Yellow Croaker |
| 羊肉串 | Mutton Shashlik |
| 猪排 | Pork Loin |
| 牛肉(配红酒汁、黑椒汁) | Sirloin |

**(十)面 Noodles, Pasta and Side Dishes**

| | |
|---|---|
| 意大利面条 | Pasta |
| 馄饨 | Wonton |
| 米线 | Rice Noodles |
| 中式面条(娃娃菜、毛毛菜、菠菜、小白菇、青菜、香菇、鸡高汤、虾皮、小葱、番茄酱、紫菜、中式肉酱) | Noodle |

**(十一)炸类 Deep Fried**

| | |
|---|---|
| 香料炒薯角 | Fried Potato with Flavouring |
| 日式炸饭团 | Deep Fried Rice Japanese Style |

**(十二)中点 Dim Sum**

| | |
|---|---|
| 花卷 | Steamed Twisted Roll |
| 莲蓉包 | Steamed Bun Stuffed with Lotus Paste |

**(十三)西点 Dessert**

| | |
|---|---|
| 巧克力慕司 | Chocolate Mousse |
| 草莓慕司 | Strawberry Mousse |
| 提拉米苏 | Tiramisu |
| 蓝莓慕司 | Blue Mousse |

| | |
|---|---|
| 冻奶酪 | Cold Cheese |
| 朱古力蛋糕 | Chocolate Cake |
| 抹茶蛋糕 | Green Tea Cheese Cake |
| 苹果派 | Apple Pie |
| 胡萝卜蛋糕 | Carrot Cake |
| 餐包 | Bread Bun |
| 吐司 | Toast |
| 法棍面包 | French Baguette |
| 丹麦包 | Danish |
| 牛角包 | Croissant |

### (十四)饮料 Beverages

| | |
|---|---|
| 可乐 | Coca Cola |
| 雪碧 | Sprite |
| 红茶 | Black Tea |
| 咖啡 | Coffee |

### (十五)水果 Fruits

| | |
|---|---|
| 香蕉 | Banana |
| 西瓜 | Water Melon |
| 菠萝 | Pineapple |
| 苹果 | Apple |

## 二、自助餐菜肴精选

### (一)开胃菜 Appetizer

1. 烤栗子泥鸡肉批 Chestnut Puree Chicken Pate

**制作原料**

| | | |
|---|---|---|
| 新鲜栗子肉 | Fresh Chestnut | 100 克 |
| 淡奶油 | Whipping Cream | 20 克 |
| 盐和胡椒粉 | Salt and Pepper | 适量 |
| 白兰地 | Brandy | 10 毫升 |
| 整鸡(去骨) | Boneless Chicken | 1 只 |

| | | |
|---|---|---|
| 干白葡萄酒 | Dry White Wine | 20 毫升 |

📖 制作步骤

烤箱预热至 200℃。

栗子蒸熟制成泥,加淡奶油、盐、胡椒粉和白兰地搅拌均匀。

整鸡用盐和胡椒粉、白葡萄酒腌制。

把栗子泥放入整鸡里,制成卷,外面包上锡纸入烤箱烤。

烤熟后待其冷却后切片装盘。

2. 腌风干番茄及奶酪片　Sun-Dried Tomatoes and Cheese

📖 制作原料

| | | |
|---|---|---|
| 风干番茄 | Dried Tomato | 750 克 |
| 奶酪片 | Cheese slice | 30 片 |
| 橄榄油 | Olive Oil | 200 毫升 |

📖 制作步骤

风干番茄与奶酪片装入盘中。

淋上橄榄油即可。

3. 生薄牛肉片配绿橄榄　Carpaccio with Green Olive

📖 制作原料

| | | |
|---|---|---|
| 牛柳 | Beef Fillet | 1000 克 |
| 黄芥末酱 | Dijon Mustard | 200 克 |
| 百里香 | Thyme | 适量 |
| 青橄榄 | Pickled Green Olive | 适量 |
| 盐和胡椒粉 | Salt and Pepper | 适量 |
| 橄榄油 | Olive Oil | 适量 |

📖 制作步骤

牛柳切大薄片。

牛肉片中放入黄芥末酱、盐和胡椒粉、百里香,用保鲜膜或锡纸卷好。

卷好后放入冷冻室,冷冻后切薄片。

在薄片上放上青橄榄即可,淋上橄榄油。

4. 莳萝三文鱼柳 Dill Salmon

📖 制作原料

| | | |
|---|---|---|
| 新鲜三文鱼 | Fresh Salmon | 1条 |
| 莳萝(刁草) | Dill | 100克 |
| 盐 | Salt | 25克 |
| 糖 | Sugar | 100克 |
| 橄榄油 | Olive Oil | 1000毫升 |

📖 制作步骤

三文鱼去骨,取鱼柳2片。

三文鱼柳用莳萝、盐、糖抹遍全身,放入容器内,并加入橄榄油,浸过鱼肉为止,一天后把鱼翻个身,再腌一天。

取80克鱼柳切片,盘成花朵状装盘即可。

**(二)沙拉类 Salad**

1. 蟹肉香芹沙拉 Crab and Celery Salad

📖 制作原料

| | | |
|---|---|---|
| 鳕蟹肉 | Snow Crab | 1000克 |
| 洋葱丝 | Shredded Onion | 30克 |
| 干白葡萄酒 | Dry White Wine | 20毫升 |
| 西芹 | Celery | 适量 |
| 盐和胡椒粉 | Salt and Pepper | 适量 |
| 白酒醋 | White Wine Vinegar | 40毫升 |
| 沙拉酱 | Mayonnaise | 20毫升 |

📖 制作步骤

洋葱丝用白酒醋泡好挤干,茴香芹切条。

再把所有原料搅拌在一起,搅拌均匀即可。

2. 猪颈肉苹果沙拉 Pork Neck Meat and Apple Salad

📖 制作原料

| | | |
|---|---|---|
| 猪颈肉 | Pork Neck | 1000克 |
| 姜末 | Chopped Ginger | 20克 |
| 洋葱丝 | Shredded Onion | 100克 |

| | | |
|---|---|---|
| 蒜末 | Chopped Garlic | 10 克 |
| 香菜 | Coriander | 6 克 |
| 酱油 | Soy Sauce | 40 毫升 |
| 糖 | Sugar | 60 克 |
| 盐和胡椒粉 | Salt and Pepper | 适量 |
| 青苹果 | Shredded Green Apple | 1 只 |
| 黑醋 | Black Vinegar | 少许 |
| 橄榄油 | Olive Oil | 10 毫升 |

**制作步骤**

青苹果切粗丝。

猪颈肉去皮，用姜末、蒜末、香菜（少许）加入酱油、糖、盐和胡椒粉腌制，一天后将洋葱丝放在烤盘上打底，进入烤箱烤熟，冷却切片。

在搅拌盆内将青苹果丝、黑醋少许、橄榄油搅拌均匀，盖在猪肉上。

3. 木瓜海鲜沙拉　Papaya Seafood Salad

**制作原料**

| | | |
|---|---|---|
| 木瓜 | Pawpaw | 500 克 |
| 杂海鲜 | Seafood | 800 克 |
| 盐和胡椒粉 | Salt and Pepper | 适量 |
| 干白酒 | Dry White Wine | 100 毫升 |
| 白酒醋 | White Wine Vinegar | 50 毫升 |
| 卡夫奇妙酱 | Kraft Miracle Whip | 300 毫升 |
| 柠檬汁 | Lemon Juice | 20 毫升 |

**制作步骤**

木瓜去皮去籽切丁，杂海鲜过水。

把上述原料加盐和胡椒粉、白酒醋、干白酒、卡夫奇妙酱、柠檬汁搅拌即可。

4. 鸡豆沙拉　Chickpeas Salad

**制作原料**

| | | |
|---|---|---|
| 鸡豆 | Chickpeas | 150 克 |
| 玉米粒 | Niblet | 150 克 |

| | | |
|---|---|---|
| 香菜末 | Chopped Coriander | 10 克 |
| 橄榄油 | Olive Oil | 20 毫升 |
| 盐和胡椒粉 | Salt and Pepper | 适量 |
| 小南瓜 | Pumkin | 数个 |

📖 制作步骤

把小南瓜去盖,挖去内芯,焯水,放凉备用。

把上述原料加橄榄油、盐和胡椒粉拌好,并装入南瓜中即可。

5. 地中海沙拉 Mediterranean Salad

📖 制作原料

| | | |
|---|---|---|
| 各式生菜 | All Kinds of Lettuce | 100 克 |
| 彩椒 | Colored Bell Pepper | 60 克 |
| 番茄 | Tomato | 1 只 |
| 马苏里拉奶酪 | Mozzarella Cheese | 20 克 |
| 黑橄榄 | Pickled Black Olive | 4 粒 |
| 银鱼柳 | Anchovy | 10 克 |
| 阿里根奴 | Oregano | 4 克 |
| 鲜蘑菇 | Fresh Mushroom | 20 克 |
| 盐和胡椒粉 | Salt and Pepper | 适量 |

📖 制作步骤

各种蔬菜洗净,控干水分。

把上述原料放在一起,搅拌均匀。

装盘后淋上橄榄油即可。

6. 得克萨斯州沙拉 Texas Salad

📖 制作原料

| | | |
|---|---|---|
| 生菜 | Lettuce | 180 克 |
| 杏仁片 | Sliced Almonds | 30 克 |
| 松子 | Pinenut Kernel | 30 克 |
| 鸡胸肉 | Chicken Breast | 450 克 |
| 玉米粒 | Niblet | 120 克 |
| 彩椒 | Colored Bell Pepper | 180 克 |

| | | |
|---|---|---|
| 花生酱 | Peanut Butter | 90 克 |
| 橄榄油 | Olive Oil | 15 毫升 |

📖 制作步骤

鸡脯肉烤至熟透,生菜切碎。

把各种蔬菜放在盘底,上面放鸡肉,淋上花生酱和橄榄油,再在上面撒上烤过的杏仁片、松子即可。

### (三)汤类　Soup

1. 番茄奶油生蚝汤　Cream of Tomato and Oyster Soup

📖 制作原料

| | | |
|---|---|---|
| 番茄 | Tomato | 600 克 |
| 洋葱 | Onion | 50 克 |
| 牛奶 | Milk | 1500 毫升 |
| 淡奶油 | Whipping Cream | 150 毫升 |
| 生蚝 | Fresh Oyster | 100 克 |
| 大蒜 | Garlic | 3 克 |
| 干白酒 | Dry White Wine | 50 毫升 |
| 盐和胡椒粉 | Salt and Pepper | 适量 |

📖 制作步骤

番茄去皮切块,洋葱切块。部分洋葱切粒,大蒜切粒。

将洋葱炒至脱水,加入番茄炒片刻,加入牛奶,煮开后,用打浆机打成浆状,回锅煮开,加入淡奶油,调味成奶油番茄汤。

生蚝焯水,加洋葱粒、大蒜粒、白葡萄酒、盐、胡椒粉炒熟,加入番茄奶油汤内即可。

2. 百里香鳕蟹冬菇奶油汤　Thyme, Snow Crab, Black Mushroom Creamy Soup

📖 制作原料

| | | |
|---|---|---|
| 洋葱 | Onion | 100 克 |
| 香菇 | Shiitake | 100 克 |
| 鳕蟹肉 | Snow Crab Meat | 200 克 |
| 百里香 | Thyme | 2 克 |

| | | |
|---|---|---|
| 鱼汤 | Fish Stock | 2000 毫升 |
| 牛奶 | Milk | 1000 毫升 |
| 淡奶油 | Whipping Cream | 400 毫升 |
| 盐和胡椒粉 | Salt and Pepper | 适量 |
| 玉米粒 | Niblet | 100 克 |
| 油面酱 | Roux | 40 克 |

**制作步骤**

洋葱、冬菇切丁,鳕蟹肉切块。

将洋葱、冬菇炒香,加入鳕蟹肉、百里香炒香。

炒香后加入鱼汤、牛奶、淡奶油、盐、胡椒粉,加入油面酱搅打均匀,调整浓度,加入玉米粒即可。

3. 奶油比目鱼南瓜汤 Cream of Pumpkin and Flatfish Soup

**制作原料**

| | | |
|---|---|---|
| 南瓜奶油汤 | Pumpkin Cream Soup | 1000 毫升 |
| 比目鱼丁 | Diced Flounder | 100 克 |
| 洋葱丁 | Diced Onion | 10 克 |
| 干白葡萄酒 | Dry White Wine | 20 克 |

**制作步骤**

准备好南瓜奶油汤。

在沙司锅中加热黄油,炒香加洋葱丁,加入比目鱼、干白酒炒。

加入南瓜奶油汤,煮开调味即可。

4. 葡式菜蓉汤 Vegetable Puree Soup Portugal Style

**制作原料**

| | | |
|---|---|---|
| 橄榄油 | Olive Oil | 10 毫升 |
| 香葱 | Chive | 5 克 |
| 大蒜 | Garlic | 2 克 |
| 土豆 | Potato | 200 克 |
| 香叶 | Bay Leaf | 2 片 |
| 高汤 | Consomme | 1000 毫升 |
| 红肠丝 | Shredded Sausage | 50 克 |

| | | |
|---|---|---|
| 青菜丝 | Shredded Green Vegetable | 50克 |
| 盐和胡椒粉 | Salt and Pepper | 适量 |

📖 制作步骤

用橄榄油将香葱、大蒜炒香，加土豆、香叶、高汤煮熟烂后打成浆状。出菜时加少许红肠丝、焯过水的青菜丝、盐、胡椒粉。

### (四)主菜类 Entree

#### 1. 炸鱼柳酸甜沙司 Sea Bass Sweet and Sour Sauce

📖 制作原料

| | | |
|---|---|---|
| 净海鲈鱼柳 | Sea Bass Fillets | 4片 |
| 干白葡萄酒 | Dry White Wine | 20毫升 |
| 淀粉 | Starch | 100克 |
| 鸡蛋 | Egg Liquid | 2只 |
| 植物油 | Vegetable Oil | 1000毫升 |
| 水 | Water | 1000毫升 |
| 洋葱 | Onion | 50克 |
| 香叶 | Bay Leaf | 2片 |
| 盐和黑胡椒粒 | Salt and Black Pepper | 适量 |
| 柠檬 | Lemon | 1只 |
| 白醋 | White Vinegar | 50毫升 |
| 糖 | Sugar | 50克 |
| 番茄沙司 | Ketchup | 500克 |
| 青圆椒丁 | Diced Green Bell Pepper | 50克 |
| 菠萝块 | Pineapple Piece | 100克 |

📖 制作步骤

鱼肉切成5厘米左右的片，用盐、白葡萄酒腌制，拍干淀粉，粘上蛋液，再拍干淀粉，入油锅炸熟备用。

制作甜椒汁，锅里放入水、大块洋葱、香叶两片、黑胡椒粒数粒、柠檬、白醋、糖，再加入番茄沙司，小火熬制15～20分钟，呈稠浓状，过滤后再在沙司中加入少许油备用。

炒锅用植物油炒香洋葱块、青圆椒块、菠萝块，炒香后加入甜椒汁及复炸的鲈鱼柳,翻匀后装盘。

2. 诺曼底煎海鲜　Grilled Normandy Seafood

制作原料

| | | |
|---|---|---|
| 三文鱼、去壳青口、虾仁、比目鱼柳 | Four Kinds of Seafood | 1500 克 |
| 盐和胡椒粉 | Salt and Pepper | 适量 |
| 干白葡萄酒 | Dry White Wine | 50 毫升 |
| 柠檬 | Lemon | 1 只 |
| 糖 | Sugar | 5 克 |
| 凝固黄油丁 | Diced Cold Butter | 75 克 |
| 各式蔬菜 | Vegetables | 适量 |

制作步骤

三文鱼、去壳青口、虾仁、比目鱼柳用盐、胡椒粉、白葡萄酒腌制。

放在扒炉上扒熟后,分类在自助餐盘上排齐。

将白葡萄酒煮开后加柠檬汁、盐、糖、少许胡椒粉,离火,打入冻黄油丁,成为柠檬黄油汁,淋在上述四种海鲜上。

上面用各种蔬菜装饰。

3. 椰汁鱼柳　Sea Bass with Coconut Milk

制作原料

| | | |
|---|---|---|
| 净鲈鱼柳 | Sea Bass Fillet | 6 片 |
| 面粉 | Flour | 100 克 |
| 干白葡萄酒 | Dry White Wine | 100 毫升 |
| 椰奶 | Coconut Milk | 300 毫升 |
| 白糖 | Sugar | 50 克 |
| 杂果粒 | Diced Mixed Fruit | 200 克 |
| 黄油 | Butter | 120 克 |

制作步骤

净鲈鱼柳切 6 厘米左右片,用盐和胡椒粉腌渍,拍上面粉扒熟备用。

沙司锅加入白葡萄酒、椰奶、白糖、少许盐,收浓至一半左右备用。

炒锅加热黄油,炒香杂果粒,装在自助餐盘中间,两侧装扒好的鲈鱼柳。

将沙司加热后离火,快速搅拌软黄油丁,淋在鱼肉上即可。

4. 日式鸡肉串 Chicken Skewer Japanese Style

📖 制作原料

| | | |
|---|---|---|
| 鸡腿 | Chicken Leg | 3 只 |
| 京葱 | Scallion | 200 克 |
| 红圆椒 | Red Bell Pepper | 10 克 |
| 白芝麻 | White Sesame Seed | 20 克 |
| 白糖 | Sugar | 75 克 |
| 鸡汤 | Chicken Stock | 150 毫升 |
| 万字酱油 | Kikkoman Soy Sauce | 150 毫升 |
| 鸡粉 | Chicken Powder | 5 克 |
| 黄油 | Butter | 5 克 |
| 白萝卜 | White Radish | 400 克 |
| 日本紫菜 | Japanese Seaweed | 10 克 |
| 香菜叶 | Coriander Leaves | 5 克 |

📖 制作步骤

解冻鸡腿,去皮,去骨,去筋,拍松后切 2.5 厘米左右的块,京葱切 2 厘米左右的段,以三块鸡肉、两段京葱间隔串在竹签上备用。

调沙司,红圆椒切块,与等量的京葱段、白芝麻、白糖、鸡汤、万字酱油、鸡粉少许,煮出蔬菜的香味后过滤备用。

鸡肉串浸沙司后直接用扒炉扒熟,自助餐盘底垫黄油炒白萝卜丝,将扒熟的鸡肉串码在丝上,将浸过鸡肉串的沙司加热,放入少许熟芝麻,起锅前勾芡,淋在鸡肉串上,再撒上炸日本紫菜丝、香菜叶。

5. 马提尼酒奶油大蜗牛 Snail Wonton in Martini and Cream Sauce

📖 制作原料

| | | |
|---|---|---|
| 大蜗牛肉 | Big Snail Meat | 250 克 |
| 大馄饨皮 | Large Wonton Skins | 18 张 |
| 马提尼酒 | Martini | 45 毫升 |
| 淡奶油 | Whipping Cream | 200 毫升 |
| 荷兰芹末 | Chopped Parsley | 2 克 |

📖 制作步骤

将大蜗牛肉用馄饨皮包好,用水煮,将水倒出。

加入马提尼酒、淡奶油继续煮,将汁收浓,调味,放荷兰芹末即可。

6. 焗扇贝莫内沙司 Baked Scallop in Mornay Sauce

📖 **制作原料**

| | | |
|---|---|---|
| 土豆粉 | Potato Powder | 100 克 |
| 扇贝 | Scallop | 20 只 |
| 洋葱碎 | Chopped Onion | 30 克 |
| 马苏里拉奶酪 | Mozzarella Cheese | 200 克 |
| 淡奶油 | Whipping Cream | 250 毫升 |
| 鸡蛋黄 | Egg Yolk | 1 只 |
| 干白葡萄酒 | Dry White Wine | 20 毫升 |
| 盐和胡椒粉 | Salt and Pepper | 适量 |

📖 **制作步骤**

将土豆粉做成土豆泥,用盐、胡椒粉调味,用裱花袋将土豆泥裱入扇贝壳内。

淡奶油加入鸡蛋黄调味后,小火加热至稠,边加热边搅打,加入奶酪碎拌匀成莫内沙司。

将扇贝肉用洋葱、白葡萄酒炒熟调味,放在土豆泥上。

浇上莫内沙司,撒上马苏里拉奶酪,入焗炉,焗上色即可。

7. 美式烤排骨 American Roasted Pork Rib

📖 **制作原料**

| | | |
|---|---|---|
| 新鲜薄仔排 | Fresh Thin Rib | 600 克 |
| 生姜 | Ginger | 30 克 |
| 大蒜 | Garlic | 30 克 |
| 黑胡椒粒 | Black Pepper Corn | 15 克 |
| 香叶 | Bay Leaf | 5 片 |
| 烧烤汁 | Barbecue Sauce | 300 克 |
| 番茄沙司 | Ketchup | 60 克 |
| 蜂蜜 | Honey | 60 克 |
| 酱油 | Soy Sauce | 90 毫升 |
| 清水 | Water | 适量 |
| 红椒 | Red Bell Pepper | 15 克 |

| | | |
|---|---|---|
| 京葱 | Scallion | 45 克 |
| 白芝麻 | White Sesame Seed | 15 克 |

📖 **制作步骤**

烤箱预热至 250℃。

把仔排切 10 厘米左右的单根条状备用；将姜、大蒜拍扁；京葱、红椒切丝。

将生姜、大蒜放入碗中，然后加入黑胡椒粒、香叶、烧烤汁、番茄沙司、蜂蜜、酱油、清水调成腌料。

将排骨浸在腌料中 2～3 天，进入烤箱烤 30～45 分钟至上色成熟，将排骨均匀放在自助餐盘中。

将腌渍用的汁加热后调整浓稠度，浇在排骨上，再撒上少许红椒和京葱的混合物，用少许白芝麻装饰。

📖 **温馨提示**

烧烤前在烤盘底垫上锡纸，防止粘底 。

8. 羊肉末串　Mutton Shashlik

📖 **制作原料**

| | | |
|---|---|---|
| 羊腿 | Mutton Leg | 1 只 |
| 匈牙利红粉 | Hungarian Paprika | 5 克 |
| 大蒜末 | Chopped Garlic | 10 克 |
| 香菜碎 | Chopped Coriander | 35 克 |
| 小茴粉 | Caraway Seed Ground | 2 克 |
| 孜然粉 | Cumin Powder | 5 克 |
| 鸡粉 | Chicken Powder | 5 克 |
| 黄油 | Butter | 10 克 |
| 洋葱丝 | Shredded Onion | 10 克 |
| 胡萝卜片 | Carrot Slice | 30 克 |
| 节瓜片 | Chieh-qua Slice | 100 克 |
| 盐和胡椒粉 | Salt and Pepper | 适量 |

📖 **制作步骤**

羊腿解冻后，去骨头，切成肉末。

加入匈牙利红粉、孜然粉、小茴粉、盐、胡椒粉、大蒜、香菜碎、鸡粉,搅打上劲,搓成30～40克的椭圆形,插入竹签。

将做好的羊肉末串放进扒炉扒上色至熟,把竹签握把朝上左右交错装盘,盘底垫上黄油炒洋葱丝、胡萝卜片、节瓜片即可。

9. 辣汁牛肉丁 Beef Fillet with Chilli Sauce

**制作原料**

| | | |
|---|---|---|
| 牛柳 | Beef Fillet | 1000克 |
| 黄油 | Butter | 85克 |
| 洋葱丁 | Diced Onion | 50克 |
| 大蒜泥 | Chopped Garlic | 10克 |
| 辣椒酱 | Chilli Paste | 20毫升 |
| 番茄沙司 | Ketchup | 200毫升 |
| 李派林急汁 | L&P Sauce | 10毫升 |
| 辣椒汁 | Tabasco | 5毫升 |
| 布朗汁 | Brown Sauce | 75毫升 |
| 盐和胡椒 | Salt and Pepper | 适量 |
| 青圆椒丁 | Green Bell Pepper | 10克 |
| 红腰豆 | Red Kidney Beans | 10克 |

**制作步骤**

牛柳解冻后切1厘米左右的丁备用。

在锅中放黄油炒香洋葱丁,加入大蒜泥,炒香后加入牛肉丁快速炒透,加入辣椒酱、番茄沙司、李派林急汁、辣椒汁、布朗汁、盐、胡椒粉调味。

最后加入青圆椒丁和红腰豆煮透,装盘。

10. 酿鹅肝牛柳 Beef Stuffed with Foie Gras Chocolate Sauce

**制作原料**

| | | |
|---|---|---|
| 鹅肝 | Foie Gras | 200克 |
| 盐和胡椒粉 | Salt and Pepper | 适量 |
| 白兰地 | Brandy | 适量 |
| 干红酒 | Dry Red Wine | 适量 |
| 牛柳 | Beef Fillet | 800克 |
| 洋葱丝 | Shredded Onion | 50克 |

| | | |
|---|---|---|
| 布朗汁 | Brown Sauce | 200 毫升 |
| 巧克力 | Chocolate | 20 克 |

📖 制作步骤

鹅肝切小块,用盐和胡椒粉、白兰地腌渍。

牛柳从中间横切一个深小口,用盐、胡椒粉、红酒腌渍。

把鹅肝塞入牛柳的小口中,将牛柳在坑扒炉上扒至所需的成熟度,切片装盘。

洋葱炒香加入布朗汁、巧克力或可可粉调味,淋在牛柳上即可。

11. 地中海式牛肉 Mediterranean Veal

📖 制作原料

| | | |
|---|---|---|
| 小牛柳 | Veal Fillet | 1000 克 |
| 洋葱 | Onion | 500 克 |
| 胡萝卜 | Carrot | 500 克 |
| 黄油 | Butter | 50 克 |
| 阿里根奴 | Oregano | 适量 |
| 干红葡萄酒 | Dry White Wine | 750 毫升 |
| 布朗汁 | Brown Sauce | 1000 毫升 |
| 土豆 | Potato | 500 克 |
| 蘑菇 | Mushroom | 50 克 |

📖 制作步骤

小牛柳切块扒上色,扒好牛肉备用。

洋葱切指甲块,胡萝卜、土豆、蘑菇切块备用。

取一锅加热,用黄油炒香部分洋葱块、胡萝卜块,加入少许阿里根奴、红葡萄酒,小火收浓至红葡萄酒剩 1/3。

加入布朗汁,同时加入扒好的牛肉及土豆块,小火炖熟即可。

将小牛肉装入自助餐盆中。

炒锅加热少许黄油,炒洋葱块和蘑菇块至熟,放在小牛肉上做装饰。

12. 菲律宾鸡块　Chicken Philippines Style

📖 制作原料

| | | |
|---|---|---|
| 生姜 | Ginger | 10 克 |
| 大蒜 | Garlic | 20 克 |
| 白糖 | Sugar | 400 克 |
| 白醋 | White vinegar | 250 毫升 |
| 酱油 | Soy Sauce | 100 毫升 |
| 味精 | Monosodium Glutamate | 适量 |
| 水 | Water | 250 毫升 |
| 香叶 | Bay Leaf | 1 片 |
| 黑胡椒粒 | Black Pepper Corn | 适量 |
| 淀粉 | Starch | 50 克 |
| 鸡腿 | Chicken Leg | 4 只 |
| 京葱 | Scallion | 50 克 |
| 红椒丝 | Shredded Red Bell Pepper | 30 克 |

📖 制作步骤

生姜、大蒜拍松,加入所有调料混合成腌渍料。

鸡腿一切四,呈大块状浸入调料腌渍 24 小时,捞出后用旺火扒上色,再倒回到腌料中煮至熟。

取出鸡块装盘,排齐,将汤汁过滤,用淀粉增稠,淋在鸡肉上,放少许京葱、红椒丝装饰。

13. 杏仁鸡片　Almond Chicken

📖 制作原料

| | | |
|---|---|---|
| 鸡脯肉 | Chicken Breast | 500 克 |
| 盐和胡椒粉 | Salt and Pepper | 适量 |
| 干白葡萄酒 | Dry White Wine | 50 毫升 |
| 面粉 | Flour | 100 克 |
| 鸡蛋液 | Egg Liquid | 100 克 |
| 杏仁粉 | Almond Powder | 200 克 |
| 植物油 | Vegetable Oil | 1000 毫升 |
| 柠檬角 | Lemon Wedge | 1/2 只 |

📖 制作步骤

鸡脯肉切成6厘米大的薄片,用盐、胡椒粉、白葡萄酒腌渍。

鸡肉拍面粉,粘上鸡蛋液,裹上杏仁粉,然后放入油锅里炸至金黄色,沥干油。

在自助餐盘底垫白色花边纸,上面放炸好的杏仁鸡片,在鸡片上放一块粘上匈牙利红粉的柠檬角装饰。

**(五)蔬菜类 Vegetable**

1. 锡纸烤土豆 Baked Potatoes

📖 制作原料

| | | |
|---|---|---|
| 新鲜土豆 | Fresh Potatoes | 5只 |
| 锡纸 | Tinfoil | 5张 |
| 黄油 | Butter | 50克 |
| 火腿粒 | Diced Ham | 20克 |
| 鲜香菜末 | Chopped Fresh Coriander | 10克 |
| 盐 | Salt | 适量 |
| 豆蔻粉 | Nutmeg Powder | 适量 |
| 淡奶油 | Whipping Cream | 75毫升 |
| 帕玛森奶酪粉 | Parmesan Cheese Powder | 20克 |
| 匈牙利红粉 | Hungarian Paprika | 适量 |

📖 制作步骤

烤箱预热至200℃。

将中等大小的土豆洗干净,用锡纸包好,封口处朝下,放入烤盘,进入烤箱烤2小时左右或烤至熟。

取出土豆,趁热对半切开,挖出中间的土豆(留边口一圈0.5厘米的外壳)。将挖出的熟土豆加入黄油、火腿粒、鲜香菜末、盐、少许豆蔻粉、适量的淡奶油搅拌,要求土豆蓉细腻。

然后再装入裱花袋内,裱回壳内,上面撒上奶酪粉。

放入焗炉里焗上色,出炉后撒上匈牙利红粉即可装盘。

2. 千层土豆饼 Cream Baked Potato Slices

📖 制作原料

| | | |
|---|---|---|
| 土豆 | Potato | 1000克 |

| | | |
|---|---|---|
| 牛奶 | Milk | 600 毫升 |
| 淡奶油 | Whipping Cream | 200 毫升 |
| 盐和胡椒粉 | Salt and Pepper | 适量 |

**制作步骤**

烤箱预热至 180℃。

将土豆去皮切成薄片,用盐和胡椒粉腌渍。

将腌好的土豆薄片一片片叠整齐放入烤盘内,加入牛奶及淡奶油,盖上锡纸,放入烤箱,烤 50～60 分钟。

冷却后切块,加热上盘。

3. 香扒欧芹土豆 Grilled Parsley Potatoes

**制作原料**

| | | |
|---|---|---|
| 土豆 | Potato | 500 克 |
| 橄榄油 | Olive Oil | 5 毫升 |
| 欧芹 | Parsley | 2 克 |
| 盐和胡椒粉 | Salt and Pepper | 适量 |

**制作步骤**

将土豆削成橄榄形,用水煮。

用油略炸,将炸好的土豆用橄榄油炒。

加入盐和胡椒粉、欧芹末即可。

4. 烩蘑菇酥盒 Stewed Mushroom in Puff Pastry

**制作原料**

| | | |
|---|---|---|
| 自制酥盒 | Homemade Puff Pastry | 16 只 |
| 黄油 | Butter | 10 克 |
| 洋葱末 | Chopped Onion | 5 克 |
| 大蒜末 | Chopped Garlic | 3 克 |
| 淡奶油 | Whipping Cream | 100 毫升 |
| 蘑菇丁 | Mushroom | 200 克 |
| 香菇丁 | Diced Shiitake | 50 克 |
| 盐和胡椒 | Salt and Pepper | 适量 |
| 鲜香菜 | Fresh Coriander | 适量 |

| | | |
|---|---|---|
| 去皮的番茄丁 | Peeled Diced Tomato | 10 克 |

📖 制作步骤

自制酥盒备用,取一锅用黄油炒香洋葱末、大蒜末、少许香草、一些蘑菇丁及香菇丁(香菇丁是蘑菇丁的 1/3 左右)。炒香后,加入淡奶油、盐、胡椒粉,小火收浓至汤汁剩一半时,加入鲜香菜末、番茄丁。

用盐、胡椒粉调味。

放入酥盒内,上面放小朵香菜叶装饰。

5. 西西里烩蔬菜　Sicilian Stewed Vegetables

📖 制作原料

| | | |
|---|---|---|
| 洋葱 | Onion | 50 克 |
| 双色节瓜 | Double Color Chieh-Qua | 50 克 |
| 茄子 | Eggplant | 30 克 |
| 番茄 | Tomato | 100 克 |
| 彩椒 | Color bell Pepper | 50 克 |
| 橄榄油 | Olive Oil | 15 克 |
| 意大利香料 | Italian Herb | 1 克 |
| 盐和胡椒粉 | Salt And Pepper | 适量 |

📖 制作步骤

将洋葱、双色节瓜、茄子、番茄、彩椒切丁,用橄榄油炒熟,加入盐和胡椒粉,再加入意大利香料,煮至蔬菜软、汁浓即可。

6. 烟肉烤土豆饼　Bacon Baked Potato Latkes

📖 制作原料

| | | |
|---|---|---|
| 土豆 | Potato | 500 克 |
| 培根 | Bacon | 70 克 |
| 洋葱 | Onion | 30 克 |
| 欧芹末 | Chopped Parsley | 5 克 |
| 盐和胡椒粉 | Salt and Pepper | 适量 |
| 鸡蛋液 | Egg Liquid | 3 只 |
| 土豆粉 | Potato Powder | 70 克 |
| 植物油 | Vegetable Oil | 50 毫升 |

📖 制作步骤

将土豆煮至八分熟,去皮切丝。

将培根、洋葱切末,炒熟。

土豆丝内放培根、洋葱、荷兰芹末、盐、胡椒粉、鸡蛋液、土豆粉,搅拌均匀,搓成圆形饼。

放入抹油的烤盘,进入烤箱烤上色并至成熟,或在煎锅中用少量油将土豆饼煎熟,装盘即可。

7. 蔬菜土豆饼 Fried Vegetable Potato Latkes

📖 制作原料

| | | |
|---|---|---|
| 土豆 | Potato | 500 克 |
| 西蓝花 | Broccoli | 70 克 |
| 胡萝卜 | Carrot | 30 克 |
| 洋葱 | Onion | 20 克 |
| 鸡蛋液 | Egg Liquid | 3 只 |
| 土豆粉 | Potato Powder | 75 克 |
| 盐和胡椒粉 | Salt and Pepper | 适量 |
| 植物油 | Vegetable Oil | 50 毫升 |

📖 制作步骤

将土豆煮至八分熟,去皮切丝。

西蓝花煮熟,切碎。

土豆丝内放入西蓝花末、洋葱末、胡萝卜末,炒熟。

将土豆丝混合物拌上鸡蛋液、土豆粉,搓成圆形饼。

在煎锅中用少量的油将土豆饼煎至两边微黄,装盘即可。

8. 炸甜薯 Fried Sweet Potato

📖 制作原料

| | | |
|---|---|---|
| 甜薯 | Sweet Potato | 500 克 |
| 色拉油 | Salad Oil | 750 毫升 |
| 黄油 | Butter | 50 毫升 |
| 蜂蜜 | Honey | 70 克 |
| 欧芹末 | Chopped Parsley | 10 克 |

📖 制作步骤

红薯去皮切大块(滚刀块),将红薯块炸熟,第二次再用高火复炸至结壳。

另一锅熔化黄油,加入蜂蜜煮匀,加入炸好的甜薯块翻炒,起锅前加入欧芹末,装盘。

## (六)米饭面食类　Rice and Pasta

### 1. 菠萝饭　Fried Rice with Pineapple

📖 制作原料

| | | |
|---|---|---|
| 菠萝 | Pineapple | 1只 |
| 黄油 | Butter | 40克 |
| 洋葱末 | Chopped Onion | 20克 |
| 干白葡萄酒 | Dry White Wine | 100毫升 |
| 鲜菠萝汁 | Fresh Pineapple Juice | 300毫升 |
| 水 | Water | 300毫升 |
| 大米 | Rice | 1000克 |

📖 制作步骤

取菠萝一个侧面对半切开,挖出肉切丁,壳留用。

取厚底汤锅加热黄油,炒香少许洋葱末,加入菠萝小丁炒香,加入大米继续炒,加入白葡萄酒及鲜菠萝汁与水各半。

开锅后小火烧熟,煮好的饭微硬,装到菠萝壳内。

### 2. 西班牙炒面　Saute Conchiglie Spanish Style

📖 制作原料

| | | |
|---|---|---|
| 贝壳面 | Conchiglie | 1000克 |
| 粗茄丝 | Shredded Tomato | 100克 |
| 洋葱丝 | Shredded Onion | 60克 |
| 红圆椒丝 | Shredded Red Pepper | 60克 |
| 青圆椒丝 | Shredded Green Pepper | 60克 |
| 黑小橄榄片 | Sliced Pickled Black Olive | 30克 |
| 橄榄油 | Olive Oil | 40毫升 |
| 洋葱末 | Chopped Onion | 10克 |
| 大蒜末 | Chopped Garlic | 10克 |

| | | |
|---|---|---|
| 香菜末 | Chopped Coriander | 5 克 |
| 盐和胡椒粉 | Salt and Pepper | 适量 |

**制作步骤**

在有盐的沸水中,煮贝壳面,约 8 分钟,冲凉沥干。

烧热锅用橄榄油炒香洋葱末、大蒜末、香菜末,加入各种切好的丝炒香,最后加入贝壳面炒透,基本调味即可,装盘。

3. 炒蝴蝶面　Saute Farfalle with Asparagus and Tomato

**制作原料**

| | | |
|---|---|---|
| 蝴蝶面 | Farfalle | 500 克 |
| 洋葱碎 | Chopped Onion | 30 克 |
| 芦笋尖 | Asparagus Tip | 100 克 |
| 去皮番茄粗丝 | Peeled Shredded Tomato | 250 克 |
| 黄油 | Butter | 30 克 |
| 干白葡萄酒 | Dry White Wine | 100 毫升 |
| 盐和白胡椒粉 | Salt and Pepper | 适量 |

**制作步骤**

以 1 份面 10 份水的比例煮面,将面放入加盐的沸水中煮 8～10 分钟,至软后,捞出冷水冲凉,沥干备用。

芦笋尖切 6 厘米长左右,番茄切丝备用。

用黄油炒香少许洋葱末,加入焯水的芦笋尖,炒香后加入番茄粗丝,再倒入焯水的面条,加入少许白葡萄酒,调味装盘即可。

4. 海鲜面　Pappardelle with Mozzarella Cheese and Seafood Cream Sauce

**制作原料**

| | | |
|---|---|---|
| 自制面片 | Homemade Pappardelle | 500 克 |
| 奶油沙司 | Cream Sauce | 1000 克 |
| 海鲜(3 种以上) | Three Kinds of Seafood | 500 克 |
| 黄油 | Butter | 50 克 |
| 洋葱丝 | Shredded Onion | 75 克 |
| 青红椒丝 | Shredded Green Pepper | 75 克 |
| 蘑菇片 | Mushroom Slice | 50 克 |

| | | |
|---|---|---|
| 干白酒 | Dry White Wine | 50 毫升 |
| 鲜番茄碎 | Chopped Fresh Tomato | 200 克 |
| 马苏里拉奶酪碎 | Grated Mozzarella Cheese | 150 克 |
| 盐和胡椒粉 | Salt and Pepper | 适量 |

**制作步骤**

自制面片焯水后,冲凉,备用。

沙司锅加热黄油,将洋葱丝炒香,加入青红椒丝、蘑菇片炒至脱水,加入干白酒收干,加入奶油沙司、洗净的海鲜煮至原料成熟,用盐和胡椒粉调味。

自助餐盘底抹上黄油,垫一层面片,上面铺上一层烩海鲜,盖上一层焯水面片,再放上烩海鲜,盖上一层面片,最后在上面放鲜番茄碎,撒上马苏里拉奶酪碎。

入焗炉里焗上色即可。

5. 蒜香蛤蜊面 Spaghetti with Clam Sauce

**制作原料**

| | | |
|---|---|---|
| 蛤蜊肉 | Clam Meat | 700 克 |
| 番茄酱 | Tomato Ketchup | 200 克 |
| 去皮番茄块 | Peeled Tomato Piece | 450 克 |
| 黄油 | Butter | 60 克 |
| 大蒜头碎 | Chopped Garlic | 1 只 |
| 欧芹 | Parsley | 10 克 |
| 阿里根奴 | Oregano | 5 克 |
| 盐 | Salt | 适量 |
| 意面 | Italian Pasta | 450 克 |
| 植物油 | Vegetable Oil | 15 毫升 |
| 帕玛森奶酪碎 | Grated Parmesan Cheese | 40 克 |

**制作步骤**

在沙司锅中加热黄油,炒大蒜至浅金黄色,放入番茄酱、番茄块、欧芹和阿里根奴。慢火煮到浓缩至一半。加入蛤蜊肉煮至蛤蜊肉熟,成蛤蜊酱汁,离火。

将意面在加盐的沸水中煮 8～10 分钟,捞出控干水分。

在炒锅中加热橄榄油,将意面放入炒热、调味。

装入盘中,浇上蛤蜊酱汁,撒上帕玛森奶酪碎。

6. 奶油虾仁蘑菇饭 Creamy Shrimp Mushroom and Rice

📖 制作原料

| | | |
|---|---|---|
| 虾仁 | Shrimp Meat | 650 克 |
| 长粒米 | Long Shaped Rice | 500 克 |
| 酸奶油 | Sour Cream | 150 毫升 |
| 蘑菇 | Mushroom | 450 克 |
| 洋葱 | Onion | 30 克 |
| 芥末酱 | Dijon Mustard | 10 克 |
| 青葱 | Green Onion | 30 克 |
| 帕玛森奶酪 | Parmesan Cheese | 150 克 |
| 大蒜头碎 | Chopped Garlic | 200 克 |
| 盐和胡椒粉 | Salt and Pepper | 适量 |
| 橄榄油 | Olive Oil | 20 毫升 |

📖 制作步骤

烤箱预热至 180℃。

将长粒米加入适量的水煮熟,虾仁中火煮熟。

在汤锅中加热油,加入洋葱、蒜、蘑菇炒至软,调味。

把米饭放在不锈钢焗盘内抹平,虾仁铺在米饭上。

将酸奶油加入芥末酱拌匀,淋在虾仁上。

均匀地盖上炒过的蘑菇混合物。

上面撒上帕玛森奶酪碎。

进入烤箱烤 15~20 分钟或至热透,撒上青葱。

# 第三节　低温烹饪

## 一、低温烹饪概念

### (一)低温烹饪

低温烹饪是一种使用低于正常烹调温度来烹调食物的技术。低温是指烹饪食物过程中的温度,而不是食物最后的温度。在低温烹饪中,温度在45～85℃持续很长一段时间。低温烹饪方法包括真空低温烹饪和炖锅低温烹饪。真空低温烹饪是将食物真空包装后,再用低温的液体或烤箱的低温进行烹饪;炖锅低温烹饪是食物直接装在炖锅内,盖上盖子,用较低的温度进行烹饪,也可在烤箱中,利用低于85℃的温度,对原料进行烹饪。真空低温烹饪是当前较流行的低温烹饪方法。

### (二)真空低温烹饪

真空低温烹饪这种新的加热方法在21世纪被称为隔水炖,在中世纪被称为水浴,它被命名为低温慢煮,意为在真空下烹调。这种方法包括两种新的机器和两个基本步骤。

两种机器:真空包装机和浸入式循环加热器。

两个步骤:首先,使用真空包装机,在一个塑料袋里紧紧密封好需要烹制的食物。其次,用最佳的烹调温度把塑料袋浸没在有浸入式循环加热器的水槽中。真空包装袋紧裹着食物,当热水直接传递热量给食物时,它能保护食物不与水直接接触。水槽均衡的水温,被一个浸入式循环器加热设备所控制,它是由温度计、加热器和水泵组成。它监控温度、加热水以维持所设置的温度,然后使水到处移动,使所设定的温度遍及"水浴池"的每个角落。

真空低温烹饪的核心是相关低温的控制与应用,只需加热到烹调食物最合适的温度即可。如果用一锅沸水或者烤箱高温加热食物,会使食物中心到达合适温度时外部已经部分加热过头了。如果你定时不准确,肉类将过干,蔬菜将变糊。

真空低温烹饪法于20世纪70年代早期在法国被发现。美国厨师在10年之后第一次听闻这种方法,但是食品药品管理部门提高了卫生关注度,设备也是不熟悉和非常昂贵的。因此,真空低温烹饪法或多或少地沉寂了,直到2000年,法国厨师Gerard Bertholon成为一家食品公司的经理,向Daniel Boulud和Thomas Keller及其他主要的美国厨师说明了此方法的优点与安全利用的方式。美国厨师之后对此法引起了重视,他们发现可用此法做出更精彩的美味,于是真空低温烹饪方法在美国盛行起来,并逐步走向世界。

真空低温烹饪最根本的优点是精确。在真空低温烹饪之前,加热食物依靠厨师的感觉和经验去了解食物是否已达到想要的温度,也就是说,必须知道什么时候停止烹调,因为在高温烹调下,几秒钟的时间,原料就会发生很大的变化。但在真空低温烹饪下,可以使原料长时间保持在所需要的温度中。

真空低温烹饪其实不复杂也不神秘,而是简单、明了,就如所有其他烹调技术,它是由温度和时间来决定的:在特定的时间内加热到食物原料特定的温度。

真空低温烹饪不能完全取代其他烹饪方法,这点相当重要,它只是其他常用烹调方法的一种附加技术。经过真空低温烹饪的食物,其表面没有焦香味,仍需要采用其他传统的烹调方法,拍或不拍面粉,利用高温让其表面焦化,因为菜肴的色泽和香味相当重要。

## 二、真空低温烹饪的优势及基本原则

### (一)优势

大部分食物都能使用真空低温烹饪,并可得到想要的成品。但有些食物不能使用真空低温烹饪,比如绿色蔬菜——西兰花、芦笋、豌豆等,用真空低温烹饪法会破坏原料鲜艳的色泽,会使人没有食欲,并不能从真空低温烹饪法中明显地受益。但是真空低温烹饪法可以运用于大多数食物。

1. 较嫩的肉。真空低温烹饪会准确地得到食物内部温度。比如,烹调出完美的五分熟的牛腰肉或完美的三分熟的雏鸽胸肉,而且每次都是如此。使用真空低温烹饪,我们可以使整块肉获得相同的温度,而不只是肉的中心。

2. 较老的肉。烹调咬不动的老肉,比如心脏、胃部和舌头,以及小腿肉和肩胛肉。所有这些毋庸置疑,都可以从真空低温烹饪技术中获得较好的软嫩度。用相对低的温度来烹饪较老的肉,以使它们不至于被烧干(就像炖那样),但还是要加热到能使它组织变软,便于咀嚼。

通常用“油浸”法烹调老的肉,比如鸭腿、猪肚和胃部。在传统的“油浸”

中，肉被浸没在提取出来的大量油脂中，温和地烹调数小时，然后在油脂中冷却。使用真空低温烹饪，可以用更少的油获得同样的效果。使用传统的油焖时，必须用很低的温度放置很长一段时间。

3. 鱼。真空低温烹饪使烹饪鱼更加简单，因为没有高温产生的味道（从烤或嫩煎中产生的复合口味），而是有非常纯正的口味。

一些鱼，比如三文鱼，在非常低的温度下使用真空低温烹饪会产生感官享受的质地，这是其他方法所不能达到的。

4. 海鲜。比如龙虾、章鱼和鱿鱼，使用高温烹饪时很容易变硬。真空低温烹饪的低温加热使它们非常柔软。

5. 硬根茎蔬菜。所有的根茎蔬菜都可以根据其质地、口味和颜色使用真空低温烹饪来做出出色的产品。比如，土豆可以使外部不烹调过头；胡萝卜在油的作用下变得精致细腻，而且保持了鲜亮的橘黄色。

6. 其他蔬菜。一些软性蔬菜使用真空低温烹饪法可以获得很好的效果，比如洋葱和茴香，可以变得柔软，而不是烹饪过头或者散架。所有的非绿色蔬菜，从玉米和小萝卜到菊苣，都可以在进入真空低温包装袋前细心地调味。

7. 水果。和蔬菜能达到一定柔软度一样，水果在真空低温烹饪中变得非常完美。此外，特别是极容易快速氧化和变色的水果，使用真空低温烹饪可以保持鲜亮，而不是变得暗淡。

8. 非烹调食物的技术。用真空低温烹饪法腌制肉类是干净和高效的。使用真空低温烹饪法烹饪的食物，会得到更好的质地和更明亮的颜色。

**（二）基本原则**

1. 压力。压力是由真空包装机的动力决定的。真空包装机把真空包装中的空气排出，紧紧挤压包装袋以贴近食物，有时甚至压制食物。压力的大小应由食物的性质来决定。应注意食物是否易碎，太大压力会使它被挤碎；还应留意袋内是否有骨头，压力太大骨头会戳破袋子。真空包装前，食物必须冷却，最好冷却至低于6℃，以防食物的水分被蒸发。

2. 温度。真空低温烹饪中所使用的温度通常比沸腾的水的温度要低，蔬菜专门用的温度是85℃（185°F），植物细胞壁在此温度下被破坏，因此蔬菜变得柔软。

肉和鱼的烹调温度各有不同。鱼肉蛋白质易被破坏，它们容易变性和凝固——也就是,烹饪鱼比肉的蛋白质要低大约6.6℃。对于肉来说,在60℃时细胞开始缩小,因此挤出水分,并且变老。在大约70℃时,肉将会挤出它的大部分水分,但是细胞容易被分开,而且胶原蛋白将会溶化成明胶。

使用65.5℃的温度、较长时间的真空低温烹饪炖肉会更佳,分解胶原蛋白的同时还能保留所有的汁水,就像传统焖烧一样保持肉质的鲜嫩度。如要得到更柔嫩的鸡胸肉,可以用62℃的温度。

这些温度是基本的参考,并不是一个硬性的规定。

3. 时间。传统烹饪中,时间掌握意味着食物原料要烹调多长时间,时间一到你就必须停止烹调。尽管如此,还是会烹调出比预期温度要高的食物。如我们嫩煎一块牛肉,你只需要让它的内部温度到达54.4℃,但是烹调时外部温度已经达到200℃,而肉块的中心温度恰好达到烹调所需温度54.4℃,这时,将肉离开热源,由于肉的外部温度相当高,肉块的中心温度会受外部温度的影响而升高,最终会超过所需内部温度54.4℃,这种影响被称为"余温烹饪"。

在真空低温烹饪中,一旦食物达到了想要的内部温度,它就停止升温,或被放置于水中。当食物从水中移出时,食物中心的温度与食物外部的温度是一样的,不会产生"余温烹饪"。

这并不是说烹调食物的时间没有限制。如果食物加热时间过长,虽然颜色未改变,但它的质地和口感将会变化,有可能它看上去是诱人的所需成熟度,但是口味和质地却不如想象的那么完美。

# 第四节 低温烹饪菜肴实例

## 一、金枪鱼小洋葱鹌鹑蛋配黑醋汁 Tuna, Onion, Quail Egg with Balsamico Vinegar

温煮:60℃(8分钟) 烹制时间:20分钟
准备时间:15分钟 制作份数:1人份

### 主要工具

| | | | |
|---|---|---|---|
| 厨刀 | Chef's Knife | 搅拌盆 | Mixing Bowl |
| 砧板 | Cutting Board | 煎锅 | Frying Pan |
| 浸入式循环加热器 | Polyscience | 汤匙 | Tablespoon |
| 汤锅 | Soup Pot | 餐盘 | Dinner Plate |
| 沙司锅 | Sauce Pan | | |

### 制作原料

| | | |
|---|---|---|
| 金枪鱼 | Tuna | 120克 |
| 红葱头 | Shallot | 5只 |
| 鹌鹑蛋 | Quail Egg | 2只 |
| 橄榄油 | Olive Oil | 适量 |
| 盐和胡椒粉 | Salt and Pepper | 适量 |
| 芳香醋 | Balsamico | 50毫升 |
| 他拉根 | Tarragon | 10克 |

### 制作步骤

将低温烹饪加热循环机预热至60℃。

红葱头切成圈,放入搅拌盆内,加入醋浸泡。

金枪鱼修整后,用盐、胡椒腌渍,并用真空包装。

将真空包装的金枪鱼放入60℃的"水浴箱"中,低温煮8分钟。

鹌鹑蛋去壳,放入加盐和醋的开水中,温煮至蛋白凝固后,捞出沥去水分。

将洋葱圈沥干,在煎锅中用少量橄榄油炒香,调味。

将洋葱圈装入盘中。

金枪鱼拆封,鱼块用高火煎上色,放在洋葱上面,上放鲜他拉根,最上面放鹌鹑蛋,淋黑醋汁。

**温馨提示**

鹌鹑蛋出锅后,可放入冰水中定型,随后即取出。

## 二、鲷鱼配意米羊肚菌他拉根奶油汁 Snapper Rice Morel Tarragon Cream Sauce

温煮:60℃(20 分钟)　　烹制时间:30 分钟

准备时间:15 分钟　　制作份数:1 人份

**主要工具**

| | | | |
|---|---|---|---|
| 厨刀 | Chef's Knife | 汤锅 | Soup Pot |
| 砧板 | Cutting Board | 沙司锅 | Sauce Pan |
| 浸入式循环加热器 | Polyscience | 搅拌盆 | Mixing Bowl |
| 煎锅 | Frying Pan | 汤匙 | Tablespoon |
| 打浆机 | Hand Blender | 餐盘 | Dinner Plate |

**制作原料**

| | | |
|---|---|---|
| 鲷鱼柳 | Snapper Fillet | 150 克 |
| 鱼汤 | Fish Stock | 50 毫升 |
| 基础汤 | Stock | 100 毫升 |
| 洋葱 | Onion | 5 克 |
| 羊肚菌(小) | Morel | 5 只 |
| 他拉根 | Tarragon | 2 克 |
| 意大利米 | Arborio Rice | 100 克 |
| 黄油 | Butter | 50 克 |
| 淡奶油 | Whipping Cream | 20 毫升 |
| 脱脂牛奶 | Skim Milk | 30 毫升 |
| 盐和胡椒粉 | Salt and Pepper | 适量 |

**制作步骤**

将低温烹饪加热循环机预热至 60℃。

羊肚菌用水浸泡，洗净后在沙司锅中与清水一起煮软，捞出羊肚菌，沥干水分，煮汁留用。洋葱去皮切碎。

鲷鱼柳修整齐，2.5 厘米厚，用盐调味，放入包装袋，在真空压缩机中真空包装。

真空包装鲷鱼柳进入 60℃ 的"水浴箱"，温煮 20 分钟。

意大利米用黄油炒至金黄色后，分次加基础汤边加边炒，出锅前加盐和胡椒粉调味，搅拌均匀。

热锅放入黄油，将洋葱末炒香后，加入羊肚菌炒一下，稍煮片刻，收浓汁，放入盐、胡椒粉和少许黄油。

鱼汤加热加入淡奶油和脱脂牛奶，加入适量盐，加他拉根，用搅拌机打起泡成稠状。

将米饭装盘，放上拆封的鱼柳，配上羊肚菌，淋上他拉根奶油泡沫汁。

**温馨提示**

鱼柳要用新鲜的。

鱼柳的厚度要 2.5 厘米，否则会影响鱼肉质的成熟度。

拆封后的鲷鱼柳可以用高温将其表面煎扒上色。

意大利米不要炒焦，汤不能多，要颗粒分明。

## 三、菲力牛排　Beef Fillet

| | |
|---|---|
| 温煮：60℃（60 分钟） | 烹制时间：65 分钟 |
| 准备时间：15 分钟 | 制作份数：1 人份 |

**主要工具**

| | | | |
|---|---|---|---|
| 厨刀 | Chef's Knife | 煎锅 | Frying Pan |
| 砧板 | Cutting Board | 汤匙 | Tablespoon |
| 浸入式循环加热器 | Polyscience | 餐盘 | Dinner Plate |
| 汤锅 | Soup Pot | | |

**制作原料**

| | | |
|---|---|---|
| 牛菲力 | Beef Fillet | 150 克 |
| 黄油 | Butter | 50 克 |
| 小葱头 | Shallots | 2 只 |

| | | |
|---|---|---|
| 百里香 | Thyme | 4 枝 |
| 盐和胡椒粉 | Salt and Pepper | 适量 |
| 橄榄油 | Olive Oil | 适量 |

**制作步骤**

将低温烹饪加热循环机预热至 60℃。

牛菲力修整成 5 厘米厚,小洋葱去皮,对半切。

将牛菲力用盐、胡椒粉、小洋葱、百里香腌渍,放入真空包装袋中,加入黄油,用真空压缩机将其压缩包装。

当水浴箱中预设的温度到达 60℃时,即可将真空包装牛肉放入水浴箱(电热恒温水槽)中温煮 60 分钟。

将真空牛肉从水浴箱中取出,拆去包装,再次用盐、胡椒粉调味。

加热煎锅,在高温中将牛菲力快速煎上色。

将牛菲力切片装盘,配上蔬菜,淋上沙司。

**温馨提示**

牛菲力要选择新鲜的。

牛菲力的厚度要 5 厘米。

拆封后的牛菲力须吸去表面的水分,再用高温将其表面煎扒上色。

可配上绿色蔬菜及合适的调味沙司。

## 四、海鲜肠芦笋配奶油沙司 Seafood Sausage Asparagus with Cream Sauce

温煮:63℃(15 分钟)　　烹制时间:20 分钟

准备时间:30 分钟　　制作份数:1 人份

**主要工具**

| | | | |
|---|---|---|---|
| 厨刀 | Chef's Knife | 搅拌机 | Hand Blender |
| 砧板 | Cutting Board | 搅拌盆 | Mixing Bowl |
| 浸入式循环加热器 | Polyscience | 汤匙 | Tablespoon |
| 深汤锅 | Soup Pot | 餐盘 | Dinner Plate |
| 煎锅 | Frying Pan | | |

**制作原料**

| | | |
|---|---|---|
| 鲜带子 | Fresh Scallop | 300 克 |

| | | |
|---|---|---|
| 明虾 | Prawn | 100 克 |
| 洋葱 | Onion | 1 只 |
| 鸡蛋清 | Egg White | 50 毫升 |
| 鲜他拉根 | Tarragon | 20 克 |
| 芦笋 | Asparagu | 2 根 |
| 黄油 | Butter | 15 毫升 |
| 盐和胡椒粉 | Salt and Pepper | 适量 |
| 奶油沙司 | Cream Sauce | 50 毫升 |

**制作步骤**

将低温烹饪加热循环机预热至 63℃。

鲜带子用餐巾吸干水分;明虾去壳、去泥肠、洗净,用餐巾吸干水分;洋葱去皮切末;鲜他拉根取叶切碎;芦笋切成 12 厘米长。

将鲜带子、明虾、蛋清打成泥后,加入适量盐、白胡椒粉,继续搅拌均匀,加入他拉根碎拌匀。

把拌好的海鲜泥放入裱花袋,在保鲜膜上挤成一条(细一点)卷起来(过程中不要有空气),成拇指粗细的一长条,两头扎紧,取一指长,用绳子扎紧成若干段。

进入电热恒温水槽(水浴箱)中,温煮 15 分钟。

拆去保鲜膜,在煎锅中用少量油,大火将海鲜卷煎至金黄色即可。

芦笋在有少许油、盐的沸水中快速氽熟。

将海鲜卷装入深盘中,放上芦笋,浇上奶油沙司。

**温馨提示**

海鲜泥不能调制太稀,否则卷制困难。

挤入保鲜膜的海鲜泥不要挤得太粗,以防在卷紧的过程中变得更粗。

在卷制时须将海鲜卷中的气泡用牙签小心戳破,挤出空气。

## 五、温煮蛋配奶油沙司 Poached Eggs with Cream Sauce

温度:63℃(60 分钟)　　烹制时间:65 分钟

准备时间:10 分钟　　制作份数:1 人份

**主要工具**

| | | | |
|---|---|---|---|
| 厨刀 | Chef's Knife | 沙司锅 | Sauce Pan |

| | | | |
|---|---|---|---|
| 砧板 | Cutting Board | 搅拌机 | Hand Blender |
| 浸入式循环加热器 | Polyscience | 汤匙 | Tablespoon |
| 汤锅 | Soup Pot | 餐盘 | Dinner Plate |
| 煎锅 | Frying Pan | | |

**制作原料**

| | | |
|---|---|---|
| 鸡蛋 | Egg | 1 只 |
| 培根 | Bacon | 1 片 |
| 淡奶油 | Whipping Cream | 100 毫升 |
| 熟羊肚菌 | Cooked Morel | 10 克 |
| 豆苗 | Bean Seedling | 5 克 |
| 盐和胡椒粉 | Salt and Pepper | 适量 |

**制作步骤**

将低温烹饪加热循环机预热至 63℃。

将带壳鸡蛋直接放入恒温水浴箱内,温煮 60 分钟。

培根顺长对切,一半切碎。

在沙司锅内,加热淡奶油、培根碎、盐、胡椒粉煮片刻至稠,然后打浆。

用煎锅把另外半片培根煎至脆,用纸巾吸油。

将温煮鸡蛋去壳装深盘,边上浇沙司,用羊肚菌、培根、豆苗点缀。

**温馨提示**

鸡蛋须选择新鲜、无裂缝的。

煮制的温度可以在 60～75℃选择,75℃煮制的是全熟的。

培根煎至脆,但不能焦。

## 六、鸭胸时蔬配雪利酒香橙沙司 Duck Breast Fresh Vegetable with Sherry Orange Sauce

温煮:57℃(45 分钟)　　烹制时间:50 分钟

准备时间:10 分钟　　制作份数:1 人份

**主要工具**

| | | | |
|---|---|---|---|
| 厨刀 | Chef's Knife | 煎锅 | Frying Pan |
| 砧板 | Cutting Board | 沙司锅 | Sauce Pan |

| | | | |
|---|---|---|---|
| 浸入式循环加热器 | Polyscience | 汤匙 | Tablespoon |
| 汤锅 | Soup Pot | 餐盘 | Dinner Plate |

### 制作原料

| | | |
|---|---|---|
| 鸭胸肉 | Duck Breast | 1块 |
| 黑胡椒粒 | Black Pepper Whole | 5克 |
| 雪利酒 | Sherry | 100毫升 |
| 君度酒 | Cointreau Liqueur | 100克 |
| 橙汁 | Orange Juice | 10毫升 |
| 糖 | Sugar | 适量 |
| 香醋 | Balsamic Vinegar | 适量 |
| 胡萝卜 | Carrot | 1根 |
| 土豆 | Potato | 1只 |
| 葵花籽油 | Sunflower Oil | 10毫升 |
| 黄油 | Butter | 5克 |
| 盐和胡椒粉 | Salt and Pepper | 适量 |

### 制作步骤

将低温烹饪加热循环机预热至57℃。

胡萝卜、土豆去皮切条。鸭胸肉带皮修理整齐。

鸭胸肉用黑胡椒粒、盐、葵花籽油腌渍，用真空机真空包装。

将真空包装的鸭胸肉放入恒温加热水浴箱，温煮45分钟。

鸭胸肉取出后去掉黑胡椒粒，用煎锅（不放油），在高温中将鸭胸肉煎上色。

在沙司锅中放入土豆、胡萝卜，加水没过原料，煮开后转小火煮至原料熟，沥去水分，加入黄油、盐、胡椒稍煮片刻离火。

在另一沙司锅中倒入雪利酒、君度酒、橙汁、糖加热，加热浓缩后加入芳香醋成沙司。

将土豆和胡萝卜条装盘，放上鸭胸肉（皮面向上），淋上沙司，用香菜装饰。

### 温馨提示

腌渍前鸭皮表面可切割成菱形花刀。

拆去包装后，须用高温将鸭胸肉表面煎上色。

## 七、鲜带子松露汁 Fresh Scallop with Truffle Sauce

温煮:52℃(20 分钟)　　　　烹制时间:25 分钟

准备时间:15 分钟　　　　制作份数:1 人份

### 主要工具

| | | | |
|---|---|---|---|
| 厨刀 | Chef's Knife | 煎锅 | Frying Pan |
| 砧板 | Cutting Board | 沙司锅 | Sauce Pan |
| 浸入式循环加热器 | Polyscience | 汤匙 | Tablespoon |
| 深汤锅 | Soup Pot | 餐盘 | Dinner Plate |

### 制作原料

| | | |
|---|---|---|
| 鲜带子 | Fresh Scallop | 200 克 |
| 鲜百里香 | Fresh Thyme | 2 枝 |
| 洋葱 | Onion | 1 只 |
| 柠檬 | Lemon | 1 只 |
| 黑胡椒粒 | Black Pepper Corn | 10 克 |
| 韭葱 | Leek | 1 枝 |
| 橄榄油 | Olive Oil | 20 毫升 |
| 松露 | Truffle | 1 块 |
| 小牛肉基础汤 | Veal Stock | 适量 |
| 黄油 | Butter | 适量 |
| 盐和胡椒粉 | Salt and Pepper | 适量 |

### 制作步骤

将低温烹饪加热循环机预热至 52℃。

洋葱去皮切块;柠檬皮用刨子刨成丝;韭葱对半切,切顺丝。

鲜带子用百里香、洋葱、柠檬皮丝、柠檬汁、盐、黑胡椒粒、橄榄油腌渍,真空包装。

把真空包装鲜带子放入 52℃恒温水浴箱,温煮 20 分钟。

用沙司锅加热黄油,把京葱丝炒香,加盐、胡椒粉调味。

把鲜带子拆去包装,用盐、胡椒粉调味,用煎锅快速煎上色。

松露刨蓉放入沙司锅,加入小牛肉汤、盐、胡椒粉收浓,加入软化黄油搅拌均匀成沙司。

将京葱装入盘中,上面放上鲜带子,淋上沙司,用少许生菜点缀。

**温馨提示**

带子要选择个大、新鲜的。

可用辣味番茄沙司作为调味汁。

## 八、海鲈鱼卷配柠檬奶油沙司 Sea Bass Roll with Lemon Cream Sauce

温煮:62℃(12～20 分钟)

烹制时间:25 分钟

准备时间:30 分钟

制作份数:1 人份

**主要工具**

| | | | |
|---|---|---|---|
| 厨刀 | Chef's Knife | 沙司锅 | Sauce Pan |
| 砧板 | Cutting Board | 搅拌盆 | Mixing Bowl |
| 浸入式循环加热器 | Polyscience | 汤匙 | Tablespoon |
| 深汤锅 | Soup Pot | 餐盘 | Dinner Plate |
| 煎锅 | Frying Pan | | |

**制作原料**

| | | |
|---|---|---|
| 海鲈鱼 | Sea Bass | 120 克 |
| 茄子 | Eggplant | 1 条 |
| 西葫芦 | Summer Squash | 1 个 |
| 洋葱 | Onion | 1 只 |
| 番茄 | Tomato | 1 只 |
| 大蒜头 | Garlic | 1 瓣 |
| 蔬菜香料 | Mirepoix | 100 克 |
| 韭葱 | Leek | 1 枝 |
| 柠檬 | Lemon | 1 只 |
| 黄油 | Butter | 适量 |
| 淡奶油 | Whipping Cream | 适量 |
| 面包糠 | Breadcrumb | 100 克 |
| 欧芹 | Parsley | 50 克 |

| | | |
|---|---|---|
| 盐和胡椒粉 | Salt and Pepper | 适量 |
| 鸡蛋 | Egg | 1只 |
| 大藏芥末 | Dijon Mustard | 适量 |

📖 制作步骤

将低温烹饪加热循环机预热至62℃。

大蒜头入烤箱烤软(150℃,12分钟),去皮捣成泥状。

茄子、西葫芦、洋葱去皮切成丁,番茄去皮去芯切丁,柠檬皮刨碎,欧芹切碎。

鲈鱼去鳞、去内脏、去骨,切成薄片。

鱼骨、蔬菜香料、韭葱叶、番茄片加水煮20分钟成鱼汤,过滤。

鲈鱼片用盐、白胡椒、柠檬汁调味,铺至保鲜膜上,用保鲜膜卷起来,卷紧成长卷,粗4～5厘米。

把鲈鱼卷放入62℃恒温水浴箱,温煮12～20分钟。

热锅放黄油、面粉炒至奶黄色,加入鱼基础汤搅打均匀,加入柠檬皮碎、柠檬汁、盐、白胡椒搅打成沙司,加入淡奶油成奶油沙司。

把洋葱丁、茄子丁、西葫芦丁、番茄丁(先后顺序)炒香,用盐、胡椒粉调味。

欧芹碎和面包糠混合均匀。

鸡蛋打散加入大蒜蓉、大藏芥末搅匀。

煮熟的鲈鱼卷拆去包装,切成两段,粘上混合蛋液,裹上混合面包糠(切口处不要裹到)。

用煎锅加热黄油,把鱼卷四周快速煎上色。

蔬菜丁放入模具成形后,装入餐盘,放上鱼卷,淋上柠檬奶油沙司。

📖 温馨提示

鲈鱼片不要太厚,以方便卷制为宜。

沙司不能产生颗粒。

## 九、红黄甜菜根 Red and Golden Baby Beetroot

温煮:85℃(45分钟)　　烹制时间:45分钟

准备时间:10分钟　　制作份数:1人份

### 主要工具

| | | | |
|---|---|---|---|
| 厨刀 | Chef's Knife | 沙司锅 | Sauce Pan |
| 砧板 | Cutting Board | 搅拌盆 | Mixing Bowl |
| 浸入式循环加热器 | Polyscience | 汤匙 | Tablespoon |
| 深汤锅 | Soup Pot | 餐盘 | Dinner Plate |
| 煎锅 | Frying Pan | | |

### 制作原料

| | | |
|---|---|---|
| 红黄甜菜根 | Red and Golden Beets | 120 克 |
| 青柠檬 | Lime | 1 只 |
| 甜橙 | Orange | 1 只 |
| 盐 | Salt | 适量 |
| 黑胡椒粒 | Black Pepper Corn | 适量 |
| 细香葱 | Chive | 适量 |
| 橄榄油 | Olive Oil | 适量 |
| 淡奶油 | Whipping Cream | 50 毫升 |
| 欧芹 | Parsley | 20 克 |

### 制作步骤

将低温烹饪加热循环机预热至 85℃。

甜菜根去皮，切块；青柠檬刨皮切成碎末。

将甜菜根(红黄分开)加入橙汁、青柠皮碎、青柠汁、葱碎、黑胡椒粒、橄榄油拌匀，真空包装。

把真空包装的甜菜根放入 85℃恒温水浴箱，温煮 45 分钟。

淡奶油打发，欧芹切碎。

拆去包装装盘，红色菜根上淋淡奶油，黄色菜根上撒欧芹碎。

### 温馨提示

红黄甜菜根切忌混合。

低温煮制的时间为 45～75 分钟。

## 十、羊排迷你土豆迷迭香汁 Lamb Chop Mini Potatoes with Rosemary Sauce

温煮:85℃(10 分钟) 烹制时间:35 分钟
85℃(30 分钟)
准备时间:20 分钟 制作份数:1 人份

### 主要工具

| | | | |
|---|---|---|---|
| 厨刀 | Chef's Knife | 汤锅 | Soup Pot |
| 砧板 | Cutting Board | 煎锅 | Frying Pan |
| 浸入式循环加热器 | Polyscience | 沙司锅 | Sauce Pan |
| 搅拌盆 | Mixing Bowl | 汤匙 | Tablespoon |
| 餐盘 | Dinner Plate | | |

### 制作原料

| | | |
|---|---|---|
| 羊排 | Lamb Chop | 2 根 |
| 盐和黑胡椒碎 | Salt and Black Pepper | 适量 |
| 大蒜头 | Garlic | 5 瓣 |
| 迷迭香 | Rosemary | 3 束 |
| 黄油 | Butter | 20 克 |
| 迷你土豆 | Mini Potato | 100 克 |
| 茄子 | Eggplant | 2 条 |
| 布朗沙司 | Brown Sauce | 80 毫升 |
| 柠檬汁 | Lemon Juice | 20 毫升 |

### 制作步骤

将低温烹饪加热循环机预热至 85℃,烤箱预热至 150℃。

大蒜头去皮切片,部分切碎,带皮迷你土豆对半切开。

迷你土豆用大蒜、盐、黑胡椒碎、迷迭香腌渍,加入适量鸡汤、黄油,真空包装。

将真空包装的土豆放入 85℃恒温水浴箱,温煮 30 分钟。

羊排整理干净,加入盐、黑胡椒碎、大蒜、迷迭香、黄油,真空包装。

把真空包装的羊排放入 85℃恒温水浴箱,温煮 10 分钟。

茄子放入烤箱烤 30 分钟,取出,取肉捣成泥状,用盐、胡椒粉、黄油搅拌均匀。

在沙司锅中加入大蒜碎、迷迭香、柠檬汁煮片刻至浓缩，加入布朗沙司煮片刻收浓，调味后，加软化黄油增稠，成为迷迭香沙司。

拆去低温煮的羊排和土豆的包装，羊排高火上色，装入盘中，配上茄子泥，淋上迷迭香沙司。

**温馨提示**

温度、时间可根据羊排的大小、厚度来调整。

# 习题参考答案

## 模块二　实训基础篇

| | 1 | 2 | 3 | 4 | 5 | 6 | 7 | 8 |
|---|---|---|---|---|---|---|---|---|
| 第一周 | C | C | B | B | D | A | D | B |
| 第二周 | B | D | C | C | A | B | C | D |
| 第三周 | D | A | C | C | B | C | B | D |
| 第四周 | B | D | B | B | D | C | C | D |
| 第五周 | C | B | D | C | D | C | B | B |
| 第六周 | B | C | D | A | A | D | B | B |
| 第七周 | C | A | B | A | C | D | B | C |
| 第八周 | C | D | A | C | D | C | D | C |
| 第九周 | D | C | D | B | B | A | D | B |
| 第十周 | B | B | B | A | A | D | D | B |
| 第十一周 | D | B | B | B | D | A | B | B |
| 第十二周 | C | D | B | A | C | C | C | A |
| 第十三周 | A | C | D | C | C | C | A | D |
| 第十四周 | C | C | D | D | D | B | C | A |
| 第十五周 | B | B | C | A | B | A | D | A |
| 第十六周 | C | B | D | C | C | C | C | A |
| 第十七周 | D | A | B | A | B | D | A | B |
| 第十八周 | D | D | D | B | C | C | D | B |

## 模块三　实训提升篇

| | 1 | 2 | 3 | 4 | 5 | 6 | 7 | 8 |
|---|---|---|---|---|---|---|---|---|
| 第一周 | D | B | B | C | B | D | C | D |
| 第二周 | A | D | D | C | D | D | B | D |
| 第三周 | B | A | D | D | B | C | C | B |
| 第四周 | C | B | D | B | B | D | D | D |
| 第五周 | C | D | D | D | B | D | B | B |
| 第六周 | D | D | B | C | B | B | D | D |
| 第七周 | C | B | A | D | D | C | D | B |
| 第八周 | D | D | D | D | C | C | C | A |
| 第九周 | B | D | D | B | C | C | D | B |
| 第十周 | B | D | D | D | D | A | A | C |
| 第十一周 | A | B | C | D | D | C | B | D |
| 第十二周 | D | B | A | B | A | C | D | D |
| 第十三周 | D | D | C | A | D | D | A | B |
| 第十四周 | D | D | C | C | A | D | C | D |
| 第十五周 | D | A | B | C | B | B | D | A |
| 第十六周 | D | D | D | B | B | D | B | D |
| 第十七周 | A | B | A | D | B | A | B | D |
| 第十八周 | B | D | B | D | C | C | B | C |

# 主要参考文献

[1] 贺文华. 西餐烹调技术[M]. 北京:中国商业出版社,1981.
[2] 法国蓝带厨艺学院. 法国西餐烹饪基础[M]. 卢大川,译. 北京:中国轻工业出版社,2009.
[3] 麦志城. 西菜烹饪大全[M]. 上海:世界图书出版公司,2004.
[4] 韦恩·吉斯伦. 专业烹饪[M]. 李正喜,译. 大连:大连理工大学出版社,2005.
[5] 郭亚东. 西餐工艺[M]. 北京:中国轻工业出版社,2000.
[6] 姜涛,常学军. 西餐教室[M]. 长春:吉林科学出版社,2010.
[7] 陈怡君. 西餐制作教与学[M]. 北京:旅游教育出版社,2009.
[8] 李祥睿. 西餐工艺[M]. 北京:中国纺织出版社,2008.
[9] 大阪厨师专科学校. 法式头盘与汤[M]. 长春:吉林科学技术出版社,2004.
[10] 李廷富. 环球美食自助餐[M]. 南京:江苏科学技术出版社,2004.
[11] 中华人民共和国劳动和社会保障部培训就业司. 西式烹调师[M]. 北京:中国劳动社会保障出版社,2005.
[12] 孙三兴. 西餐的学问[M]. 上海:上海科学技术出版社,2005.
[13] 李晓. 西菜制作技术[M]. 北京:科学出版社,2011.
[14] 余富林. 英汉·汉英饮食菜肴词典[M]. 北京:化学工业出版社,2006.
[15] 山本直文. 法国菜用语手册[M]. 魏志根,译. 上海:上海文化出版社,2008.

# 后　记

《西餐工艺实训教程》是高职高专“西餐工艺”课程的实训指导教材，以满足专业岗位所需技能为依据，以强化学生基础技能与创新能力为重点，以理论与实践并重为手段，并与西餐技术等级考核内容相呼应，是课证融合的教学用书。

本教材按模块式教学体例进行编写，共分为基础知识篇、实训基础篇、实训提升篇和实训拓展篇等四个模块。

第一模块为基础知识篇。主要介绍西餐工艺的一些基本知识，包括具有代表性的西餐菜式、西餐的烹调方法、西餐的常用设备和常用工具、西餐的基础汤和冷热沙司。

第二模块为实训基础篇。按照18周的课堂教学设计，选取18款以开胃菜或沙拉、汤菜、主菜构成的套餐作为实训案例，教学内容包括学习目标、菜肴相关知识、操作标准及课后练习题。

第三模块为实训提升篇。按照18周的课堂教学设计，选取18款以开胃菜或沙拉、汤菜、主菜(2道)构成的套餐作为实训案例，教学内容包括学习目标、菜肴相关知识、操作标准及课后练习题。

第四模块为实训拓展篇。本模块主要包括西餐自助餐和西餐流行菜式——低温菜两部分内容，具体介绍自助餐和低温菜的相关知识，并选取部分菜肴的制作实例进行介绍。

本书主编是具有多年西餐教学经验的“双师型”教师，参编者为具有丰富实践经验的行业专家。本书模块四第一、三、四节由徐迅编写，第二节由屠杭平编写，其余内容由钟奇编写，全书由钟奇统稿。杭州西溪喜来登酒店杜时恩、吕士乔参与实践菜肴的制作，浙江旅游职业学院副院长徐云松教授对本书的编写出版给予极大的关心和支持，浙江工商大学出版社工作人员付出了大量辛苦劳动，在此向他们致以诚挚、衷心的感谢！同时感谢帮助整理材料的同事、同学。在编写过程中，编者得到了杭州望湖饭店、杭州萧山国际机场浙旅大酒店、杭州JW万豪酒店、杭州西溪喜来登酒店、杭州国大雷迪森广场酒店、杭州华辰国际饭店等的相关人员的大力帮助。本书编写过程中参阅并引用了许多相关资料,因无法与资料提供者一一联系,敬请包涵,在此一并表示感谢。

本书经过近五年的使用,反响较好,现对部分内容进行调整修订后再版,热忱希望各院校师生、专家和同行继续提出宝贵意见。

编 者

2018年1月

**图书在版编目(CIP)数据**

西餐工艺实训教程 / 钟奇主编. —2 版. —杭州 ：
浙江工商大学出版社，2018.1(2021.7 重印)
ISBN 978-7-5178-2581-4

Ⅰ. ①西… Ⅱ. ①钟… Ⅲ. ①西式菜肴－烹饪－教材
Ⅳ. ①TS972.118

中国版本图书馆 CIP 数据核字(2018)第 009050 号

**西餐工艺实训教程(第二版)**

钟　奇 主编　　徐　迅　屠杭平 副主编

责任编辑　王黎明
封面设计　林朦朦
责任印制　包建辉
出版发行　浙江工商大学出版社
(杭州市教工路 198 号　邮政编码 310012)
(E-mail:zjgsupress@163.com)
(网址:http://www.zjgsupress.com)
电话:0571-88904980,88831806(传真)
排　　版　杭州朝曦图文设计有限公司
印　　刷　杭州宏雅印刷有限公司
开　　本　710mm×1000mm　1/16
插　　页　8 面
总 印 张　21.25
字　　数　349 千
版 印 次　2018 年 1 月第 1 版　2021 年 7 月第 4 次印刷
书　　号　ISBN 978-7-5178-2581-4
定　　价　49.00 元



浙江工商大学出版社营销部邮购电话　0571-88904970